国家"十三五"重点研发计划项目成果
优质肉鸡高效安全养殖技术丛书

肉鸡孵化与智能装备

陈　斌　林　欣　张兴晓　主编

中国农业大学出版社
·北京·

内容简介

本书是禽类孵化行业关于孵化厅建设、孵化理论、孵化设备使用、环控设备配套和孵化场生产管理等方面的综合性指导用书。

本书从选址、综合布局、建筑、供排水、供电、供气等方面提出孵化场建设的建议，然后从现代化孵化场的总体需求出发，介绍了多种孵化设备与生产工艺，同时对孵化场的环境控制设备和方案进行了详细的介绍。还介绍了“孵化 4.0”孵化工程理念，详细阐述了孵化场内自动化生产线和仓储物流系统的构成及工作原理，并从设备物联、智能生产、大数据与云服务等多个方面对孵化场信息化系统进行了系统的介绍和展望。

本书既有孵化生产相关的理论知识，又有孵化场建设和配套设备及生产实践内容，是一本较全面的现代化孵化场建设及生产管理的专业参考书，对孵化行业从业人员有较强的指导意义。

图书在版编目(CIP)数据

肉鸡孵化与智能装备 / 陈斌，林欣，张兴晓主编. -- 北京 ：中国农业大学出版社，2024. 7.
ISBN 978-7-5655-3246-7

Ⅰ. S831.3

中国国家版本馆 CIP 数据核字第 2024X8N790 号

书　　名 肉鸡孵化与智能装备
Rouji Fuhua yu Zhineng Zhuangbei

作　　者 陈　斌　林　欣　张兴晓　主编

策划编辑 杜　琴　魏　巍　　**责任编辑** 杜　琴
封面设计 北京中通世奥图文设计中心
出版发行 中国农业大学出版社
社　　址 北京市海淀区圆明园西路 2 号　　**邮政编码** 100193
电　　话 发行部 010-62733489，1190　　读者服务部 010-62732336
编辑部 010-62732617，2618　　出　版　部 010-62733440
网　　址 http://www.caupress.cn　　**E-mail** cbsszs@cau.edu.cn
经　　销 新华书店
印　　刷 河北虎彩印刷有限公司
版　　次 2024 年 11 月第 1 版　　2024 年 11 月第 1 次印刷
规　　格 185 mm×260 mm　　16 开本　　13 印张　　320 千字
定　　价 50.00 元

《优质肉鸡高效安全养殖技术丛书》编委会

本书编写人员

主　编　陈　斌　林　欣　张兴晓

副主编　乔昌明　张建龙　朱洪伟　王述柏　郭庆亮　殷　勇
　　　　黄　立　张文峰　孟昭莹　孙文成　姚德法

参　编　高宗喜　刘　超　郭　伟　刘学涛　王玉嵩　韩晓波
　　　　古毓康　仇广杰　李　林　于晓龙　刘晓龙　谭子超
　　　　秦国栋　姜琳琳　于　馨　陈国忠　崔登峰　常明坤
　　　　孙志超

校　对　李红博　周历群

前 言

近年来，我国家禽产业迅速发展，处于整个家禽产业链领先地位的孵化工程水平得到大幅提高，目前已具备规模化、集约化、自动化、智能化的特点。

2018年下半年开始，受非洲猪瘟影响，禽肉市场需求激增，促进了家禽业的发展，国内新建孵化场如雨后春笋般涌现。与此同时，业内提出"孵化4.0"孵化工程理念，重构了人们对于禽蛋孵化生产的定义。如果说孵化设备及其配套的环控设备是现代孵化场的躯体，那么"孵化4.0"所蕴含的生产自动化和物流自动化就是为孵化场装上了"四肢"；孵化场设备物联使孵化场具备了"神经系统"，设备数据和生产数据在"神经系统"中"流动"，并被处理和应用，使孵化场具备了"大脑"；蛋面红外测温、胚胎图像处理等技术在孵化工程中的广泛应用，则是孵化场感知系统的优化升级。

"孵化4.0"不仅关注孵化工程领域先进的产品和技术，还为孵化场建设提供了全面的理论指导。将这些内容归纳总结，形成了"孵化4.0"的"2345"要素，分别是2个核心设备（孵化设备、出雏设备）、3条自动化生产流水线、4个物流系统、5个"流"（物流、人流、气流、水流、数据流）。"2345"要素的总结，为现代孵化场的建设提供了细致的、明确的参考方向。

现有禽类孵化书籍的关注点大多在于设备的生产操作，而在孵化工程建设、设备选型等方面涉猎较少，从建场到生产的系统性阐述丛书更是少见。本书的编者分别从事孵化工程设备研发、畜牧专业教学、孵化生产管理等领域工作，对禽类孵化工程的发展历程以及未来发展方向有较全面的认知和理解。本书以肉鸡孵化为出发点，从"孵化4.0"的视角，对孵化工程建设、孵化设备的特征和孵化场生产管理进行了全方位的阐述，因此，可作为禽类孵化从业者在孵化场建设规划、设备选型配置、日常生产管理等方面的参考书，也可作为大中专院校畜牧相关专业师生了解禽类孵化的参考书。

愿从事禽类孵化相关工作的同人一起努力，共同推动我国禽蛋孵化行业的发展！

因编者水平有限，书中内容难免出现不妥之处，恳请广大读者批评指正。

编 者

2022年10月

目录

第一章

孵化工程概述

●导读

本章介绍了孵化场在选址、综合布局、建筑、供排水、供电、供气等方面的建议，详细说明了不同的孵化厅各个功能间的面积要求，详细列举了变压器、空压机等附属设备的配置要求。本章还介绍了单阶段、多阶段孵化设备的选型与配备计算准则，并对孵化 4.0 做了简单介绍。

第一节　孵化场建设

一、孵化场建设基本要求

（一）选址

孵化场是怕被污染的生产区域，一个大型孵化场建成后通常会常年使用，不易变动。所以孵化场选址是孵化场建设的关键第一步，通常需要满足以下几个方面要求：

①孵化场应是一个独立的隔离场所，交通便利，有其独立的净污区出入通道；

②孵化场须远离市区交通主干道 500 m 以上，距离河流 500 m 以上，距离居民聚集区 1 000 m 以上，周围 1 000 m 内无其他禽类养殖场、屠宰加工场和粉尘较大的工业加工区；

③若有孵化场和种鸡场在同一区域，孵化场须与禽舍相隔 150 m 以上，选择在种鸡场的下风向，中间有树木隔离；

④选择土地无高压线和高压杆占用、方便规划、附近有利于孵化废弃物无害化处理的区域；

⑤孵化场建设应符合环保、消防等的要求。

（二）布局

孵化场布局基本包括以下几个方面：

（1）主体结构　包括孵化厅、办公楼、宿舍楼、食堂。

（2）附属用房　包括变压器房、发电机房、环控机房、锅炉房。

（3）厂区设施　包括消防水池、污水处理池、道路硬化、植被绿化、厂区围挡等。

（三）孵化厅基础建设

1. 建设原则

（1）人流　净区工区人员和污区工区人员分离。

（2）物流　环形单向流程，没有交叉。

（3）水流　单向流程，从净区流向污区。

（4）气流　压力控制，从净区流向污区。

2. 建筑结构

（1）结构形式　柱子为钢结构或者混凝土框架，屋顶为钢结构。

（2）尺寸要求　孵化厅檐高 6 m；室内地面比室外地面高 30 cm。

（3）承重要求　屋顶和新风机设备层承重要求不同，如下：

①屋顶承重：风管荷载为 20 kg/m^2，吊顶荷载为 25～30 kg/m^2；

②新风机设备层承重：500 kg/m^2。

3. 建筑墙体

（1）防火墙　消防防火及分区的墙，须符合消防规范要求。

（2）孵化场外墙　全部为砖墙或者下侧 1.2 m 为砖墙，上侧为岩棉板墙，蛋库外墙内侧加 5 cm 净化板。

（3）孵化场内墙　更衣淋浴间、冲洗间、环控机房、熏蒸间、排烟机房外围的墙应为砖墙，其中更衣淋浴间、冲洗间、熏蒸间的墙贴面砖到吊顶。

（4）其他房间的墙　一般为净化板墙。

（5）墙体高度要求　照蛋落盘间墙高到屋顶，其他房间墙高到吊顶。

4. 建筑门窗

（1）基本要求　孵化场门窗类型及大小应根据具体功能间来确定。

①门的选择：设备能够进出，方便使用，保温性和密封性好。

②窗的选择：采光，通风，保温性和密封性好。

（2）门的选择　应根据具体功能间来确定。

①卷帘门：进蛋车库、发苗车库。

②自动提升门：孵化厅、出雏厅。

③密封双开门：熏蒸间。

④推拉门：蛋库。

⑤双开自由门：孵化车、出雏车经过的其他房间。

⑥单开门：办公及生活区域。

（3）窗的选择　以塑钢推拉窗和塑钢固定扇窗为主，双层玻璃，夏天减少热辐射，冬天减少冷风渗透。

5. 建筑吊顶

(1)吊顶高度 遵循以下5点要求。

①吊顶高度均以孵化厅地面标高±0.00 mm为基准。

②码蛋间、熏蒸间、蛋库、走廊及其他辅助功能间吊顶高度3.0 m。

③车盘存放间、冲洗间、捡苗间、苗处理间、存苗间吊顶高度3.5 m。

④运蛋车库、发苗车库吊顶高度4.5 m。

⑤大箱体孵化厅、出雏厅的走廊为双层吊顶，上层高度为4.5 m，下层高度为3.0 m。

(2)吊顶材质 吊顶采用50 mm厚的单玻镁手工岩棉板，岩棉容重100 kg/m^3，两侧钢板厚度不低于0.476 mm；静压室立板采用机制岩棉板，岩棉容重100 kg/m^3，两侧钢板厚度不低于0.476 mm，静压室有检修门，方便检修。常用保温吊顶材料及性能见表1-1。

表1-1 常用保温吊顶材料及性能

常用材料	价格	规格(宽mm×厚mm)	芯材/芯材容重/(kg/m^3)	防火等级	导热系数
手工岩棉板	较高	1 150×50	单玻镁+憎水岩棉/100	A级	0.038
机制岩棉板	稍高	1 150×50	憎水岩棉/100	A级	0.038
机制EPS板	经济	1 150×50	泡沫板/16	B1级	0.035
挤塑XPS板	经济	—	—/30	A-B1级	0.029

6. 建筑地面

①地面载荷大于1 000 kg/m^2。

②地面成型后水泥层厚度大于15 cm。

③地面平整度要求在80 m^2 范围内，平整度误差在1 cm内。

④常用地面类型：水磨石、金刚砂、聚氨酯、高强自流平水泥地面、普通水泥地面。

若需要在装完机器里面铺设二次水泥的，第一次铺设地面时装机器部分做成平整毛面。

7. 供水系统

(1)低压供水 要求和用途如下：

①要求：低压供水直接采用市政用水或自打水井，压力不低于0.2 MPa，末端管道公称直径不低于15 mm。

②用途：低压供水用于高压供水端、水处理端、隧道式清洗机、卫生间、淋浴间、冲洗手盆等的水源。

(2)高压供水 要求和用途如下：

①要求：低压供水经过高压供水系统加压后变为高压供水。高压供水系统由高压泵、变频器、高压管路、末端设备等组成。高压供水系统采用变频运行，高压供水设计压力为2 MPa。供水管道采用满足国家供水标准的不锈钢水管。

②用途：布置在除配电间、蛋库、纸盒间等孵化厅各个角落，以冲洗为主要用途。

(3)纯净水 低压供水经水处理系统进行处理后，作为纯净水使用。

①水质要求：应达到《生活饮用水卫生标准》(GB5749—2022)的要求。

②供水管道要求：采用满足国家标准的PPR或PVC供水管。

③纯净水用途：纯净水适用于孵化机、出雏机、新风机、静压室、蛋库加湿，以及环控水系统补水等。

8. 排水系统

1)排水原则

孵化场排水从净区排到污区，单向流程。排出的污水经污水处理设备处理至国家规定的排放标准后，再排入市政污水管网。

2)排水形式

(1)不锈钢窄缝排水槽　使用区域、材质、施工工艺如下：

①使用区域：孵化厅、出雏厅、照蛋落盘间。

②材质：采用 304 不锈钢材料，厚度 2.0 mm，水沟自带坡度，现场安装时可以适当调节。

③施工工艺：不锈钢窄缝排水槽(图 1-1)不超出 20 m 设置一个沉淀井，一个沉淀井同时最多可连接 4 条排水槽，主下水管与沉淀井连接宜采用 $\phi110$ 的 PVC 排水管，埋置深度 ≥500 mm。

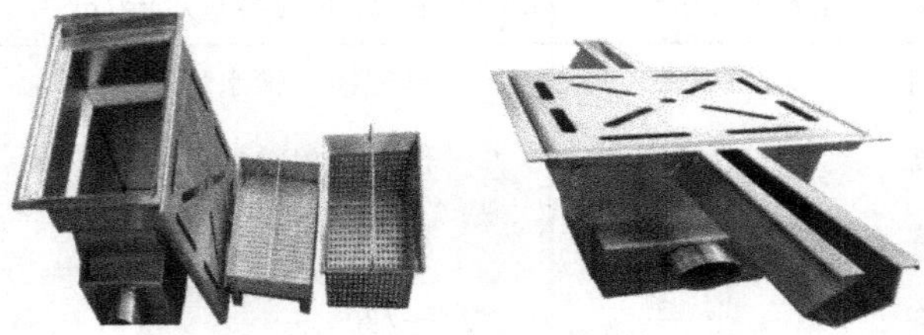

图 1-1　不锈钢窄缝排水槽

(2)地漏　使用区域和选型要求如下：

①使用区域：蛋库、更衣淋浴间、卫生间、走廊。

②选型要求：耐磨、抗压、防臭。

(3)明沟　使用区域、排水坡度和排水沟宽度如下：

①使用区域：孵化厅其他功能间可沿墙使用排水明沟，所有排水明沟过门的地方上侧做成实的下侧埋管，方便推车。

②排水坡度：3‰，起始深度不低于 5 cm。

③排水沟宽度：净区 15 cm，污区和冲洗间 20 cm。

9. 防撞护栏

1)布置位置

防撞护栏布置在排水明沟、防护墙体外侧 5 cm 处。

2)防撞护栏采用方式

(1)钢管　材质和安装方式如下：

①材质：DN40 的 304 不锈钢管。

②安装方式：离地面高度 250 mm，每隔 1.5 m 焊接一根 $L=400$ mm 立柱，立柱上端加工成弧形开口，方便与上端钢管焊接。地面用砼钻孔机开孔，深度为 150 mm。

(2)不锈钢槽体　材质和安装方式如下：

①材质：304 不锈钢板折弯；

②安装方式：贴墙安装，墙面固定，加防撞护栏(图 1-2)。

图 1-2 不锈钢槽体防撞护栏

10. 供气

1)用途

供气用于孵化设备翻蛋、蛋库翻蛋、自动化用气、环控加湿用气、高压气体吹扫等。

2)设备组成及要求

(1)空气压缩机 种类和使用要求如下：

①种类：活塞空气压缩机、螺杆空气压缩机(建议选用)。

②使用要求：额定压力 1 MPa；工作时压力开关设定高点 0.8 MPa，低点设定 0.5 MPa；注意定期排出压力罐中的积水，注意润滑油的量；吸气系统应设置空气过滤器，出气系统设置干燥器，每个空气压缩机最好不共用干燥机；用一备一。

(2)储气罐 用途和要求如下：

①用途：减少空气压缩机启动频次，压力罐耐压≥1 MPa，应配相应的安全阀。

②要求：安全阀及储气罐选择要符合国家现行的《压力容器安全技术监察规程》的有关规定，储气罐与供气总管之间应安装切断阀。

3)空气压缩管道 材质和注意事项如下：

①材质：不锈钢管、PPR 管。

②注意事项：寒冷地区压缩空气管道架空敷设时，应采取防冻措施，地埋敷设时应在冰冻线以下。

11. 配电

(1)总则 包括以下 3 点：

①高低压配电室位置要尽量靠近环控机房。

②配电柜不能安装在冲洗间等高温高湿环境中，必须加设防雷击浪涌装置，以防造成雷击。

③室内设备管布线总原则：由下而上分别为水管、风管、电线、电缆。

$h \leqslant 2$ m，布置空调设备、水泵等；

$h = 2.5 \sim 3$ m，布置冷水管道；

$h = 3.6 \sim 4.6$ m，布置通风管道；

$h > 4.6$ m，布置电线电缆。

可根据现场基建情况进行适当的调整。

(2)孵化设备、自动化设备配电要求　包括以下 4 点：

①使用的电源为三相交流电，即三相火线(A 相、B 相、C 相)，一根中线(或称为 N 线)，一根保护接地线(PE 线)。

②严禁在中线上串接保险丝。

③三相五线制的电源参数：线电压 380 V AC±10%，相电压 220 V ACV±10%，频率 50 Hz±1%。

④每台机器必须单独安装带有漏电保护的微型断路器。

(3)环控设备配电要求　包括以下 2 点：

①三相五线制配线原则：当设备功率<25 kW 时，可直接选用五芯电缆；当设备功率>25 kW 时，建议选用四芯+一芯组合形式。

②环控系统综合布线时，要注意变频输出电缆与信号线的分隔布置，不能使用同一个线槽，防止对信号的干扰。

(4)消防配电要求　专业消防设备公司提供。

(5)照明配电要求　包括以下 3 点：

①普通照明：根据不同环境采用不同灯具和设置不同灯的密度，从而达到不同照度的目的。常用房间光照亮度见表 1-2。

表 1-2　常用房间光照亮度

光照度	300 lx	200 lx	100 lx
适用的房间或场所	码蛋间、照蛋间、捡苗间、苗处理间、检测间、冲洗间	孵化厅、出雏厅、机房、水处理、配电室、办公室、餐厅等	蛋库、纸盒、走廊、车盘存放等人员活动较少场所

②消防应急照明：专业消防设备公司提供。

③防潮防尘灯：冲洗间、出雏厅走廊、绒毛间、后部苗处理间及存苗间等，所采用的灯具是防潮防尘灯。

12. 变压器

①选择变压器的前提是计算出整个孵化场场区的总用电负荷。如孵化设备、环控设备、自动化设备、照明及附属设备、消防设备和整个厂区宿舍办公楼等用电量之和。

②变压器规格一般标注为视在功率，单位为 kVA，而计算出的设备用电负荷为有功功率，单位为 kW，两者之间的换算公式为

$$有功功率=视在功率\times\cos\phi$$

式中：$\cos\phi$ 为变压器的功率因数，在选择变压器时应注意单位区别。

③孵化设备在使用时，存在一定的周期性，且用电量随孵化周期的变化而不同，因此在计算孵化设备用电量时，应根据设备的台数分别乘以同时使用系数，单台用电功率一般按照视在功率的 70%计算。

④自动化设备总功率按照视在功率计算。

⑤环控设备总功率可按照 80%的同时使用系数计算。

13. 发电机

①发电机发电负荷理论上应该为整个孵化场总电负荷的 2 倍(用一备一),至少为孵化设备用电负荷的 2 倍;

②发电机启用时孵化设备应分批延时启动,不可同时启动,否则容易造成瞬时电流过大,从而发生意外事故。

二、不同机型的年孵化量计算

1. 90720 型巷道式孵化机每台每年孵化量计算

按照每周入孵 2 批计算,则 90720 型巷道式孵化机平均每台每天入孵种蛋数为 15 120×2/7=4 320 枚。

按照巷道式孵化机年平均工作 345 天计算,则 90720 型巷道式孵化机平均每台每年入孵种蛋数为4 320×345=1 490 400 枚。

按照年平均入孵蛋健雏率为 80%计算,则 90720 型巷道式孵化机平均每台每年生产健雏数为1 490 400×80%=1 192 320 只。

按照健雏成活率为 97%计算,90720 型巷道式孵化机平均每台每年出栏量为 1 490 400×80%×97%=1 156 550 只。

2. 19200 型箱体孵化机每台每年孵化量计算

按照每 20 天为一孵化周期计算,全年孵化 365/20=18 批,则 19200 型箱体孵化机平均每台每年入孵种蛋数为 19 200×18=345 600 枚。

按照年平均入孵蛋健雏率为 80%计算,则 19200 型箱体孵化机平均每台每年生产健雏数为 19 200×18×80%=276 480 只。

按照健雏成活率为 97%计算,19200 型箱体孵化机平均每台每年出栏量为 19 200×18×80%×97%=268 185 只。

3. 120960 型箱体孵化机每台每年孵化量计算

按照每 20 天为一孵化周期计算,120960 型箱体孵化机平均每台每年入孵种蛋批数为 365/20=18 批,则 120960 型箱体孵化机平均每台每年入孵种蛋数为 120 960×18=2 177 280 枚。

按照年平均入孵蛋健雏率为 80%计算,则 120960 型箱体孵化机平均每台每年生产健雏数为 120 960×18×80%=1 741 824 只。

按照健雏成活率为 97%计算,120960 型箱体孵化机平均每台每年出栏量为 120 960×18×80%×97%=1 689 569 只。

其他机型孵化机的孵化量可以参考以上方式计算。

三、孵化机和出雏机的配比计算

根据用户的孵化数量要求和机型要求,计算出需要的孵化设备数量,然后根据不同孵化出雏配比确定需要的出雏机数量。

白羽巷道式孵化机和出雏机比例为 1∶1,19200 型箱体孵化机和出雏机的配比为 6∶1(极限比例),这种情况要求孵化机落盘天数为 19 天多一点,通常情况比例为 5∶1。

120960 型箱体孵化机和 40320 型出雏机的配比计算：为了简化计算，可以设有配套的容蛋量为 120960 型出雏机，极限配比为 6∶1，计算出所需的 120960 型出雏机的台数。由于 120 960/40 320＝3，如果计算出的 120960 型出雏机的台数为 N，则需要 40 320 型出雏机的台数为 $3N$。如果计算出的不是整数，则须进 1 取整。

通过以上方法，计算出所需的孵化机和出雏机数量，这是设计孵化厅的基础。

第二节　孵化 4.0 及未来孵化工程发展展望

在当今高度信息化的时代，随着物联网的发展及 5G 通信的落地实施，畜牧业特别是禽类孵化行业也开始迈向了新的征程。

孵化 1.0 的标志是由传统的人工孵化转变为机械式孵化；孵化 2.0 的标志是在机械式孵化的基础上，实现单个生产环节的自动化以及整个孵化厅的自动环境控制；孵化 3.0 的标志是孵化厅的设备物联，通过物联网的搭建，实现孵化出雏设备、自动化设备、环境控制（环控）设备集中监控和移动互联；孵化 4.0 的标志是孵化厅物流自动化和信息化深度融合，在此基础上实现智慧孵化，其具体内容包含孵化生产全程的自动质量追溯、自动生产调度、自动仓储物流、自动报表等（图 1-3）。目前，全球范围内的孵化场基本处于孵化 2.0 到孵化 3.0 阶段。绝大部分设备供应商只提供单一的孵化设备或自动化设备或环境控制设备，很难形成统一的设计平台，不同设备之间实现数据连接共享非常困难。蚌埠依爱电子科技有限责任公司（依爱电子）致力于提供孵化工程整体解决方案，能够提供全系列的孵化工程设备（包括孵化出雏设备、自动化设备、环境控制设备等），与福建圣农发展股份有限公司（福建圣农）按照上述标准合作建立的孵化 4.0 示范孵化场已经投产。事实上，这只是孵化 4.0 的初级阶段，未来通过对大数据的挖掘，以及企业内部纵向连接和行业内部横向连接的纵深发展，孵化 4.0 将会发展到一个全新的阶段——孵化 4.0＋，为企业内部和行业提供更多的服务和决策支撑。

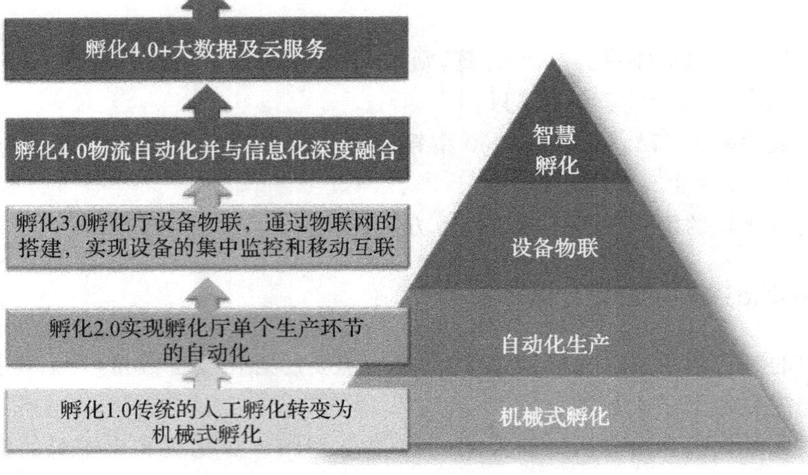

图 1-3　孵化工程发展阶段划分

在孵化 4.0 的基础上，孵化工程未来仍有广阔的发展空间，以下几个发展方向具有普遍共识：

1. 数字孵化场

孵化设备过去有两次大的变革，一次是由小箱体变为巷道式，另一次是由巷道式变为大箱体。前两次变革均由结构主导，第三次变革不会再由结构主导，必然会由科技主导，其重心将是“数字化”。数字化将要引领的变革不仅仅体现在孵化设备上，还会更宽泛地体现在整个孵化工程领域中。数字孵化场的核心要素包含 2 个层面：

(1)感知层面　感知技术是孵化设备的核心技术。随着感知技术的发展和应用，孵化控制对象提升到更直接的水平，由经验主导变为数据主导，达到减少人工干预、提升生产效益的目的。在孵化工程领域中，感知技术的发展和应用还将最终解决照蛋准确率、原材料(种蛋)检验分选、AGV 导航、产品(禽雏)分选包装、受精蛋识别、蛋内雌雄鉴别、自动清洗等问题。

(2)数据层面　建立孵化场物联网，收集设备控制参数和生产指标数据。利用大数据技术，用生产指标数据反馈自动修改设备控制参数，实现精益生产。把孵化场的生产指标数据作为企业云的一个节点，实现企业内的数据交换。

2. 无人孵化场

智慧孵化的终极目标是无人孵化场。在孵化 4.0 试点的基础上，解决 AGV 运输、自动清洗、原材料(种蛋)检验分选、产品(禽雏)分选包装这四个问题，即可实现无人孵化。

3. 绿色孵化场

(1)节能方面　加强新能源如空气能、太阳能、地热能的利用；进一步改进孵化机能量回收系统，包含北方地区的废气回收、孵化机变频控制等，最终实现“零能耗”。

(2)减排方面　包含出雏机绒毛收集、智能熏蒸间及其设备设计、孵化场废弃物无害化处理等。

第二章

禽蛋孵化及孵化设备

●导读

本章首先根据禽蛋结构组成，详细说明了禽蛋质量的评价指标和要求，保证挑选出的禽蛋适合孵化，然后从禽蛋的胚胎发育、孵化条件、孵化影响因素和禽苗质量标准等方面对孵化知识做了详细介绍，最后详细介绍了单阶段、多阶段孵化设备的操作规范和技术要求，并对孵化设备控制原理做了详细描述，为取得优秀的孵化效果提供坚实的理论基础。

第一节　禽蛋质量的评价指标与要求

种蛋质量好坏对孵化率、雏苗质量、种禽场的经济效益有重要影响。因此，保证禽蛋质量符合要求是种禽场或商品蛋场的重要生产目标。随着科技的进步，禽蛋质量（也称蛋品质量）的评价指标和方法也日益完善。

一、禽蛋质量的评价指标、要求与检测方法

禽蛋质量包括外部质量和内部质量 2 个方面。

（一）禽蛋外部质量的评价指标与方法

禽蛋外部质量评价指标包括大小即蛋重、蛋形、蛋表面清洁度、蛋壳质量等。

1. 蛋重

蛋重是评定蛋等级、新鲜度、品种选育等的重要指标。蛋重与家禽品种、年龄、饲养条件、存储时间等有关。对孵化而言，不同品种家禽各有其适宜蛋重，如罗曼蛋鸡 55～60 g 的种蛋孵化率及健雏率最高，峪口京红 1 号蛋鸡 64～67.9 g 的种蛋孵化率及健雏率最高。一

般认为鸡蛋重量 40～65 g、鸭蛋 70～100 g、鹅蛋 120～200 g 为宜。蛋重常用电子秤或蛋品测定仪测量。

2. 蛋形

正常禽蛋形状为椭圆形。蛋形常用蛋形指数表示，蛋形指数是指蛋的纵径长度(长轴)与最大横径长度(短轴)的比值或短轴与长轴之比，常用游标卡尺测量长径与短径后计算。蛋形指数不影响食用价值，但对种蛋的受精率、孵化率、抗压碎程度等影响较大，细长形和近球形的蛋受精率、孵化率低于正常型蛋，且在运输过程中易破损。一般认为鸡蛋蛋形指数在 1.32～1.39(或 0.72～0.75)，鸭蛋在 1.20～1.58(或 0.63～0.83)，鹅蛋在 1.25～1.54(或 0.65～0.80)为宜 。

3. 蛋表面清洁度

蛋壳表面是否洁净对蛋的保存期、孵化率等有重要影响。优质新鲜蛋外壳干净、光滑，且蛋壳表面有光泽。蛋壳表面黏附污物(如粪便、饲料、蛋液等)的蛋，容易变质，影响其经济价值。

4. 蛋壳质量

蛋壳质量的评价参数主要有蛋壳强度、蛋壳厚度、蛋比重、蛋壳变形值和蛋壳颜色等。

(1)蛋壳强度和蛋壳厚度　蛋壳强度是指蛋壳单位面积上所能承受的最大压力(N/cm^2)，可反映蛋对碰撞或挤压的承受能力，可采用蛋壳强度测定仪测量。较厚的蛋壳可阻止细菌等微生物入侵，减缓蛋的变质过程，一般认为厚度超过 0.35 mm 具有良好的保存性、耐压性和运输性，蛋壳厚度可采用蛋壳厚度测定仪测量。对孵化而言，鸡蛋蛋壳强度 4.0～4.2 kg/cm^2，鸭蛋 6.0～7.0 kg/cm^2，鹅蛋 10.0～11.0 kg/cm^2 为佳；鸡蛋蛋壳厚度 0.30～0.40 mm，鸭蛋 0.35～0.57 mm，鹅蛋 0.49～1.00 mm 为宜，过厚或过薄均会对孵化成绩造成不良影响。

(2)蛋比重　其与蛋壳厚度呈正相关，放置过久的蛋，蛋内水分蒸发损失多，气室变大，蛋比重变小。因此，一般把蛋比重作为衡量蛋壳厚度和蛋新鲜程度的间接指标。蛋比重常采用盐水漂浮法测定，新鲜蛋的比重，一般在 1.080～1.090 之间，低于 1.050 为陈蛋；鸭蛋 1.090 以上为新鲜蛋；火鸡蛋 1.080 以上为新鲜蛋；鹅蛋 1.110 以上为新鲜蛋。

(3)蛋壳变形值　也是衡量蛋壳质量的指标之一，可反映蛋壳的弹性，蛋壳越坚硬，其变形值越小，变形值不宜过大，在正常情况下，鸡蛋的蛋壳变形值为 15～16 μm。一般使用蛋壳变形仪测定蛋壳变形值，着力点在蛋壳横径处，使其负载 1 kg，蛋壳发生的形变大小即该蛋的蛋壳变形值。

(4)蛋壳颜色　鸡蛋蛋壳颜色有褐色、浅褐色、白色、绿色等，鸭蛋蛋壳颜色主要有白色和青色，鹅蛋主要为白色。正常的蛋壳颜色应符合本品种(配套系)的要求，蛋壳各部位均匀一致。蛋壳颜色可用眼观或色差仪(如 CR-10 型色差仪，日本 Konica Minolta 公司生产)测定。在一般情况下，白壳蛋蛋壳颜色测定值在 75 以上，褐壳蛋 20～40，浅褐壳蛋 40～70，而绿壳蛋50～60。

(二)禽蛋内部质量的评价指标与方法

禽蛋内部质量评价指标包括蛋白质量、蛋黄质量、气室状态、蛋内容物气味和滋味、血斑和肉斑状况、系带状况以及胚胎状况等。

1. 蛋白质量

国内外多采用蛋白高度、哈氏单位、蛋白颜色等指标评价蛋白质量。蛋白高度越大则蛋越新鲜，但蛋白高度受蛋重影响较大，因此，常采用蛋白高度与蛋重的回归关系计算得到的哈夫(氏)单位作为蛋白质量的评价指标，哈氏单位计算公式如下：

$$HU=100\times\lg(H-1.7\times W^{0.37}+7.6)$$

式中：H 为蛋白高度，mm；W 为蛋重，g；HU 为哈氏单位。一般要求在蛋产出 48 h 之内检测蛋的哈夫单位值。哈氏单位值越高，表示蛋白黏稠度越好，蛋白品质越高，蛋越新鲜。蛋白高度和哈夫单位可采用多功能蛋品测定仪测定，也可采用高光谱成像技术(900～1 700 nm 光谱无损检测)结合化学统计学算法，对蛋白高度和哈夫单位进行无损检测。目前，常用的蛋内部质量无损检测技术有机器视觉法、近红外检测法和高光谱检测法等。在正常情况下蛋白清亮透明无色，呈淡绿、浅红或过黄，均为异常颜色。

2. 蛋黄质量

蛋黄质量的评价指标包括蛋黄颜色、蛋黄形状规则度、蛋黄黏稠度等。受饲料和品种等因素影响，蛋黄颜色深浅不一，多呈浅黄色、黄色、黄红色和橘红色等。蛋黄颜色级别一般用罗氏色度表示，测定方法可用罗氏比色扇比对，也可采用多功能蛋品测定仪测定。蛋黄颜色共分为 0～15 级别，一般蛋黄颜色级别要求不低于 7 级，范围在 7～9 级之间，出口鲜蛋的蛋黄颜色要求 8 级以上。蛋黄形状规则度可反映蛋的新鲜度，常用蛋黄指数作为衡量指标，蛋黄指数是指蛋黄高度与蛋黄直径的比值，指数越高说明蛋越新鲜，随着存储时间的增加，蛋黄高度降低，直径变大。新鲜蛋的蛋黄指数在 0.40～0.44 之间，蛋黄指数小于 0.25 时，蛋黄膜容易破裂，出现散黄现象，这种蛋为劣质蛋。蛋黄黏稠度指蛋黄集中坚挺不易分散的程度，随着存放时间延长，蛋黄黏稠度会下降。

3. 气室状态

刚产出的蛋没有气室，产出体外后，由于体内外温度的差别，蛋内容物遇冷收缩，一般在蛋的钝端(大头)2 层壳膜分离形成气室，一般于蛋产出后约 20 min 开始出现气室。气室的作用主要是为发育中的胚胎提供氧气。随着在外环境中保存时间延长气室会逐渐扩大，尤其是在温度高、湿度低的环境中，蛋内水分蒸发快，气室增大的速度也快。因此，根据气室大小可以初步推断蛋的新鲜度。气室的正常位置在蛋的大头，气室不正(位置不在蛋大头)的种蛋胚胎死亡率高，不适合用来孵化。新鲜蛋气室小，高度小于 3 mm。气室高度可采用气室高度测定规尺测量，鸡蛋等级的气室高度标准：AA 级≤3.2 mm，A 级≤4.7 mm，B 级>4.7 mm。

4. 蛋内容物气味和滋味

蛋内容物气味和滋味影响消费者的口感。质量正常的蛋，打开后，不应有异味。新鲜蛋煮熟后在气室处无异味，蛋白无气味，蛋黄有淡淡香气。异味蛋严重影响其商业价值，其产生与品种、饲料等因素有关。蛋的鱼腥味是母鸡体内三甲胺累积所致，当鸡蛋中的三甲胺含量达到 1.0～1.5 μg/g，人的嗅觉可感知到蛋的鱼腥味。当饲粮中添加菜籽粕、鱼粉或高剂量胆碱时，极易诱发褐壳蛋鸡生产鱼腥味鸡蛋，严重影响蛋品质量。

5. 血斑和肉斑状况

血斑多见于蛋黄中，由排卵时卵巢血管破裂出血所致。肉斑由母鸡输卵管的部分黏膜上皮组织脱落所致。造成血斑的原因有遗传因素，也有疾病因素和管理因素。血斑和肉斑影响蛋品质量，还影响孵化率。美国农业部对禽蛋的消费档次分级标准中规定，AA级和A级鸡蛋内部不允许出现血斑，有血点但是血液聚合的直径不超过1/8 in(约3.2 mm)为B级，只允许AA级和A级鸡蛋进超市销售。《食品安全国家标准 蛋与蛋制品》(GB 2749—2015)中规定，灯光透视时蛋内无黑点及异物。可采用血斑蛋光谱在线监测技术检测有无血斑和肉斑。

6. 系带状况

禽蛋系带的作用是把蛋黄固定在蛋白的中心，使蛋黄居于中央不触及蛋壳。新鲜蛋系带完整，粗而白，并有弹性，位居蛋黄的两端。如果系带变细并与蛋黄脱离，表明蛋的新鲜度差，质量降低。

7. 胚胎状况

新鲜蛋胚胎为具有内、外胚层的囊胚期或原肠早期。蛋产出体外后，外界温度低于胚胎发育生理零度时，胚胎发育停止。剖视受精蛋，在蛋黄表面肉眼可见形似圆盘状周围有透明带的胚盘，而未受精蛋蛋黄表面只见一小白点。正常种蛋在开始人工孵化之前，胚胎应无受热发育现象，如果受热，受精蛋的胚胎会发生膨大，变为“热伤蛋”。

二、影响禽蛋质量的因素

1. 蛋壳质量的影响因素

蛋壳质量的影响因素有营养性和非营养性两大类。非营养性因素有遗传、疾病、药物使用、管理、母鸡年龄、饲料霉变和毒素等。营养性因素主要有钙、磷、锰、锌、维生素D，以及钠、钾、氯等电解质。研究表明，在蛋鸡饲料中添加一些植物精油、植物提取物、酵母水解物等，对蛋壳厚度和蛋壳强度都有不同程度的改善。

蛋壳颜色不一致的问题主要发生在褐壳蛋鸡、绿壳蛋鸡和粉壳蛋鸡。例如，褐壳蛋鸡正常的蛋壳颜色为均匀一致的棕褐色，如果出现蛋壳颜色深浅不一，有的颜色为浅褐色或灰白色，有的蛋壳表面颜色不一致，则说明鸡群存在健康问题或营养问题。造成蛋壳颜色深浅不一的主要因素有鸡群健康状况不佳、饲料质量问题、药物使用问题、环境管理不当等。

2. 蛋白质量的影响因素

种禽健康、产蛋性能、饲养方式、饲料原料组成等因素均会影响蛋白质量。一些疾病会引起蛋白变稀，如传染性支气管炎、产蛋下降综合征等，一旦感染这些疾病，就会出现蛋白水样变化，会导致蛋白黏稠度降低，稀薄如水，蛋白与蛋黄分离，蛋白与蛋壳粘连等。遗传因素对蛋白黏稠度的影响较大，如不同品种(配套系)所产鸡蛋的蛋白黏稠度有差异，产蛋率较低的柴鸡所产鸡蛋的蛋白黏稠度高于高产配套系鸡群所产鸡蛋。放养的鸡群所产鸡蛋的蛋白黏稠度大于笼养鸡。未经深度加工(高温、有机溶剂浸提等)的饲料原料有助于改善蛋白黏稠度。

3. 蛋黄质量的影响因素

种禽健康、饲养方式、饲料组成等因素均会影响蛋黄质量。当鸡群感染疾病，如球虫病、隐孢子虫病、肠炎、传染性支气管炎引起营养吸收障碍时，均会影响色素沉积，造成蛋黄颜色变浅。放养鸡所产鸡蛋的蛋黄颜色通常比笼养鸡颜色深，这主要与鸡群所采食的饲料差异有关，也与放养鸡产蛋率偏低有关。饲料中类胡萝卜素含量对蛋黄颜色有重要影响,当类胡萝卜素含量高时,蛋黄颜色深。青绿饲料、黄玉米、虾蟹粉、黄色或红色植物的花、果实中含有较多的类胡萝卜素,当鸡群采食这类饲料较多时所产鸡蛋的蛋黄颜色深,多呈黄红色。

第二节　禽蛋孵化理论与实践

家禽的人工孵化是指人类通过仿生学原理,为种蛋创造与自然孵化相似的环境条件,并对其进行孵化的过程。它是提高家禽繁殖效率、推广家禽良种的重要途径。本节将以鸡蛋孵化为例,介绍禽蛋孵化的理论知识及实践经验,供孵化从业人员参考。

一、影响孵化的因素

在实际工作中,孵化成绩受多种因素的影响,主要因素可归纳为3个:种禽质量、种蛋管理和孵化条件。种禽质量、种蛋管理决定种蛋质量,种蛋质量对于孵化率具有决定性影响,优质种蛋是提高孵化率的前提。

(一)种禽质量

影响种禽质量的因素众多(主要取决于种禽场),包括家禽品种的选择、营养与健康、管理和环境、利用年限、种蛋运输等。

(1)家禽品种的选择　饲养优良品种的重要性越来越被大家所认同,所以在引种前应该对父母代种禽场的综合生产情况进行全面了解,包含产蛋率、受精率和健康情况等。

(2)营养与健康　为了充分发挥优良种禽的生产性能和保证种蛋质量,必须确保种禽的健康和饲料的营养全面,特别要满足对孵化率影响较大的维生素A、维生素B_2、维生素B_{12}、维生素B_3(泛酸)、维生素B_7、维生素D_3、维生素E、钙、磷、锌、锰、碘、镁等营养元素的供给。

(3)管理和环境　种禽公母配比要得当。例如,种鸡开产时公、母比例按1∶(9～11),老龄鸡按1∶(7～9);及时淘汰病、残、弱和不能正常配种的种禽。管理上要特别注意勤捡蛋,勤换产蛋箱的垫草,这样可以有效减少破蛋和提高种蛋的卫生安全。产蛋箱内干净的种蛋必须和地面蛋,以及产蛋箱内的脏蛋、破蛋、小蛋、大蛋、畸形蛋等分开收集和储存,避免混在一起进行再处理(重新分级和码盘)。捡蛋次数要保证4～6次/天,夏冬时节要比春秋时节多1～2次。每次捡蛋后立即消毒,一般采用2倍量甲醛熏蒸消毒20～30 min,最好在25 ℃、75% RH的环境下进行。

(4)利用年限　目前普遍存在种禽"提前服役""超期服役"现象,提前或超期选留的种蛋的孵化效果均不理想。蛋用种鸡一般从25～26周龄开始选留种蛋,至72周龄淘汰(利用10～12个月)。经过强制换羽,最多可利用18个月,否则经济效益变差。鸭第一年繁殖能力最高,第2～3年有所下降,以后下降明显,所以可利用1～2年,最多不超过3年。鹅成熟较晚,以第1～4年产蛋率最高,故一般利用3～4年。

(5)种蛋运输　种蛋运输过程中要保证温度适宜,避免剧烈颠簸,最常遇到的问题是粗鲁处理和种蛋"出汗"。后者的有害作用就和受潮一样,与蛋上污染微生物及尘土的程度成正比。水分可促进微生物繁衍，脏蛋“出汗”后，其上的微生物要显著多于干净蛋，大量微生物繁殖，导致臭蛋产生。

（二）种蛋管理

种蛋管理包含禽舍中的管理（如及时捡蛋、卫生防疫工作）、入库前的管理（如种蛋挑选、种蛋熏蒸消毒）、蛋库的管理（如种蛋储存）。

1. 禽舍中的管理

种蛋在禽舍中的管理，除了及时捡蛋之外，还应做好卫生防疫工作。首先要保证储蛋间的卫生安全，定期进行必要的消毒，并保证环境的温湿度；另外，要避免交叉污染，将有污染源的种蛋（脏蛋、破损蛋等）分开摆放。

2. 入库前的管理

入库前的管理主要包含种蛋挑选、种蛋熏蒸消毒。

（1）种蛋挑选　需要一定的标准，例如某种鸡孵化场选蛋标准见表 2-1。

表 2-1　某种鸡孵化场选蛋标准

类型	标准
合格蛋	蛋重 52～70 g；蛋温 10～20 ℃；呈浅褐色、淡黄色和灰黄色；蛋形正常，短径是长径的 74% 左右；蛋壳致密均匀，厚度适中；少量的雀斑和沙粒蛋；附着垫料和极少干粪蛋，处理后方可接收
不合格蛋	过大过小、过圆过长蛋；白壳、紫壳和花斑蛋；薄壳和钢壳蛋；明显的畸形蛋（波纹、皱纹、丘疹蛋和蛋形异常）；双黄蛋；破蛋（暗纹、裂缝和破碎蛋）；脏蛋（表面积 1/10 以上被污染）；水洗蛋和陈蛋（表面光滑或颜色陈旧）

（2）种蛋熏蒸消毒　种蛋入库前常用的消毒方式为甲醛＋高锰酸钾熏蒸或是甲醛加热挥发熏蒸。甲醛＋高锰酸钾熏蒸消毒操作过程如下：

①按照甲醛（40%）14 mL/m³、高锰酸钾 7 g/m³ 计算用量，即 1 倍量，甲醛（40%）28 mL/m³、高锰酸钾 14 g/m³ 为 2 倍量，甲醛（40%）42 mL/m³、高锰酸钾 21 g/m³ 为 3 倍量。不同情况下，用量有所不同，但比例为 2∶1。

②盛药容器要大、耐热、耐腐蚀。一般用陶瓷或玻璃容器，因为高锰酸钾和甲醛都具有腐蚀性，且混合后反应剧烈，释放热量。

③容器应距种蛋至少 0.5 m 远，尽量靠近门，以便操作人员迅速撤离；操作人员应戴好防毒面具，先将温水倒入容器内，后加入高锰酸钾，搅拌均匀，再加入甲醛，加入甲醛后人立即离开，关门。

④消毒时间一般为 20～30 min。

⑤消毒后要进行通风换气，排气时间一般在 1 h 以上。

现代化的孵化场一般都配有蛋库熏蒸系统，用户只需要将种蛋推入熏蒸室内，关闭熏蒸室门，然后通过加药口将消毒药加入固定容器内，按下“一键熏蒸”按钮便可。图 2-1 为蛋库熏蒸系统示意图，此系统的优势为操作方便（一键启动，熏蒸和排气时间可灵活设置并记忆），消毒彻底（消毒气体通过风机输送到熏蒸间顶部，再通过吊扇充分搅拌），工作可靠（准确控制熏蒸排气时间，并配有警示灯），可以有效避免工作人员与消毒气体的接触。

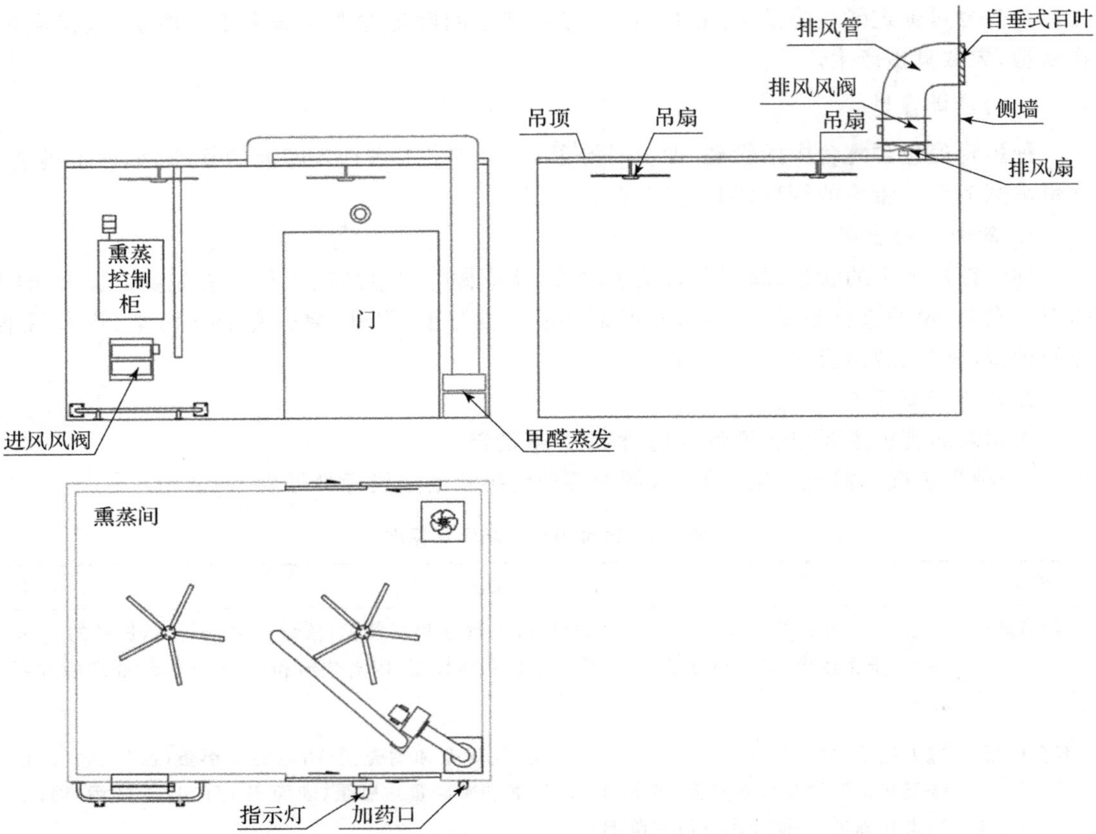

图 2-1　蛋库熏蒸系统示意图

3. 蛋库的管理

经过严格挑选的种蛋，如果保存条件不当，会导致孵化率下降或是更严重的后果。种蛋储存要保持适宜的环境，现代化的孵化场蛋库都配备比较齐全的设施，如空调系统、加湿系统、翻蛋系统等。种蛋储存环境与适宜的存储时间见表 2-2 和表 2-3。

表 2-2　种蛋储存环境

储存天数/天	温度/℃	相对湿度/%	翻蛋次数/(次/天)
≤7	15～18	75～80	0
8～20	10～13	80	2～4

注：值班人员应定时对蛋库环境进行检查并做好记录。

表 2-3　种蛋适宜的存储时间

周龄/周	最佳天数/天	最长天数/天	最短天数/天
26～32	5～6	7	4
33～44	4～5	6	3
45～66	2	5	1

注：老龄种蛋不宜长时间存储。

如果种蛋保存时间多于 7 天，建议定时翻蛋。蛋库翻蛋系统（图 2-2）的出现解决了过去人工翻蛋的问题，降低了操作员的劳动强度，提高了工作效率。

图 2-2　蛋库翻蛋系统示意图

同时，应对入库的种蛋进行分类管理，将入库的合格种蛋按照栋舍、周龄、进蛋时间等做好标记，合理摆放，便于后期入孵计划的编排。根据鸡群周龄，将种蛋划分为 3 个阶段：初产蛋（25～35 周龄）、高峰蛋（35～50 周龄）和老龄蛋（50 周龄后）。

（1）初产蛋　其特点是蛋形小，蛋壳厚，蛋壳颜色较深，并有厚的壳外膜，蛋清稠且不易降解。初产蛋管理要点：可通过延长储存时间，提高蛋库温度来降低浓蛋白；采用低湿度孵化，降低死胎率，若短期存放，湿度不能超过 60%。

（2）高峰蛋　其特点是孵化率高，蛋壳厚度、蛋清质量也最佳，孵化时间接近 21 天。高峰蛋管理要点：种蛋存放 2～5 天即可，温度 18～20 ℃，湿度 75%；如果存放时间长，可降低温度，提高湿度。

（3）老龄蛋　其特点是蛋白变稀，蛋壳随着产蛋率下降会逐渐变薄，蛋形大，后期通风较为重要。老龄蛋管理要点：种蛋存放一般不超过 3 天，最好当日种蛋当日入孵。对入孵的新鲜种蛋，前期湿度稍低些；如果存放 5 天以上，入孵时要提高湿度，出雏器的湿度应降低。

4. 胚胎激活技术

储存天数过短、过长都会对孵化成绩产生不良的影响。例如，国内某大型孵化场由于生产计划的安排，当天来的种蛋要当天入孵，出苗时孵化成绩（相比储存 2～5 天）下降 1%，因此要避免当天来的种蛋直接入孵。有实验证明，鲜蛋中的稠密蛋清明显阻碍孵化时的氧气供应。蛋清必须在储存期时发生某种物理变化，使卵黄得以转动并移近蛋壳，以减少新鲜蛋清对气体交换的屏障作用（图 2-3）。

由于生产计划安排（生产需要、屠宰暂停或春节放假等各种因素），孵化场的种蛋有时候需要储存超过 7 天，甚至有可能长达 20 天，孵化成绩明显下降。这种情况应该如何解决呢？

采用胚胎激活技术可以有效提高长时间储存种蛋的孵化指标。胚胎激活技术是指当种蛋需要保持较长时间（1 周以上）才能入孵时，要定期在储存期间将种蛋温度升高到适合温度，使胚胎适当发育（修复受损的细胞，减少细胞死亡率），然后再将种蛋放回蛋库中保存。

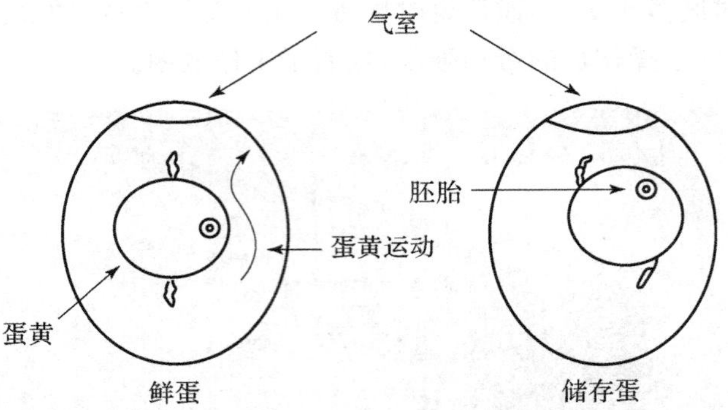

图 2-3　种蛋存储前后的变化

某场胚胎激活流程及实验数据如表 2-4 和表 2-5 所示。

表 2-4　某场胚胎激活流程

流程	时间段/h	蛋表温度/℃	备注
升温	1～3	34	
保温	0.5～2	34	
降温	1～3	24	拉回蛋库

表 2-5　某场胚胎激活实验数据

存放时间/天	照蛋		出雏					备注
	受精率/%	死胚率/%	毛蛋率/%	残死率/%	受精蛋孵化率/%	入孵蛋健雏率/%	受精蛋健雏率/%	
7	89.25	5.77	4.30	3.30	95.68	82.42	92.35	激活 1 次
	91.23	4.52	4.40	3.90	95.56	83.61	91.64	不激活
14	89.08	5.84	4.27	4.54	95.72	81.23	91.18	激活 2 次
	86.94	6.78	4.38	5.11	95.62	78.69	90.50	不激活
20	86.19	7.77	4.23	6.08	95.76	77.30	89.68	激活 3 次
	75.07	14.44	4.95	5.55	96.04	67.18	89.49	激活 1 次
	76.45	14.58	4.12	6.12	95.88	68.62	89.77	不激活

以上数据表明：存放 7 天的种蛋进行胚胎激活，没有意义；存放 14 天的种蛋激活 2 次和存放 20 天的种蛋激活 3 次，效果明显，入孵蛋健雏率明显优于未进行胚胎激活的种蛋。

二、胚胎的发育过程

家禽胚胎整个发育可分为 2 个阶段：成蛋阶段的发育（在母体内）与成雏阶段的发育（孵化过程中）。

1. 成蛋阶段的发育

成蛋阶段的发育是指胚胎在母体内卵形成过程中的发育。这个阶段的发育过程:受精卵—卵裂—囊胚期—原肠期。胚胎发育到原肠期时,已分化形成内胚层和外胚层,从外观上看形如一个圆盘状体(即胚盘),当卵排出体外,因温度下降,胚胎生长发育随即停止。

2. 成雏阶段的发育

成雏阶段的发育是指卵(蛋)排出体外后,保存在18℃以下的环境中,胚胎发育基本处于静止状态,当胚胎获得孵化条件(家禽或孵化器)之后,胚胎继续开始发育,随着胚胎的不断发育,由内、中、外3个胚层逐渐形成各种腺体、器官、骨骼、肌肉、皮肤、羽毛和喙等,最后形成新的机体——禽雏。人们将胚胎在孵化过程中发育的时期称为孵化期。几种主要家禽的孵化期如表2-6所示。

表2-6 几种主要家禽的孵化期

名称	鸡	鸭	鹅	番鸭	火鸡	鹌鹑	珍珠鸡	鸽	鹧鸪	鸵鸟
孵化期/天	21	28	30～32	33～35	28	17～18	26～28	18	24～25	42

三、孵化条件

孵化成功的关键在于掌握好孵化条件。孵化条件的关键要素有温度、湿度、通风、翻蛋等。

1. 温度

温度是孵化最重要的条件,保证胚胎正常发育所需的适合温度,才能获得高孵化率和优质禽雏。我们通常所说的温度有孵化温度(习惯用气流温度代表)、胚胎温度(习惯用蛋表温度代表)。孵化温度是指孵化机内气流的平均温度,是孵化设备控制系统直接准确测量的、最直观的温度,也是通常用来调整的温度。胚胎温度是指胚胎或种蛋内部的温度,由于蛋内温度与蛋表温度相差很小,且蛋表温度可测量,人们通常用蛋表温度代表胚胎温度,蛋表温度可以直接使用红外测温仪测得。气流温度直接影响蛋表温度,气流温度越高,蛋表温度越高,当然蛋表温度与气流速度、种蛋自热也有关系(图2-4)。

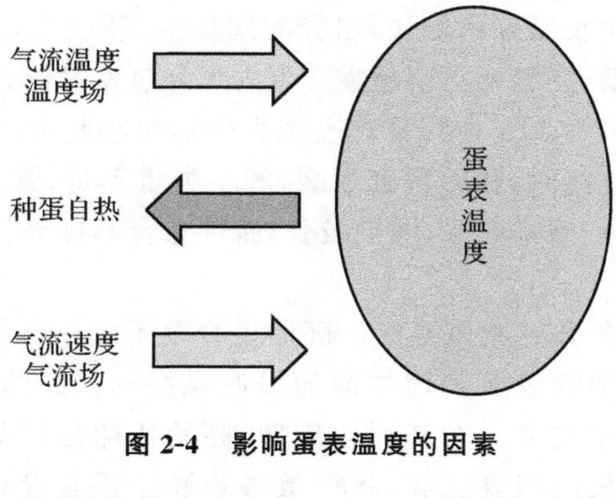

图2-4 影响蛋表温度的因素

总体来说,由于种蛋孵化前期不产生自热,气流温度和蛋表温度差值小,孵化后期种蛋自热量越来越大,气流温度和蛋表温度的差值也越来越大。图2-5为EIFTPC-40320大箱体孵化机内种蛋气流温度与蛋表温度的实测值。

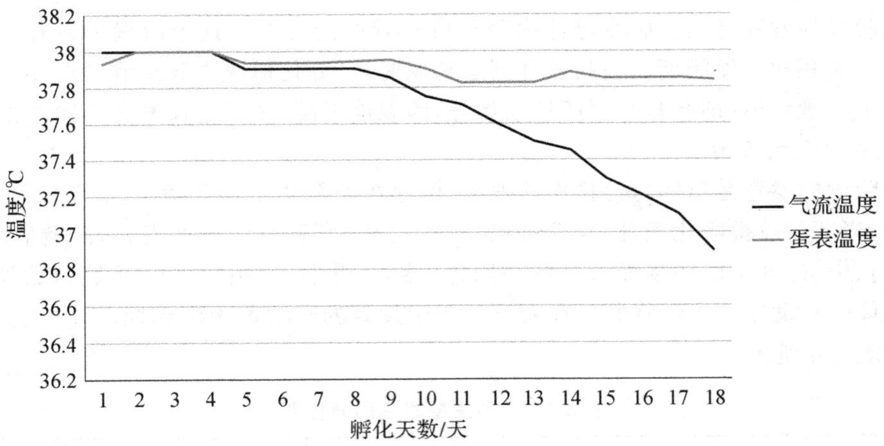

图 2-5　EIFTPC-40320 大箱体孵化机内种蛋气流温度与蛋表温度的实测值

鸡胚胎发育对环境温度有一定的适应能力，温度在 35.0～40.5 ℃，会有一些种蛋能够出雏，但是最合适的孵化温度在 37.8 ℃左右，出雏期间温度在 36.7～37.3 ℃。由于蛋表温度直接影响到种蛋的发育，在孵化过程中，我们更需要关注蛋表温度，关于蛋表温度本章第三节会做详细讲解。

2. 湿度

合适的温度，需要配合适当的湿度才能取得更好的孵化效果。适当的湿度可以使孵化前期胚胎受热良好，孵化后期胚胎散热良好。在出雏阶段，可以适当地提高湿度，水汽与空气中二氧化碳作用，使蛋壳的碳酸钙变成碳酸氢钙，蛋壳变脆，有助于禽雏破壳。除此之外，正常失水可以保证合适气室的生成，有利于肺和气囊的发育，同时便于胚胎啄破气室后能得到足够的氧气。种鸡蛋落盘时（18.5 天）失水率应该达到 11%～13%，才能取得较为理想的孵化成绩。因此，失水率是调整相对湿度的重要依据。在孵化过程中，我们会根据失水率的高或低去相应调低或调高相对湿度设定值。除了相对湿度，蛋壳质量也会对失水率产生一定的影响。

当湿度过低时，胚胎生长发育稍加快，出壳时间提前，胚胎死亡率与相对湿度偏低的程度呈负相关，相对湿度越低，胚胎死亡率越高。蛋内水分蒸发过快，气室增大，啄壳部位往往在靠近种蛋的中央处（正常为 1/3 处），雏鸡表现为体形瘦小脱水，绒毛较短且干燥无光泽、发黄、有时粘壳。当湿度过高时，胚胎发育迟缓，胚蛋失重不足，常见现象有胚蛋气室小，尿囊合拢迟缓，雏鸡精神不振，腹部膨胀，绒毛较长，脐部愈合不良等。

3. 通风

在孵化过程中，一定要做好通风换气。胚胎发育要不断进行气体交换，吸入氧气和排出二氧化碳气体，而且需要随着胚龄增加而加强通风换气。胚胎除了与外界不断进行气体交换外，还不断进行热量交换。尤其孵化后期，胚胎代谢随胚龄增加而不断增强，如果此时热量散不出去，孵化机内积温过高，将严重影响胚胎正常发育，以致引起胚胎死亡率上升。例如，入孵第 19 天产生的热量是第 4 天的 230 倍左右。孵化期间种蛋气体交换（1 000 枚鸡胚）数据见表 2-7。

表 2-7 孵化期间种蛋气体交换(1 000 枚鸡胚)数据

胚龄/天	1	5	10	15	18	21
需氧量/m^3	0.014	0.033	0.107	0.642	0.849	1.285
二氧化碳排放量/m^3	0.008	0.016	0.054	0.325	0.436	0.651

孵化设备的通风换气、温度和湿度三者有密切的关系。通风换气量过大时，温度、湿度均降低，孵化设备可能需要频繁加热、加湿，造成孵化机内部温度不均匀；通风换气不良时，孵化机内湿度增大，易出现超温，冷却系统频繁工作，对孵化机温度均匀性也有影响。因此，在孵化过程中，一定要控制好孵化器的通风换气量。

4. 翻蛋

孵化过程中定期翻蛋也是孵化的基本条件之一。由于蛋黄脂肪多，比重较轻，胚胎浮于上面，定期翻蛋可以防止胚胎与蛋壳膜粘连；定期翻蛋可以使卵黄囊、尿囊绒毛膜发育正常，有利于“合拢”和“封门”；定期翻蛋可以促进羊膜运动，保障胚胎水平衡，避免胚胎脱水和雏胚出壳困难；定期翻蛋有利于胚胎受热均匀等。

翻蛋要控制好翻蛋周期和翻蛋角度。翻蛋周期应该以 1 h 为宜，过长或过短都会造成孵化率下降，影响禽雏质量，严重者可能导致大量胚胎死亡。翻蛋角度也至关重要，鸡蛋的翻蛋角度在 40°～45°为宜，鸭蛋 48°～52°，鹅蛋 50°～60°。当翻蛋角度不够时，合拢率明显下降，直接影响孵化质量。

第三节 CO_2浓度、蛋表温度与孵化

一、CO_2 浓度与孵化

近几年来，CO_2 浓度这项指标逐渐被孵化场一线管理人员所重视，大家对于这一指标的认识和见解参差不齐，各有各的说法，那么 CO_2 浓度的高低对孵化指标究竟起着什么样的微妙作用呢？

对于孵化指标的影响，起关键作用的是温度、湿度、通风和翻蛋，而 CO_2 浓度的标准是孵化养殖人员通过对整个孵化周期的经验摸索，推理出的一套适合种蛋发育的合理方案：通过对设备内 CO_2 浓度的有效监控，种蛋发育在其允许范围内，调节孵化设备通风系统至最小通风量，即最小的风门档位，不仅能够降低孵化设备能耗，还能保证孵化设备内部的温湿度稳定，为实现更好的孵化指标提供有力保障。

目前，大多数孵化场使用便携式 CO_2 测量仪器检测孵化设备内的 CO_2 浓度。随着时代的进步和发展，孵化设备厂商相继推出了 CO_2 控制系统，通过配套 CO_2 传感器，在设备内部实现对 CO_2 浓度的监测，智能控制风门开度，调节通风量，使设备内 CO_2 浓度保持在一个合理的水平；同时，孵化设备管理人员在孵化设备的显示界面能够直观地看到 CO_2 实时浓度，该项技术已得到了广泛应用。在不同的孵化阶段，对应的 CO_2 浓度是不同的，孵化设备可

按照孵化人员设定的 CO_2 浓度，自动调节通风系统的风门开度，以达到设定标准，这将更有利于胚胎发育，提高孵化率和雏苗质量。

（一）CO_2 浓度对孵化产生的影响

当孵化设备通风不足时，机内 CO_2 浓度超过 10 000 ppm①，胚胎将发育迟缓，死亡率上升，易出现胎位不正和畸形等现象；当 CO_2 浓度达到 100 000 ppm，胚胎将全部死亡；当孵化设备通风过量时，会影响机内温度和湿度，导致温度场不均匀，并增加能耗。一般来说，在孵化初期通风量可以小一些，孵化中后期随着胚胎日龄的增加，代谢加强，通风量应逐渐增大，尤其在即将破壳出雏的情况下，更应注意通风换气，避免孵化后期胚胎闷死在壳内。

1. CO_2 浓度对储存期种蛋质量的影响

大型孵化设备的出现，使种蛋在孵化前的储存成为必要，孵化前的储存方式将影响种蛋质量和孵化率。种蛋刚产出时，蛋白中含有丰富的重碳酸盐和 CO_2，pH 为 7.6～8.2。在空气中储存后，蛋白的 pH 会升高到 9.2～9.7，过度的 CO_2 散失导致蛋白 pH 升高，对胚胎发育有不利的影响（最适宜的原肠胚形成发生在 pH 为 8.2 时）。因此，在储存期间种蛋需保持适当的 pH 以及 CO_2 含量（既不能散失过多的 CO_2，又必须失去一定的 CO_2），才能提高孵化率。储存时，种蛋的 CO_2 散失速度与环境中的 CO_2 浓度及环境温度有关。

2. CO_2 浓度对孵化的实际参考意义

在大多数孵化场，孵化设备内的 CO_2 浓度通常控制在下限，以使胚胎获得充足的新鲜空气及氧气。长期研究结果表明：在孵化前 10 天，逐渐上升的 CO_2 浓度（接近 10 000 ppm）对胚胎前期的发育有积极的影响；在孵化 10～18 天，胚胎能够承受的 CO_2 浓度为 4 000 ppm，此时不会对鸡苗质量产生负面影响。

在实际生产过程中，一些孵化场管理者为了缩短孵化窗口（从 1%雏苗出壳到 21 天整体捡苗的时间），在孵化的某个阶段，将出雏器的通风量降低，以使出雏器内的 CO_2 浓度提高到 8 000 ppm 以上，并保持一定的时间，使发育较慢的种蛋提前啄壳，追赶上发育较快、啄壳较早的种蛋。较高的 CO_2 浓度能够缩短孵化窗口，但高 CO_2 浓度对鸡苗质量的影响还是未知数。对于降温方式为风冷的孵化设备，通过降低通风量来提高 CO_2 浓度会导致蛋壳温度偏高，从而对鸡苗质量产生负面影响；而在高的 CO_2 浓度及高的蛋壳温度的共同作用下，鸡苗质量将受到更严重的影响。

（二）CO_2 浓度控制在孵化设备上的应用

目前，国内外主流孵化设备根据孵化工艺的不同，主要分为两大类型：其一是单阶段孵化设备，采用整批入孵、整批出雏的孵化工艺，在整个孵化周期内，随着种蛋胚龄增加，种蛋产出的 CO_2 总量会逐渐增多；其二是多阶段孵化设备，采用分批入孵、分批出雏的孵化工艺，在整个孵化设备内，既有刚入孵的种蛋，又有孵化后期的种蛋，种蛋胚龄相对稳定，种蛋产出的 CO_2 总量稳定在某一范围。以上两种设备的不同孵化模式，对于设备内 CO_2 浓度要求也略有区别。

1. CO_2 浓度控制在单阶段孵化设备上的应用

单阶段孵化设备在使用过程中，根据种蛋的胚龄变化分为前期、中期、后期 3 个阶段，每

---

① ppm 为废止单位，但在环境控制方面仍较为常用，1 ppm $=10^{-6}$。

个阶段都有对应的CO_2浓度标准。下面以单阶段大箱体孵化设备为例，推荐CO_2浓度设定如表2-8所示。该类设备可实现对机内CO_2浓度的显示和控制——通过设定风门下限和风门上限，实现孵化全过程对风门开度的智能调控，以保证CO_2浓度在满足孵化要求的前提下，保持最小通风量，其中对于温度的控制，不受风门上下限的限制。

表2-8 单阶段大箱体孵化设备推荐CO_2浓度设定

孵化天数/天	风门/%	风门上限/%	CO_2浓度/ppm
		孵化设备	
1～10	0	20	0～10 000
11	10	30	4 500～5 000
12	20	40	4 500～5 000
13	30	50	4 000～4 500
14	30	50	4 000～4 500
15	40	60	3 500～4 000
16	40	60	3 500～4 000
17	50	70	3 000～3 500
18	50	70	3 000～3 500
		出雏设备	
18	20	50	4 000～6 000
19	25	50	4 000～6 000
20	30	60	3 000～4 000
21	40	70	3 000～4 000

2. CO_2浓度控制在多阶段孵化设备上的应用

多阶段孵化设备在使用过程中，设备内前期、中期、后期种蛋皆有，且设备基本不停孵，因此，CO_2浓度能够长期保持在一定范围内，随着后期种蛋胚龄的不断增长，CO_2浓度也每天增长200～300 ppm。为了兼顾机器内所有种蛋的发育需要，一般要求多阶段孵化设备CO_2浓度控制在3 500 ppm以内，最大不能超过4 000 ppm。

多阶段孵化设备(如巷道式孵化机)在冬季使用时，由于环境温度较低，风门几乎关闭，同时孵化厅的保温措施更加严密，环境CO_2浓度以及孵化设备内的CO_2浓度相较于其他季节都要高出很多。当孵化设备中的CO_2浓度长期高于4 000 ppm时，受精蛋毛蛋率相较于CO_2浓度在3 500 ppm以内时会上升0.5%～1.0%，这也是冬季孵化指标低于春秋季度指标的原因之一。因此，孵化设备在冬季使用时，可根据CO_2浓度的实际值，来设置孵化设备的风门最小开度，在保证温湿度稳定的前提下，保证CO_2浓度控制在3 500 ppm以内。下面以巷道式孵化机和环流式出雏机为例，孵化参数设定参考表2-9。

表 2-9 巷道式孵化机和环流式出雏机孵化参数设定

孵化天数/天	风门/%	风门上限/%	CO_2 浓度/ppm
孵化设备			
1～18	0～10	20	3500
出雏设备			
18	10	20	4 000～6 000
19	20	30	4 000～6 000
20	25	40	3 000～4 000
21	30	40	3 000～4 000

二、蛋表温度与孵化

蛋表温度是指种蛋蛋壳表面的实际温度，通过测温仪器对蛋壳表面进行测量所得。在胚胎发育过程中，各种代谢活动都是在一定温度条件下进行的，没有适宜的温度，胚胎就不能发育或发育不正常，得不到好的孵化效果。

孵化设备内部空气经过加热或冷却，在风机的作用下，在密闭箱体内形成温度均匀的气流，气流和种蛋进行热量交换，以提升或降低种蛋的蛋表温度。机内空气温度即我们常说的孵化温度，为了使种蛋获得合适的蛋表温度，我们需要合理地设置孵化温度。

（一）孵化过程中的温度掌握

首先，要根据本地的气候特点及入孵季节，保持适宜、稳定的孵化环境，尽可能使孵化厅温度保持在 26 ℃左右，有条件的孵化场可以配备环境控制系统。同时，对孵化设备温湿度参数的校正要准确，以免造成胚胎在高于或低于最适宜温度下孵化，影响胚胎发育。

其次，在孵化过程中，要对胚胎进行“看胎施温”，把握孵化过程中的关键时间点，如，5 胚龄“黑眼、起珠”，10～11 胚龄小头“合拢”，17 胚龄小头“封门”等，通过监测这些时间点的种蛋发育情况，来及时调节孵化设备的温度参数（也称用温参数）。

1. 单阶段孵化设备的用温

单阶段孵化设备采用“变温”孵化，可对整个孵化周期的不同阶段进行灵活用温。以冬季为例，在孵化初期，胚胎代谢处于初级阶段，缺乏调节能力，可使用较高的温度，一般 1～4 天孵化温度 38.0 ℃，5～8 天孵化温度 37.9 ℃；在孵化中期，胚胎代谢逐渐加强，胚胎放热和吸热达到平衡，一般 9～10 天孵化温度 37.8 ℃，11～12 天孵化温度 37.6 ℃；在孵化后期至出壳前，胚胎新陈代谢旺盛，产生大量的自热，此时孵化温度应稍低，以利于散热，一般 13～18 天孵化温度由 37.5 ℃开始每天递减 0.1 ℃。上面所提到的孵化温度都是指孵化设备内的气流温度，通过调整和控制整个孵化周期的气流温度，保证蛋表温度稳定在 37.8～38.1 ℃，以保证胚胎的正常发育。单阶段大箱体孵化设备每日龄平均蛋表温度如图 2-6 所示。

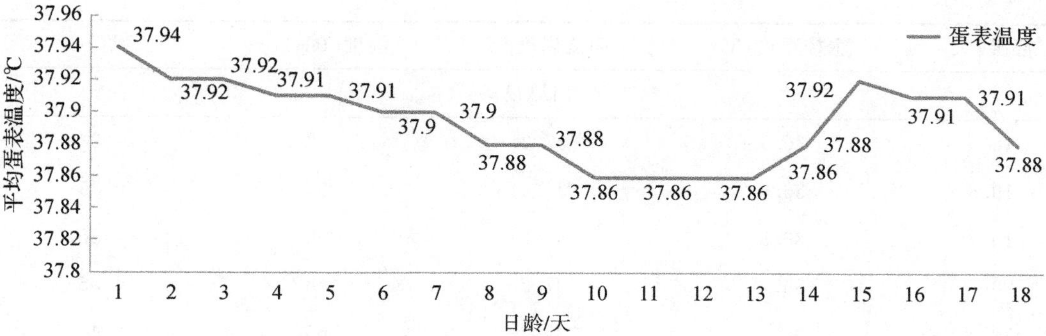

图 2-6 单阶段大箱体孵化设备每日龄平均蛋表温度曲线

因此，在整个孵化周期，孵化变温应遵循前高、中平、后低的原则。孵化温度偏高则使胚胎发育快，雏苗提前出壳；孵化温度偏低则使胚胎生长发育迟缓，出壳时间晚而拖延。表 2-10 为单阶段大箱体孵化设备典型用温方案。

另外，单阶段孵化设备在使用中，还可采用预温工艺，使种蛋在正式升温之前，将温度稳定在 24 ℃，再同步升温至孵化温度，有利于种蛋均匀发育。

表 2-10 单阶段大箱体孵化设备典型用温方案

胚龄/天	主控温度/℃	回流温度/℃	湿度(RH)/%	风门/%
孵化设备				
−0.3～0	24.0	24.0	58	0
1～4	38.0	37.9	58	0
5	37.9	37.9	58	0
6	37.9	37.9	58	0
7	37.9	37.9	55	0
8	37.9	37.9	55	0
9	37.8	37.9	53	0
10	37.7	37.9	53	0
11	37.6	37.9	50	10
12	37.5	37.8	48	15
13	37.5	37.8	48	20
14	37.4	37.8	45	25
15	37.3	37.7	45	30
16	37.2	37.7	42	35
17	37.1	37.6	42	35
18	37.0	37.5	42	40

续表 2-10

胚龄/天	主控温度/℃	回流温度/℃	湿度(RH)/%	风门/%
出雏设备				
18	36.9	37.2	52	20
19.5	36.8	37.2	55	25
19.7	36.8	37.2	60	30
20	36.7	37.2	68	35
20.5	36.6	37.2	65	40
21	36.5	37.2	60	40

2. 多阶段孵化设备的用温

多阶段孵化设备主要指巷道式孵化设备，也称多阶段巷道式孵化设备或巷道式孵化机，采用"恒温"孵化，其特点是"老蛋孵新蛋"，利用孵化后期种蛋产热、孵化前期种蛋吸热这一特性，使热量得到充分利用，达到节能目的。另外，多阶段孵化设备利用结构优势，结合智能调温程序，使得入口气流温度高(孵化前期种蛋)，出口气流温度低(孵化后期种蛋)，以满足前期种蛋、中期种蛋、后期种蛋的蛋表温度需求，蛋表温度能够控制在 37.7～38.5 ℃。图 2-7 为多阶段巷道式孵化设备各胚龄在不同车位的平均蛋表温度曲线。

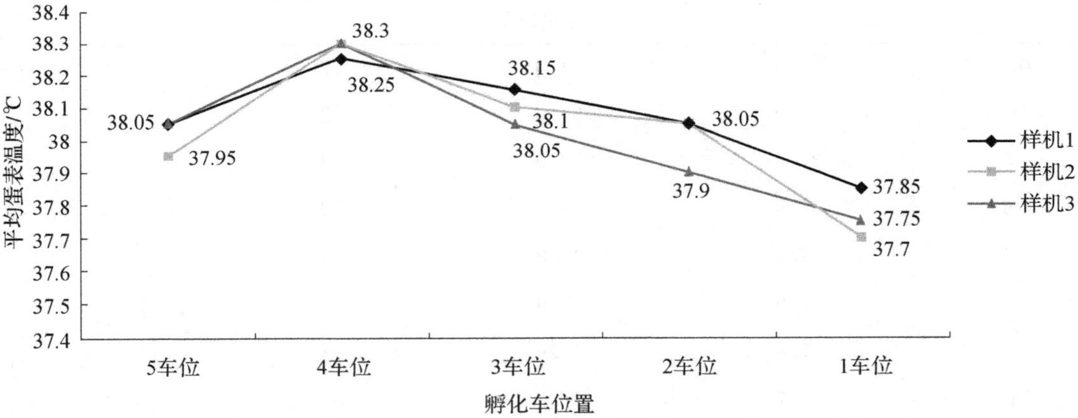

图 2-7 多阶段巷道式孵化设备各胚龄在不同车位的平均蛋表温度曲线

多阶段孵化设备将入口温度控制在 37.9～38.0 ℃，在保证雏鸡 21 天生长发育的前提下，孵化人员可根据出苗时间的早晚，来调整入孵时间以及微调气流温度，使雏鸡达到最佳的质量效果。表 2-11 为多阶段巷道式孵化设备的典型用温方案。

表 2-11 多阶段巷道式孵化设备的典型用温方案

孵化设备			
胚龄/天	入口温度/℃	湿度(RH)/%	风门/%
1～18	37.9～38.0	50	0～20

续表 2-11

出雏设备			
胚龄/天	主控温度/℃	湿度(RH)/%	风门/%
18	36.9	52	20
19.5	36.8	55	25
19.7	36.8	60	30
20	36.7	68	35
20.5	36.6	65	40
21	36.5	60	40

(二)蛋表温度对孵化的影响

在整个孵化周期中，若孵化积温每偏高或偏低最适宜的孵化积温 0.1 ℃，雏鸡则相应地提前或推迟 4 h 出壳，孵化率降低 1%～2%，健雏相应减少，弱雏相应增加，孵化效果明显受影响。

1. 温度偏高对胚胎发育的影响

温度偏高分为很多种情况，贯穿胚胎发育的整个生命周期。以正常温度为基准，通常有 2 种情况：一种是轻度超温，另一种是重度超温。

轻度超温一般发生在整个孵化周期的某个时间段或整个孵化周期内，用温稍微偏高。这种情况导致的损失是微小的，只是加快了胚胎在整个孵化周期的发育速度以及胚胎的失水速度，加速出壳，雏苗相较于正常雏苗会出现瘦小、脱水、脚脖红肿等情况。

重度超温一般发生在整个孵化周期的某个时间段，由操作失误或设备故障等因素导致，也存在种蛋品系不适应常用温度的情况。重度超温情况下，胚胎会出现干燥、粘壳、尿囊血液颜色呈暗黑色。孵化后期长时间温度偏高，会导致雏苗啄壳较早，内脏充血，破壳后死亡多，蛋黄吸收不好，卵黄囊、肠、心脏充血，雏鸡小、粘壳、脐带愈合不好，更严重的情况甚至会出现“闷鸡”等。

当胚胎温度高于 38.8 ℃时，会出现大面积的雏苗较小、较弱、苍白、发育低下、不能站立、交叉喙、跗关节红肿、短毛、小白鸡、腹部大、脐部愈合不良、卵黄吸收不良、钉脐、头在翅上、内壳血多、鼻孔上有红点、“啄壳死”增多、“壳中死”增多、“水中胚”等情况。图 2-8 是常见的由高温导致的雏苗异常。

另外，在孵化前期阶段，若孵化温度偏高，在一定范围和一定时间内可促进胚胎正常发育，但温度过度偏高或作用时间过长，则前期胚胎发育反而会受到抑制，比正常发育缓慢。当温度逐渐偏高时，胚胎死亡率也会随温度的升高而升高。表 2-12 为胚胎在 3 种温度下孵化至 10 天 12 h 的平均合拢率。

2. 温度偏低对胚胎发育的影响

蛋表温度偏低，将延长种蛋的孵化时间，胚胎发育迟缓，气室小，相应死亡率、毛蛋率增加，初生雏鸡质量下降。在孵化 10 天时，出现尿囊充血，不合拢；在孵化 19 天时，胚胎发育迟缓，气室边缘平齐，不封门；出雏期间出现很多胚胎未啄壳、尿囊充血、心脏肥大、卵黄吸入呈绿色、残留胶状蛋白、出雏脐带愈合不好、腹大等问题。另外，孵化前 9 天在较低温度条件下发育的胚胎会消耗卵黄来弥补所缺乏的热能，这样雏鸡在育雏早期较易发生脱水现象。

钉脐　短毛

弱雏多　啄壳位置高、鼻孔出血

图 2-8　常见的由高温导致的雏苗异常

表 2-12　胚胎在 3 种温度下孵化至 10 天 12 h 的平均合拢率

温度/℃	平均合拢率/%
37.8	96.89
38.3	57.31
37.5	31.93

第四节　单阶段与多阶段孵化设备比较分析

一、孵化设备的发展历史

孵化设备是一种仿生设备，它通过调节设备内部空气的温湿度，为胚胎发育提供适宜的微环境条件，并通过通风、翻蛋等功能部件保证胚胎正常发育，是家禽孵化行业的主要生产工具。

从 20 世纪 80 年代以来，国内孵化设备有了飞跃式的发展，最早是单阶段小箱体孵化设备（以孵鸡 19200 型、孵鸭 12096 型为代表），慢慢发展到多阶段巷道式孵化设备（以孵鸡 90720 型、孵鸭 43200 型为代表），再发展到当今备受市场欢迎的单阶段大箱体孵化设备（以孵鸡 60480 型、120960 型和孵鸭 34560 型、69120 型为代表），得益于家禽养殖业的蓬勃发展，孵化设备也不断更新换代。

根据孵化模式的不同，孵化设备可分为单阶段孵化设备和多阶段孵化设备两大类。单阶段孵化设备又可分为小箱体孵化设备系列和大箱体孵化设备系列。大箱体孵化设备一般指容蛋量多于2万枚的设备，有的设备容蛋量可达12万枚以上。现阶段，国内孵化场以单阶段大箱体孵化设备和多阶段巷道式孵化设备为主，国外孵化场以单阶段小箱体和大箱体孵化设备为主。

下面将主要介绍单阶段大箱体孵化设备和多阶段巷道式孵化设备。

二、单阶段大箱体孵化设备

单阶段大箱体孵化设备(图2-9)，也称单阶段大容量孵化设备，采用整批入孵、整批出雏的孵化方式，但是不同于单阶段小箱体孵化设备，主要区别体现在2个方面：一是气流方式的改变，弃用小箱体设备的大风扇混流搅拌方式，采用获得国家发明专利的"层流通风方式"，并进行了均风设计，气流场更均匀。二是采用"B级换热系统"专利技术，在孵化前期将B级换热系统切换成水加热功能，温度场更均匀、更节能，同时，可以减少加热管功率，降低整机视在功率，减少用户配套的变压器容量和发电机功率；在孵化后期则将B级换热系统切换成水冷功能，因为换热器布置在蛋车之间，使用水冷功能时不仅可以带走整机的胚胎自热，同时还可以降低气流经过蛋区的温升，有效解决孵化后期胚胎代谢热对温度场的影响，获得更均匀的温度场。

图2-9 单阶段大箱体孵化设备

1. 单阶段大箱体孵化设备的主要优点

(1)整进整出，有利于防疫 单阶段孵化设备采用整批入孵、整批出雏的方式，可以在种蛋落盘、出苗后，周期性地对孵化设备进行充分消毒，避免交叉感染，有利于防疫。

(2)孵化工艺实时调整，能够为种蛋量身定制孵化参数 不同品种、周龄的种蛋，孵化温度、湿度、换气量是不同的。单阶段孵化设备可以根据种蛋的情况，量身定制孵化参数，并且能够在孵化过程中适时调整孵化参数，为胚胎提供适宜的微环境条件，提高孵化效果。

(3)获得更好质量的雏苗，降低7天内死亡率和饲养的料肉比 先进的层流通风方式和B级水加热/水冷方式可以充分保证设备温度场均匀性，能够提高雏苗质量，有利于后期饲养，降低7天内死亡率和饲养的料肉比。

(4)方便孵化场安排生产计划 尤其适合自孵自养和创建品牌的养殖公司。

(5)节能、节省成本 相较于单阶段小箱体孵化设备，大箱体孵化设备单位蛋耗电更少，一般可节能40%;同时,单位蛋量占地面积更小,可节省孵化设备投资成本。

2. 单阶段大箱体孵化设备的不足

(1)单位蛋的孵化成本较高　单阶段孵化设备与多阶段孵化设备相比,不是前期种蛋和后期种蛋混合孵化,不能直接利用后期胚胎产生热量,会增加每一枚种蛋的孵化成本。

(2)需要配套制冷机组等,配套成本较高　单阶段大箱体孵化设备对环境要求较高,需要控制新鲜空气的温、湿度,需要配套新风机组等设备。同时,由于有B级水冷和水加热,需要配备制冷机组、水源热泵机组等,在建厂初始投资比较高。

但是,随着现代技术的创新发展,如“全热回收技术”的逐步应用,前期配套成本可逐步回收,整体统计下来,孵化场在运行两三年以后,均摊到每枚种蛋上的成本会降低。

三、多阶段巷道式孵化设备

多阶段孵化设备主要指多阶段巷道式孵化设备(图2-10)。该设备长8 m左右,宽3 m左右,门在两端,从外形看是长长的通道,通道一端为进口,另一端为出口,故称之为多阶段巷道式孵化设备。该设备最主要的特征是设备内有5批或6批种蛋,每批种蛋的孵化时间是不一样的。

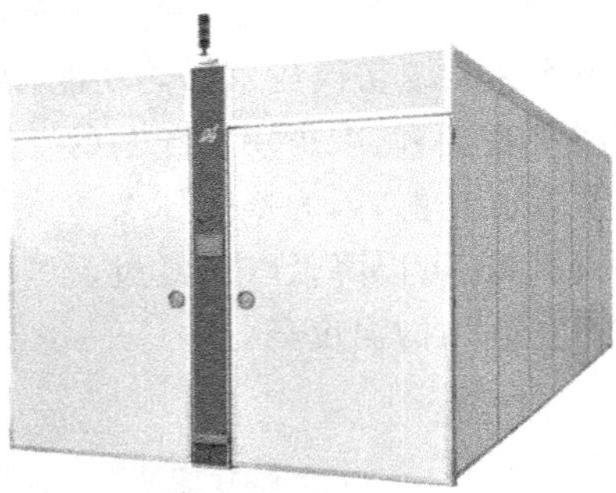

图2-10　多阶段巷道式孵化设备

1. 多阶段巷道式孵化设备的主要优点

(1)单位蛋孵化成本低　多阶段巷道式孵化设备分批入孵,设备能耗低。其采用分批入孵(每3天或4天入孵一批种蛋)工艺,充分利用后期胚胎产生的热量供新入孵的种蛋吸收,实现了“老蛋孵新蛋”,降低加热能耗,节省加热功率,降低每一枚种蛋孵化所需热量成本,从而降低孵化成本。

(2)初期投资相对较低　多阶段巷道式孵化设备经过20多年的市场验证,在我国大部分地区都很适应,即使在炎热潮湿的南方,没有环控设备,也能满足生产需求。设备对环境的要求比较低,可以减少用户的初期投资。

(3)设备运行使用成本较低　经过20多年的不断改进和细化设计,多阶段巷道式孵化设备操作简单、方便,节省人工,尤其是采用智能调温控制技术,不用每天调整温湿度,降低了劳动强度。同时,有大量熟练的多阶段巷道式孵化设备使用管理人员,降低了人员培训成本和运营成本。

2. 多阶段巷道式孵化设备的不足

(1)存在交叉感染风险　箱体内有不同孵化阶段的种蛋,孵化1天的种蛋和孵化17天的种蛋都在一台机器内孵化,后期臭蛋可能污染前期种蛋,种蛋之间存在交叉感染的风险。

巷道式孵化设备采用连续上孵的工艺,机器内一直有种蛋在孵化,很难对箱体内部进行彻底消毒。只能人为停机,将种蛋转移到别的机器才能彻底消毒,操作不便。

(2)孵化温度不能兼顾所有种蛋　种蛋在不同的孵化阶段需要不同的温度,合适的孵化温度是孵化成绩好的必要条件。在多阶段巷道式孵化设备内,有多批不同孵化时间的种蛋,只能兼顾不同时间种蛋设定孵化温度,温度可调节空间很小。

四、总结

随着用户对孵化成绩和雏苗质量需求的不断提高，孵化设备经历了多次升级换代，设备结构和控制方式的变化满足了不同时期的需求。现阶段使用的孵化设备主要是单阶段大箱体孵化设备和多阶段巷道式孵化设备，它们各有优缺点。

过去，用户追求投资成本和使用成本低，大多选用多阶段巷道式孵化设备。近几年，随着养殖业规模化和产业化的发展，集中程度越来越强，竞争越来越激烈，用户需求的重心也转向了雏苗质量，因此，单阶段大箱体孵化设备越来越受欢迎，市场占有率增大，逐渐成为市场主流产品。

第五节　单阶段孵化设备操作规范与技术要求

一、单阶段孵化设备简介

1. 单阶段孵化设备发展状况

2008 年以后，国内孵化行业采用单阶段大箱体孵化设备的孵化场越来越多。大箱体孵化设备出雏窗口短，孵化的雏苗质量高，迅速被市场所接受，特别是在鸡孵化板块。大箱体孵化设备、环控设备和自动化设备组成一个完整的孵化工程，这三者成为很多大型孵化场的标准配置。

各品牌的大箱体孵化设备控制目标无外乎更均匀的温度场、气流场和更合理的 CO_2 浓度、湿度等。但各品牌的技术路线有较大差异，其操作规范和技术要求也不相同。

2. 单阶段孵化设备总体介绍

为了让大家对单阶段孵化设备有一个总体认识，下面先以 EIFTPC-40320 机型为例，介绍整机构成，如图 2-11 所示。本机型包括的主要功能器件清单见表 2-13。

从产品性能、配置、可靠性、使用成本和本土适应性等方面来看，EIFTPC-40320 机型得到了国内孵化行业的高度认可，下文主要以该设备为例，介绍相关设备的操作规范和技术要求。

二、单阶段孵化设备操作规范

在孵化设备投产前，全体员工需要认真学习相关孵化设备的使用说明书，熟悉孵化设备的各个系统及其对应的功能，掌握孵化设备界面屏幕的各个图标的含义，能够进行孵化参数、孵化时间、孵化设备功能等选项的设定。

1. 检测孵化设备状态

利用孵化设备的测试页面可以单独启动某一功能，根据需要逐项检测孵化设备的状态。在高级菜单中有按键，点击后弹出系统测试窗口（图 2-12），方便用户进行检测与维修。可测试的功能包括主加热、辅加热、风门开、风门关、加湿、A 级水冷、比例阀开、比例阀关、B 级水泵、冷热切换等。

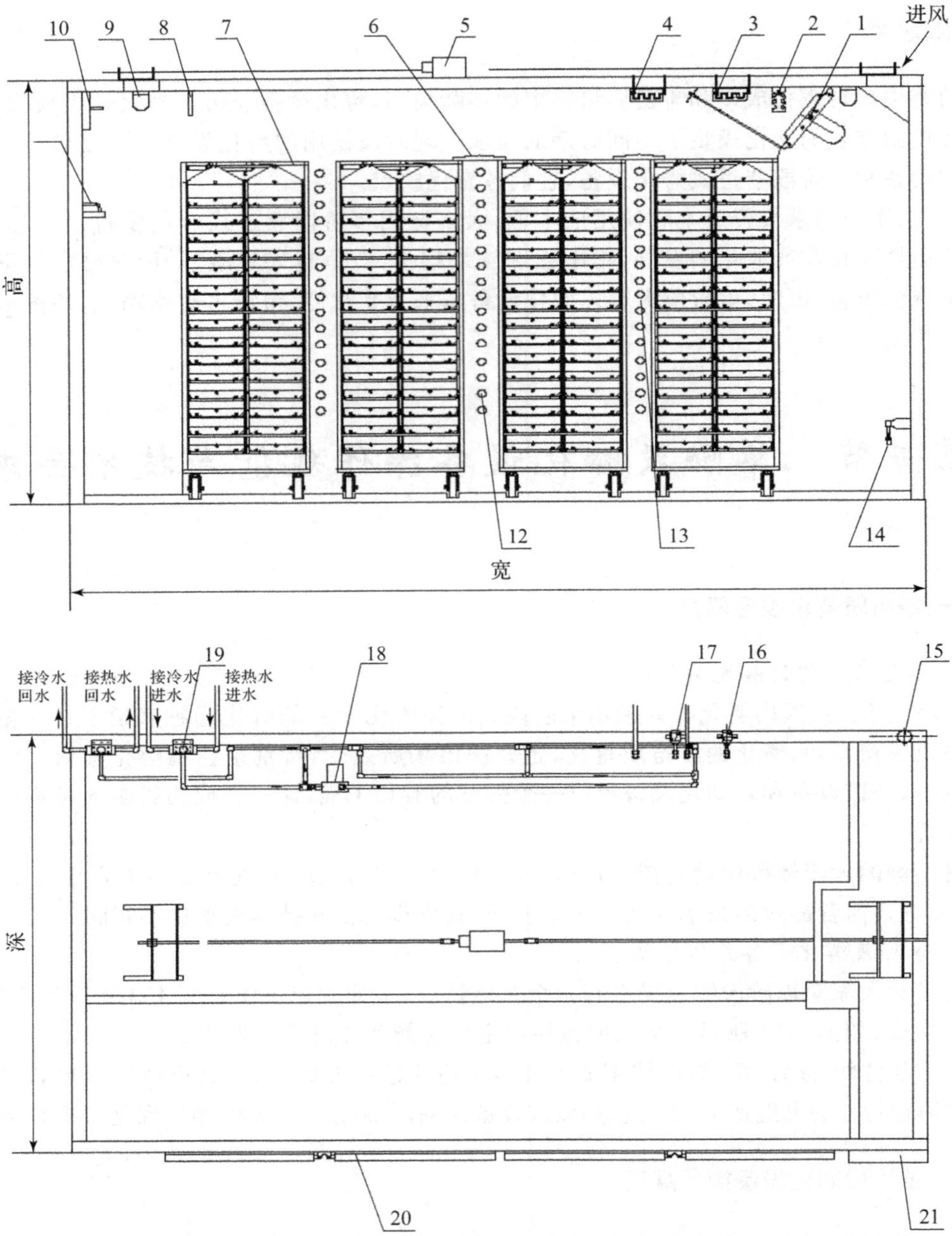

图 2-11　EIFTPC-40320 整机示意图(其余机型类似)

表 2-13　EIFTPC-40320 机型主要器件清单

序号	名称	功能简介
1	风机	在箱体内形成均匀的循环气流场，由控制柜面板上“启动”开关控制
2	电加热管	电加热用
3	A 级水加热管	水加热用

续表 2-13

序号	名称	功能简介
4	A 级水冷管	利用冷水(15～20 ℃)降温
5	风门驱动机构	包括电机和检测开关,通过拉杆同步驱动进风口和出风口盖板。风门开度档位 0～15
6	吊顶	密封蛋车顶部的间隙,以形成合理的气流通道
7	孵化车	容蛋量 5 040 枚,含 2 列蛋盘托架,采用气动翻蛋
8	CO_2 探头	检测箱体内 CO_2 浓度,控制通风量
9	防水灯	照明用;单独开关控制,关机时也可点亮
10	主控温度探头、第二套控温探头	测量箱体内温度,第二套控温探头一般起保护作用,应急时可临时控温
11	湿度探头	测量箱体内湿度
12	B 级换热管	利用冷水(15～20 ℃)带走胚胎自热;布置在蛋车之间,以便形成更佳的温度场;选配冷热水切换系统后,可以实现孵化前期水加热
13	回流温度探头	测量回流气流温度,控制 B 级水冷/水加热系统
14	加湿喷头	喷雾加湿用
15	加湿电磁阀	控制加湿
16	水加热电磁阀	控制 A 级水加热
17	水冷电磁阀	控制 A 级水冷
18	B 级水泵及比例三通阀	通过比例三通阀调节 B 级水冷/水加热循环水温,冷却/加热更温和、精准
19	冷热水切换系统	孵化前期切换到热水,孵化后期切换到冷水
20	门	进出蛋车处
21	控制柜	控制整机运行,触摸屏人机界面

图 2-12　系统测试窗口

2. 熏蒸消毒

在单阶段孵化设备上，熏蒸过程可以实现一键式操作。在时间参数窗口（图 2-13）中设定熏蒸时间（一般为 25 min）和排气时间（一般为 90 min）。

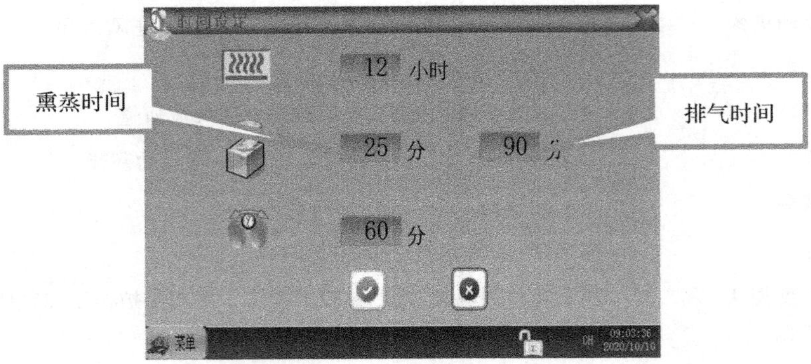

图 2-13　时间参数窗口

熏蒸时，熏蒸容器放在孵化设备进风口一侧（图 2-11 右上角），即风扇底下。采用机器自带的熏蒸排气按键，不要开门排气，否则会污染孵化厅或者出雏厅的环境。按下主状态页面中的“熏蒸排气”按钮，根据系统提示，再按下确定按钮，孵化机进入熏蒸排气状态。在熏蒸期间，机器正常运行，加湿器不工作，熏蒸倒计时结束后，机器会发出 30 s 蜂鸣器报警提示音，提醒值班人员拿出熏蒸容器，然后机器进入排气状态。排气时，加热正常，不加湿，无加湿报警，风门开到最大位。排气倒计时结束后，风门回到设定位置，系统恢复正常控制。

3. 孵化参数设置

单阶段孵化设备一般采用多组变温孵化工艺，所谓“多组变温孵化”，是指在参数设定页面中预设多组孵化参数（包括孵化时间、温度、湿度、风门、CO_2 浓度等），如图 2-14 所示，同时设定好开始孵化时间，控制系统会根据当前时间计算出“胚胎实际孵化时间”。在孵化过程中，控制系统会根据“胚胎实际孵化时间”匹配对应的预设孵化参数，自动将当前孵化参数更改为预设参数。

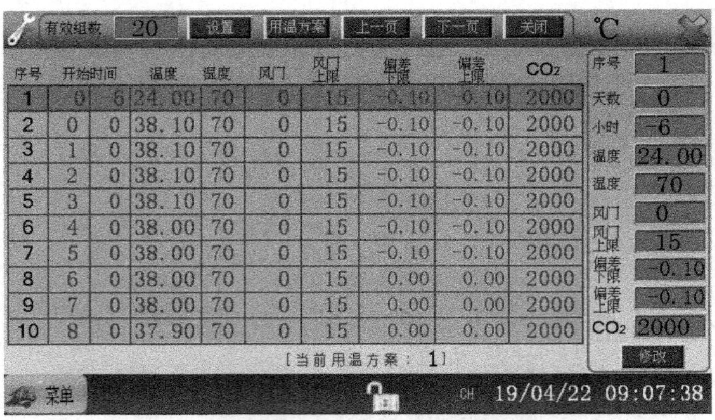

图 2-14　多组变温孵化参数修改窗口

设备厂家一般会根据种蛋品种、周龄、季节等因素并结合经验，优化出几套孵化工艺以供选择。如图 2-15 所示，用户可以根据自身需要，选择合适的孵化工艺（用温方案）。

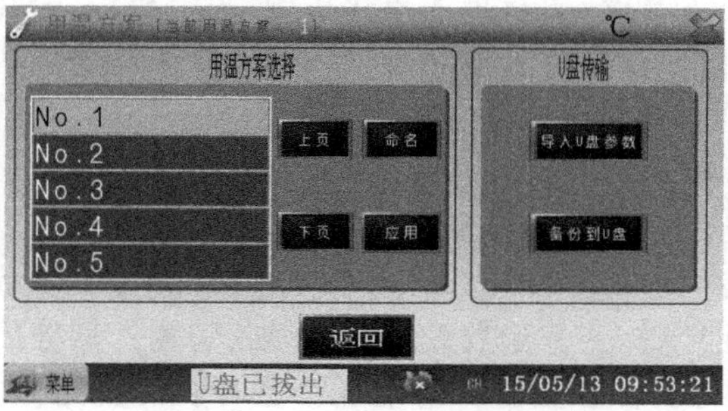

图 2-15 用温方案选择窗口

4. 温湿度校准

在孵化过程中，温湿度探头校准是一个十分重要的工作，校准工作应该遵守严格的规范，否则，温湿度探头出现偏差会导致孵化成绩不理想。

单阶段孵化设备采用软件校准的方法来校准温湿度探头，软件校准方法如下：

点击高级菜单中的探头校准项，弹出探头校准窗口(图 2-16)，本窗口功能主要是校准主控温度、回流温度、湿度和二氧化碳探头，使其测量值和实际的温湿度和二氧化碳浓度相符。

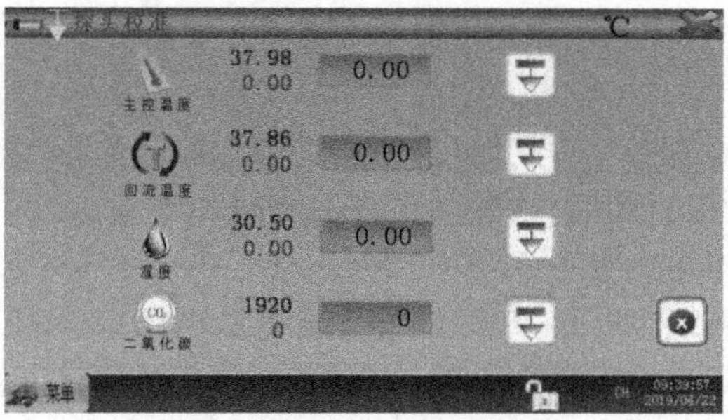

图 2-16 探头校准窗口

下面以主控温度探头校准为例来说明校准过程：

①在要校准的探头右侧的数值框内按一下，弹出数字小键盘后，输入标准温度计显示的准确值。当输入的数据超出有效范围时，系统会自动提示。

②按下右侧的执行按钮。这时可以通过编辑框上面显示的测量值(蓝色字体标示)验证是否校准正确。

③校准后，探头误差修正数据会保存在控制板的芯片里。

5. 预温

种蛋正式升温前最好先进行预温。预温是指将种蛋从蛋库温度(18 ℃以下)升温到种蛋生理零点温度(23.9 ℃)，并保持一段时间。种蛋预温可以使其受精胚盘逐渐“苏醒”，否则温度突然变化过大会影响胚胎发育。同时，预温给种蛋提供了一种“分段”升温的方式，让种蛋“同步升温”的起点从 18 ℃以下提高到 24 ℃，有效提高了升温阶段种蛋温度均匀性。

入孵前，种蛋不应在控温条件不好的预温间或孵化间内预温。当环境温湿度较高时，空气中的水分容易在低温的蛋表面上冷凝成水珠，即俗称的种蛋“出汗”。在孵化开始时间之前6～8 h，将种蛋从蛋库拉出来，直接推入孵化机中，关上机门，避免种蛋和外界环境接触，可以大大减少种蛋“出汗”。设定预温温度24 ℃、风门0位、湿度50%RH，开机预温。等到了孵化开始时间，系统会自动结束预温，转入正式孵化状态。

6. 种蛋不够时的入孵方案

为了保证种蛋均匀发育，缩短出雏窗口，单阶段孵化设备中应上孵相同品种、相近日龄的种蛋，同时，为了保证孵化设备内部气流分布合理，一般要求整机满孵。

但是，在实际孵化生产中，受种蛋数量、生产计划、销售计划等因素影响，经常会出现需要入孵的种蛋数量比孵化设备容蛋量少的情况。这时候需要充分了解所用孵化设备的特性，有规律地在蛋车的某些位置上孵种蛋，其余位置空出，以保持孵化设备内部的气流分布合理。孵化设备厂家一般会给出种蛋不足时的入孵方案，下面以EIFTPC-40320型单阶段孵化机为例，说明种蛋不够时的入孵方法，以供参考。

①如果入孵蛋数量不够装满所有蛋车，须首先装风扇底下的2辆蛋车，然后按从进风口到出风口的顺序依次一排一排地装蛋。对于最后装不满的一排(孵化机纵深方向)2辆蛋车，要将种蛋均分到2辆蛋车上，每辆蛋车从上往下先装满背风面的一列，再装迎风面的另一列，直到装蛋完毕。

②孵化时，空孵化车(不放孵化盘)要推入，蛋车下小挡风板挂在最靠近出风口的一排蛋车上。

7. 孵化中期照蛋

孵化鸭蛋时可能需要在孵化中期照蛋，挑出前期死胚和臭蛋，避免这些蛋在后续的孵化过程中炸裂，污染其他种蛋。同时，调整大小头倒置的种蛋。

孵化中期照蛋的基本原则如下：

①照蛋时，照蛋间温度不低于25 ℃。孵化蛋车从出风口一侧开始照，照几辆蛋车拉几辆蛋车。照蛋速度在保证准确的前提下要求尽量快，防止种蛋过凉。

②照蛋时，将大小头颠倒的种蛋正过来，有裂纹蛋要挑出来，根据情况修补或废弃。

③同一车的蛋盘上下层对换，同一排的蛋车内外对换。

④照蛋后，应该适当整理蛋盘中剩余的种蛋，将蛋盘中间部分空出来。整理蛋盘参考图2-17，阴影部分表示有种蛋。

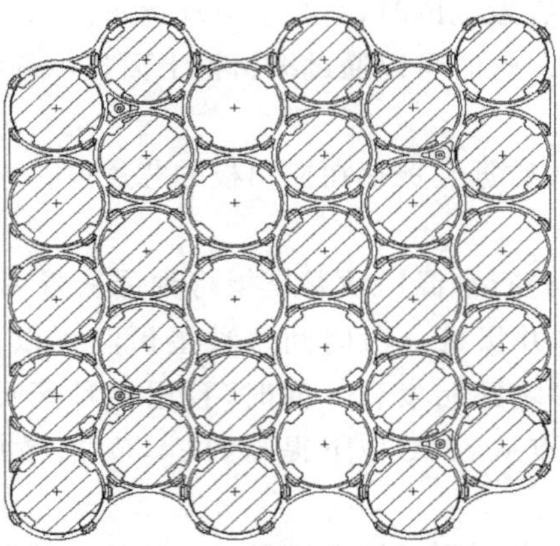

图 2-17　照蛋后整理蛋盘

⑤对于初开产种蛋，如果受精率低于 80%，建议照蛋时适当合盘，空出来的位置最后累积到靠出风口一侧的蛋车。

8. 落盘

鸡蛋在孵化机内孵化到第 18 天半时，鸭蛋在孵化机内孵化到第 24 天半时，需要将种蛋从孵化机转移到出雏机内。将种蛋从孵化盘转移到出雏盘的过程称为“落盘”。落盘一般会结合照蛋一起进行。

对于单阶段孵化设备，照蛋、落盘一般遵循以下步骤：

①落盘前，空出的雏机带、雏盘必须已经烘干、消毒，进行温湿度检查并校准好。

②出雏机湿度探头、水盒以及棉条，需要在落盘之前更换、清洗。不要等到落完盘之后再换，否则影响落盘之后加湿。

③落盘间温度不低于 25 ℃。孵化蛋车从出风口一侧开始落盘，根据人员组数，往落盘间拉蛋车，不要提前将蛋车拉到落盘间等待。

④在孵化期间，位于蛋车不同区域的种蛋，其发育可能有细微差别，建议采取以下措施：将孵化车中、底部的种蛋转到出雏车的顶、中部，将孵化车中、顶部的种蛋转到出雏车的底部、中部，将在孵化机内处于迎风面的一排种蛋转到出雏机处于背风面的一排出雏盘中，参见图 2-18。

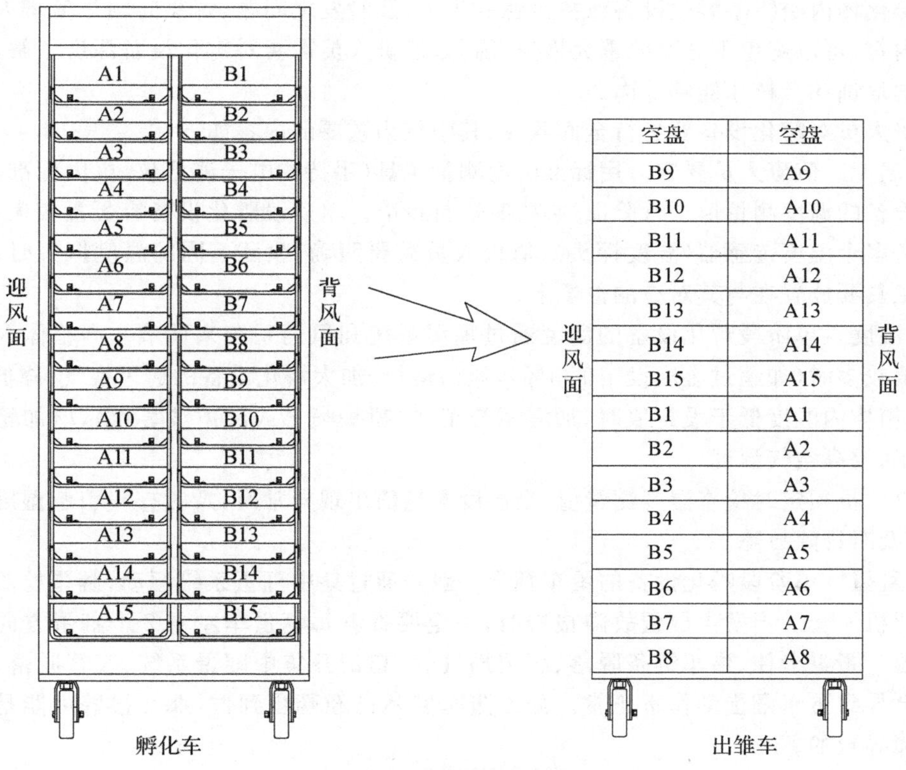

图 2-18 落盘位置对应关系

⑤出雏机的孵化时间设定要承接对应的孵化机，出雏机显示的孵化时间和胚胎实际发育时间保持一致。

⑥带蛋出雏车从风扇一侧开始推入出雏机，再依次向远离风扇的方向推入出雏车。

⑦拉蛋车前要断开蛋车的气路快换接头，将蛋车翻平，然后将气管固定在蛋车支撑板下部凹槽里，防止损坏。

9. 出苗

根据种蛋品种和出苗情况，选择合适的时机捡苗，捡苗时机很重要——捡苗早了，鸡苗身上还是湿的，容易着凉感冒；捡苗晚了，鸡苗在出雏机内待的时间过长，容易脱水和消耗卵黄。

(1)出苗时机　各个厂家应根据后续工作流程、发苗时间、运苗远近把握出苗时机，一般原则为出雏的时间应确定在5%～10%雏鸡的脖颈周围仍有些潮湿的时候。

(2)出苗顺序　出苗时从远离风扇的一车开始，一次能捡几车就拉几车，不要将出雏车拉出放在厅内等待。捡苗间环境温度不能太高，要注意捡苗间的通风，通风不好会导致出雏盘内鸡苗温度急剧上升。一辆出雏车捡苗时间应尽量短，防止该车后捡的鸡苗体温上升，有张嘴喘气的情况发生。

(3)注意事项　拉出雏车时要关闭风扇，尽量不要关机，因为每开关一次机，风门、水冷等程序需要重新推理。避免忘记再开机造成的损失。

10. 值班人员注意事项

值班人员主要工作包括监控孵化设备使用状态、简单故障排除、日常卫生防疫等。值班人员是孵化场内始终跟孵化设备保持接触的员工，及时发现问题、解决问题是值班人员的重要工作内容，可以避免不必要的重大损失，因此，值班人员需要对孵化设备深度了解，需要经过必要的培训和考核才能够上岗。

值班人员对孵化设备要进行全面监控，其中较为重要的内容如下：

(1)温度　值班人员要定时用标准温度测量工具(手持式电子测温仪、机内标准温度计)对孵化设备的温度测量值进行验证，必要时进行校准。单阶段孵化设备容蛋量较大，内部一般会配备多个温度传感器(温度探头)，值班人员需要明确：验证不同的温度探头时，标准温度测量工具要放置在与其对应的位置上。

(2)湿度　单阶段孵化设备的湿度通过加湿系统和风门系统来调节。当箱体内湿度高于设定值较多时(如超过湿度设定值3%)，风门运行，加大孵化设备的通风换气，降低箱体内湿度；当箱体内湿度低于设定值时，加湿系统工作(喷头喷雾或超声波雾化)，增加箱体内空气含水率，提高空气湿度。

值班人员须定时检查湿度测量值，当湿度测量值出现异常时，及时查找引起湿度异常的原因，并及时排除故障。

(3)翻蛋　单阶段孵化设备的蛋车翻蛋一般是通过集中翻蛋系统驱动，翻蛋检测系统是每台孵化机一套。当发生翻蛋故障报警时，一定要查看每辆蛋车左右2个翻蛋方向是否都能翻到位。蛋盘卡住、蛋车链条脱落、忘记插气管、忘记开集中翻蛋系统、气管脱落、气压过低等都会导致蛋车翻蛋动作不正常。如果蛋车实际已经翻蛋到位，那么报警可能是由检测系统故障导致的。

(4)空调温度和水冷冷水温度　包括以下3点。

①夏季孵化厅内温度设定为24～27 ℃，当孵化机基本不加湿，相对湿度值高于设定值1%～2%时，孵化厅内温度最适宜。当室外环境高温高湿时，根据观察25.5 ℃最适宜；当室外环境高温低湿时，送风温度可以适当高一些。

②出雏厅内温度设定 26～28 ℃，主要根据出雏机加热与水冷情况而定，当出雏机 A 级水冷偶尔工作，基本不加热时，出雏厅内温度最适宜。

③水冷冷水温度 16～20 ℃为宜，太低会导致孵化设备温度不稳定。

(5)停电措施　单阶段孵化设备容蛋量较大，最大机型容蛋量可达 12 万枚，在孵化后期，种蛋自身的新陈代谢热量很大，12 万枚 18 日胚龄种蛋自热量可达 15 kW。如果出现突发停电事故，孵化设备的风机和水冷系统停止工作，短时间内胚胎自热就会导致孵化设备箱体内温度急剧上升，达到胚胎无法承受的程度，造成胚胎死亡。因此，孵化场必须备有应急发电机，其发电功率应和场内用电功率匹配，最好保证停电后 10 min 内可以供电。

值班人员在孵化场遭遇到停电时，要马上采取以下措施，避免造成生产事故。

①停电后，要关闭孵化设备的电源开关，防止来电后所有的孵化设备同时启动，对电网造成冲击。特别是，由于新平台控制系统设置了根据孵化时间延时开机功能，在停电期间，不用关闭电源开关。

②按照箱体内种蛋的孵化时间，依次打开孵化设备的门，孵化时间长的优先打开。

③出雏机的门全部敞开；箱内种蛋到孵化后期(孵鸡 10 天后，孵鸭 13 天后)的孵化机门全部敞开；箱内种蛋处于孵化中期(孵鸡 8～10 天，孵鸭 10～13 天)的孵化机门开一条 10 cm 的缝隙；箱内种蛋处于孵化前期(孵鸡 8 天前，孵鸭 10 天前)的孵化机门保持关闭状态。

④预计停电时间要超过 10 min 时，出雏车要全部拉出机器外，孵化后期的孵化车每隔一排拉出机器外，孵化中期的孵化机门全部敞开，孵化前期的孵化机门根据箱体内温度决定是否要打开。

⑤恢复供电时，优先开启出雏机和种蛋孵化时间长的孵化设备。

11. *胚胎激活*

胚胎激活技术可以有效提高长时间存储种蛋的孵化指标。单阶段孵化设备为了保持上孵时的快速升温，整机的加热功率足够大；为了带走孵化后期种蛋的新陈代谢热量，整机的冷却功率足够大。而胚胎激活技术对种蛋的快速均匀地升温/降温有一定的要求，故在单阶段孵化设备内能够实现胚胎激活功能。

在单阶段孵化设备上设置有一键式胚胎激活功能。胚胎激活过程如下：将种蛋从蛋库拉出，推入孵化机内—开机，一键启动胚胎激活程序—快速升温到激活温度(可设定，34～37 ℃)—在激活温度状态下，保持一定的时间(可设定，0～120 min)—保温时间结束，快速降温到冷却温度(可设定，24 ℃左右)—30 s 报警提醒—将种蛋拉回到蛋库。胚胎激活主要参数可在图 2-19 所示的胚胎激活参数设定页中设定。

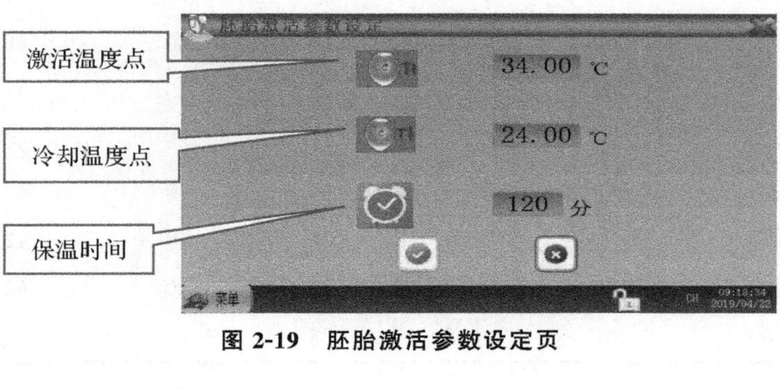

图 2-19　胚胎激活参数设定页

三、孵化参数调整基本原则及设定参考

孵化参数调整基本原则如下：

①需要根据季节、种群品系、种群周龄、种蛋受精率、种蛋存储时间、环境温湿度等因素调整孵化参数、入孵时间，以期达到最佳的孵化性能。

②如果夏季环境温湿度偏高，孵化前期风门"0"档可能导致机内湿度超过设定值较多，需要开启风门控湿功能，以降低机内湿度，确保落盘时种蛋失重足够。

③出雏机根据出苗情况适当调温，需要值班人员观察出苗情况，苗快干毛时要及时降温，防止苗高温应激。降温的时机一般为出雏机湿度下降至设定值附近，下降趋势变缓，或回流温度偏高，比例阀明显开大。防止雏苗脱水的最佳办法是及时捡苗。

表 2-14、表 2-15 以 EIFTPC-40320 型单阶段孵化机和出雏机为例，说明参数设定的一般规则，以供工作人员参考。

表 2-14　EIFTPC-40320 单阶段孵化机参数设定(孵鸡，夏季，环境温度高于 26 ℃，以供参考)

序号	开始时间	结束时间	温度/℃	风门/%	风门上限/%	湿度(RH)/%	梯度偏差/℃
1	00:00	01:00	38.0	0	5	55	−0.1
2	01:00	02:00	38.0	0	5	55	−0.1
3	02:00	03:00	38.0	0	5	55	−0.1
4	03:00	04:00	38.0	0	5	55	−0.1
5	04:00	05:00	38.0	0	5	55	−0.1
6	05:00	06:00	37.9	0	5	52	0
7	06:00	07:00	37.9	0	5	52	0
8	07:00	08:00	37.9	0	5	52	0
9	08:00	09:00	37.8	0	5	52	0
10	09:00	10:00	37.8	0	5	52	0
11	10:00	11:00	37.7	5	10	48	0.3
12	11:00	12:00	37.6	5	10	48	0.4
13	12:00	13:00	37.5	10	20	45	0.4
14	13:00	14:00	37.4	10	20	45	0.5
15	14:00	15:00	37.3	15	25	42	0.5
16	15:00	16:00	37.15	15	25	42	0.6
17	16:00	17:00	37.0	20	30	42	0.7
18	17:00	18:00	36.9	25	40	42	0.7
19	18:00	19:00	36.8	25	40	42	0.8
20	19:00	20:00	36.8	25	40	42	0.8

表 2-15 EIFTPC-40320 型单阶段出雏机参数设定(孵鸡,夏季,以供参考)

序号	开始时间	结束时间	温度 /℃	风门 /%	风门上限 /%	湿度(RH) /%	梯度偏差 /℃
1	00:00	19:00	36.7	10	20	65	0.3
2	19:00	20:00	36.7	15	40	65	0.3
3	20:00	20:18	36.7	20	50	65	0.3
4	20:18	21:02	36.5	20	50	55	0.4
5	21:02	21:12	36.3	20	50	55	0.7

第六节 多阶段孵化设备操作规范与技术要求

多阶段孵化设备采用分批上孵模式,主要用于鸡、鸭种蛋的孵化。鸡孵化设备在国内外已经广泛应用,鸭孵化设备为获得更高的孵化成绩,其操作规范和技术要求比鸡孵化设备更复杂一些,增加了洗蛋等操作流程。下面主要介绍多阶段孵化设备的操作规范与技术要求。

一、鸭种蛋的洗蛋

(一)洗蛋目的

①洗蛋能够破坏种蛋表面的胶质膜,提高蛋壳的通透性,满足胚胎发育过程中气体交换的需要,还可以提高种蛋热传递性能,有利于种蛋的吸热和散热,提高孵化成绩。

②洗蛋所用的药液是一种广谱消毒药,可杀灭蛋表微生物,减少因种蛋感染造成的胚胎死亡。

③鸭巷道式孵化设备采用分批入孵,循环孵化,在孵化过程中,不方便凉蛋。

(二)洗蛋操作要求

1. 洗蛋操作流程

鸭孵化设备配套专用的洗蛋机,适合 30 枚孵化盘使用。流程如下:

①对于 34560 型孵化设备,一次清洗 2 车种蛋,药液池中放入 500 kg 清水即可(通过测量洗蛋池的尺寸,计算并做好标记,方便每次放水)。

②启动洗蛋机,设定好清洗参数(清洗工作时间和停止时间、清洗周期),手动清洗运转 1 min,检查药液喷淋情况。

③按照种蛋表面脏净程度,加入计算好用量的次氯酸钠溶液(市场上次氯酸钠溶液的浓度约 10%,要保证此浓度)。

④放好过滤网,推入洗蛋车,按照设定好的清洗参数,开始清洗。

⑤清洗结束后,启动排污泵,关闭进气阀,打开洗蛋机门,1 min 后拉出洗蛋车。拉出洗蛋车后,将种蛋翻向一侧,种蛋晾干,准备入孵前的照蛋。

⑥次氯酸钠溶液用量可根据种蛋的周龄、污染程度、水质的不同而适当增减。前期的种蛋或个体较小的种蛋清洗使用的洗蛋药液浓度要高一些，高峰期和后期种蛋使用的药液的浓度要低一些。

⑦洗蛋过程中可观察洗蛋效果，必要时可增加或减少一次洗蛋过程。洗蛋效果可以手触摸蛋表面有磨砂感，对着光线隐隐能看到卵黄颜色为宜。

⑧根据药液的脏净程度，更换新的药液（一般洗 4 车可考虑更换）。

2. 洗蛋注意事项

①用户可多配备一些洗蛋车，以提高洗蛋周转效率。

②在洗蛋过程中，次氯酸钠溶液挥发会产生较强的刺激性气体，因此，洗蛋车间需要安装较大功率的换气扇，以便在清洗过程中排出刺激性气体。

③次氯酸钠浓度的准确性很重要，一定要精确控制。平时还需要注意次氯酸钠储存的条件和时间，一般在低温、密闭、不见光的条件下储存。储存一周时间，次氯酸钠的浓度就会降低，因此要根据使用量和储存时间适量购买。

④次氯酸钠是一种有强腐蚀性的化学药品，储存容器一般为塑料或玻璃钢材质，不能使用易被次氯酸钠腐蚀的容器储存。

二、鸡孵化设备和孵化工艺

多阶段鸡孵化设备，总容蛋量 90 720 枚，12 辆孵化车，每辆孵化车容蛋量 7 560 枚。每次上孵 2 辆车，共 15 120 枚。为方便描述，进行如下规定：每 2 辆车占 1 个车位，满孵时有 6 个车位；风扇一侧为入口，控制柜一侧为出口；从入口（进风口端）看，风扇下蛋车位置为第 1 车位，依次向出口（出风口端）排列为第 2 车位、第 3 车位、……、第 6 车位，如图 2-20 所示。

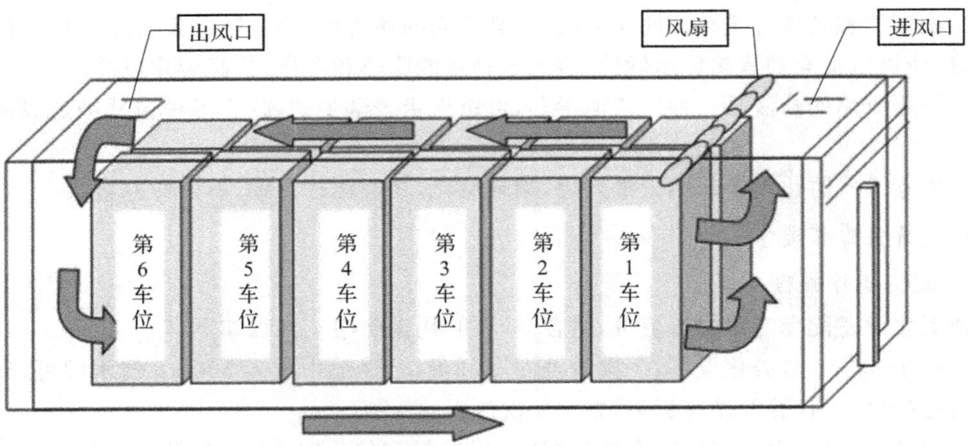

图 2-20　多阶段鸡孵化设备示意图

（一）工艺简介

①鸡孵化设备在 18 天左右照蛋，照蛋时落盘。

②同一台设备每 3 天或 4 天上孵一批种蛋，每周上孵 2 批。以每周一、周四上孵一批为例，各车位对应胚龄如图 2-21 所示。

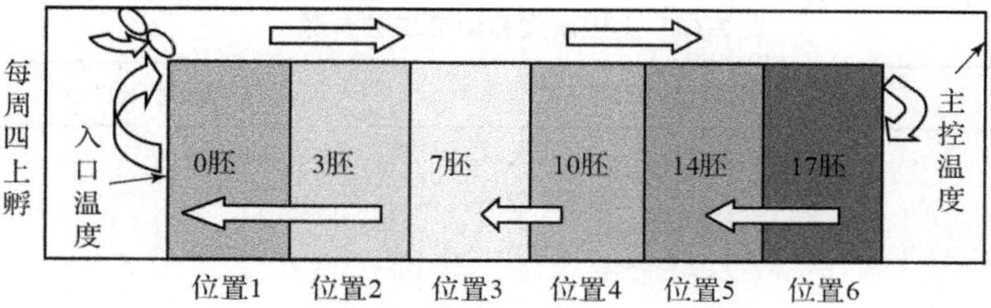

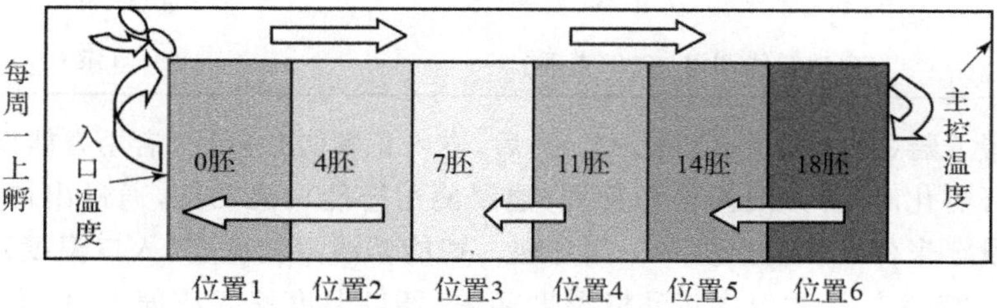

图 2-21 各车位对应胚龄

③蛋车只能从入口推入,从出口拉出,不能反推。

④同一台机器每周消毒一次。根据孵化厅实际情况,选择其中一批消毒。方法如下:蛋车上孵后,开机升温;等温度升到设定值以后,将消毒盆放在入口处,倒入甲醛溶液 900 mL,熏蒸消毒 20 min 后,取出消毒盆。严禁对已孵化 24～96 h 的种蛋进行熏蒸消毒,因为这时的胚胎较易中毒死亡。

⑤第 5 车位蛋车不要翻平,第 6 车位蛋车越晚翻平越好。如果第 5 车位和第 6 车位蛋车都翻平,这两辆车的种蛋蛋面温度很高,不利于孵化。

(二)孵化参考工艺

在孵化设备使用过程中,主要有 4 个阶段:一是刚开始上孵,孵化设备没有上满 12 辆车;二是正常循环孵化过程,每 3 天或 4 天上孵、照蛋、落盘;三是停孵 1 批或 2 批,然后再上孵,孵化设备内至少有 1 个车位有蛋;四是停孵 21 天以上,最后 1 批落盘后不再使用。孵化参数中,温度和湿度是最重要的,不同的孵化阶段,孵化温度和湿度是不同的。必须根据孵化设备的上孵情况,设定相适应的温度和湿度等,才能取得好的孵化成绩。

1. 种蛋预温

种蛋从蛋库推出后,不要马上推入机器孵化。因为多阶段孵化设备内一直有种蛋在进行孵化(停机后刚开始入孵除外),机器内温湿度较高,蛋库和孵化设备内温差大,所以最好先行预温,避免种蛋表面“出汗”。预温的主要方法是将蛋车推到预温间(25 ℃左右)预温 8～12 h。

有些厂家是将种蛋推到孵化厅(温度 22～26 ℃)存放 8～12 h 后,再将种蛋推入机器进行孵化,但这种方法值得商榷。如果孵化厅内湿度偏高,不仅不能有效避免“出汗”,还会导致蛋车内部种蛋受热不均匀。

2. 温度要求

根据孵化设备的上孵情况,建议用温方案如下:

①第一阶段孵化设备刚开始上孵时,首次上孵可以手动调温,主控温度和湿度工艺参数见表 2-16。

表 2-16　主控温度和湿度工艺参数

孵化天数/天	主控温度/℃	湿度(RH)/%
1～10	37.9	58
10～12	37.6	54
12～14	37.3	52
>14	启动智能调温 37.9(春、秋季)	50(冬季)
>14	启动智能调温 37.8(夏季)	55(夏季)

在第 4 批蛋入孵(第一批蛋已孵化 14 天)后，进入正常孵化阶段，启用智能调温功能。

②正常循环孵化时，为方便操作和管理，建议使用智能调温功能，通过出口的控温探头自动调整温度设定来保证入口温度在一固定值。智能调温温度设定(入口温度)：春、秋季为 37.9 ℃，夏季为 37.8 ℃。此温度与环境温度相关，环境温度偏高或偏低时，设定值相应降低或升高。

③停孵 1 批或 2 批时，建议使用智能调温功能，不过每落盘 1 批，(入口)智能调温设定温度要相应下调 0.05 ℃，最低不要低于 37.7 ℃。另外要注意，入口尽量不要推入空车。当左右巷道各有 2 个带蛋车位时，建议从出口左右各推入 3 个空蛋车；当左右巷道各有 1 个带蛋车位时，建议从出口左右各推入 4 个空蛋车，只要左右巷道车位各不低于 5 个即可，避免入口有空车影响温度探头的准确性，影响孵化区域的温度。

④如果停孵时间短，孵化设备内至少有 1 批种蛋就开始上新蛋，则直接从入口推入，根据停孵前最后 1 批种蛋的孵化时间长短，智能调温设定温度要相应上调 0.05～0.10 ℃。孵化设备内空蛋车的数量根据③中的原则确定。

⑤停孵 21 天以上，第 5 车位落盘后，剩下 4 个车位有种蛋时取消智能调温，落盘后将主控温度设定值提高到 37.2 ℃左右，然后逐渐降低，到下一次落盘前降到 36.6 ℃左右。随着第 4 车位→第 3 车位→第 2 车位……，孵化设备内蛋车批次减少，主控温度设定值以 37 ℃为中心，按上述规律小幅度升降，升降幅度逐渐变小。孵化设备内空蛋车的数量根据③中的原则确定。

3. *湿度要求*

①设备湿度设定范围：48%～53%RH。种鸡 35 周以前的开产蛋，蛋壳厚，产热少，蛋内水分不易蒸发，如果湿度过高，不利于胚胎失水，因此，孵化设备湿度可以设定在 48% RH；对于种鸡在 51 周以后的种蛋，蛋壳薄，蛋内水分容易散失，因此，孵化设备湿度设定在 53% RH；对于高峰期种蛋，可以用 51%RH 的湿度。具体参考种蛋失水率、气室大小而定。

②停孵时，湿度可以降低 3%RH 左右。通过多次照蛋，查看气室大小来调整湿度。

③定期校准湿度，确保湿度显示准确。防止由显示湿度低于实际值引起的通风问题，由显示湿度高于实际值引起的机器超温问题。

4. *风门要求*

风门的关位可以在 0～10 档间设定(默认值是 0)。当孵化设备内高湿时，可以将风门档位加大，例如，设定为 3 时，每一档 2 mm，即在 0 档位的基础上加大 6 mm，能够减小高湿的影响。

5. 上孵升温时间要求

上孵升温时间范围为 180～360 min。升温时间长短设定原则如下：先落盘后上孵取下限，目的是缩短入口升温时间；先上孵后落盘取上限，目的是防止主控温度升高对孵化后期的胚胎产生热应激。因此，应根据落盘和入孵的先后关系，趋利避害。

以 ROSS308 型孵化机为例，其孵化周期为 498 h，但是捡苗基本在 21 天 2 h 左右。因此在没有多余出雏机的情况下只能入孵在先，落盘在后，升温时间设定上限为 360 min。

6. 调温下限设定要求

多阶段孵化设备主控温度随着上孵、落盘的变化而变化，温度曲线类似锯齿状，波动范围一般在 36.2～37.4 ℃。老龄蛋受精率低，主控温度波动范围较小(36.6～37.4 ℃)；开产蛋体积小，受精率低，蛋壳较厚，产热量少，蛋区内风速高，因此，主控温度变化平缓，波动范围较小；高峰期种蛋受精率高，体积较大，蛋壳厚度适中，产热量多，因此，主控温度波动范围较大(36.2～37.2 ℃)。

孵化高峰期种蛋时，如果调温下限设定较高，主控温度不能下调，导致超温，不利于孵化。但从入口温度场均匀性考虑，调温下限设定不能太低，因为主控温度高低直接影响蛋车的低温点。当主控温度被调节得较低时，入口温度均匀性变差，导致出苗窗口加长，鸡苗质量下降。

综合考虑，孵化温度高比孵化温度低对胚胎的危害更大，短时间的低温对出苗一致性影响小，建议主控温度下限设定为 36.3 ℃，有利于孵化高峰期种蛋。每次落盘后直接提高主控温度到 36.8 ℃，尽快让风门到关位，启动加热，可以提高入口温度均匀性。

7. 蛋车翻平时间要求

翻平第 5 车位和第 6 车位的蛋车，虽然能缓解入口超温现象，但是因为从翻平的第 6 车带走的热量减少，热量滞留蛋表，即使在主控温度不提高的情况下，部分种蛋的蛋面温度也已经进入风险区(≥38.8 ℃)。此时，如果入口温度偏低，在智能调温作用下，主控温度继续升高，第 6 车蛋表温度更高，同时影响到第 5 车的胚胎，导致出苗较早，出苗一致性变差，鸡苗质量较差，种蛋孵化率较低，而且较高的蛋壳温度(38.8 ℃)容易引起鸡苗腹水症，进而引起鸡苗死淘率的提高。

对于高峰期种蛋，因受精率高以及产热量多，可以缩短翻平时间。在种蛋入孵时，翻平第 6 车，第 5 车不翻平，不要提前翻平。对于受精率低的老龄蛋和开产蛋，第 5 车和第 6 车可以不翻平。

8. 水冷要求

当设备超温时，水冷应作为降温的首选。水冷点设置为 0.04～0.10 ℃。水冷水温应保持在 18 ℃左右，不能太低，否则容易产生冷凝水，引起孵化设备高湿。

三、鸭孵化设备和孵化工艺

(一)“胚胎自热高效利用”孵化工艺

多阶段鸭孵化设备，总容蛋量 43 200 枚，10 辆孵化车，每辆孵化车容蛋量 4 320 枚。每次上孵 2 辆车，共 8 640 枚。为方便描述，进行如下规定：每 2 辆车占 1 个车位，满孵时有 5 个车位；风扇一侧为入口，控制柜一侧为出口；从入口看，风扇下蛋车位置为第 1 车位，依次向出口排列为第 2 车位、第 3 车位、第 4 车位、第 5 车位，如图 2-22 所示。

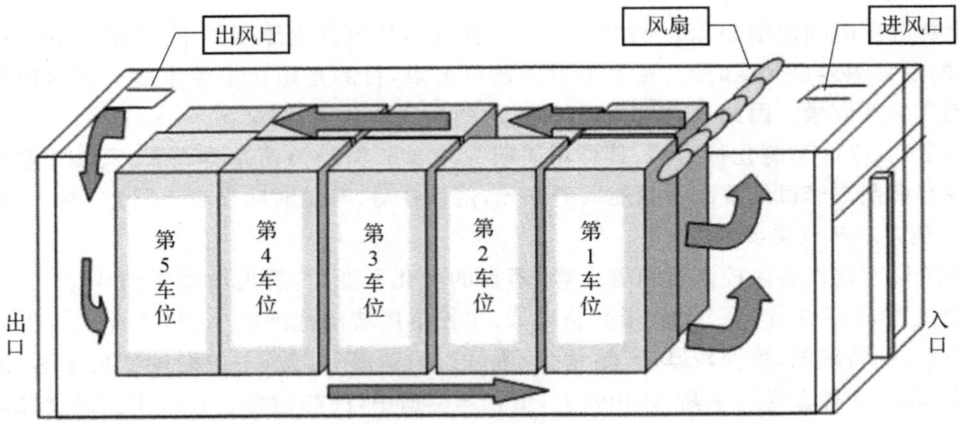

图 2-22　多阶段鸭孵化设备示意图

1. 工艺简介

①鸭孵化设备在 11 天照蛋，25 天落盘，每 5 天上孵 1 批种蛋。

②落盘、上孵、照蛋在同一天完成。必须先落盘，再上孵，后照蛋，顺序不能乱。

③蛋车只能从入口推入，从出口拉出，不能反推。只有在停孵时，空车可以从出口推入。具体温湿度等参数的设置见后文的说明。

2."胚胎自热高效利用"孵化工艺流程

①第 1 批种蛋入孵，从入口推入蛋车到第 1 车位，因为孵化时间没有到一整天，为描述方便，标记其为 0 天(图 2-23)。其余为无蛋空车(不装入孵化盘)。因为连接气管和检测线的需要，孵化设备内保证有 6 辆孵化车，蛋车的车帘要挂好。

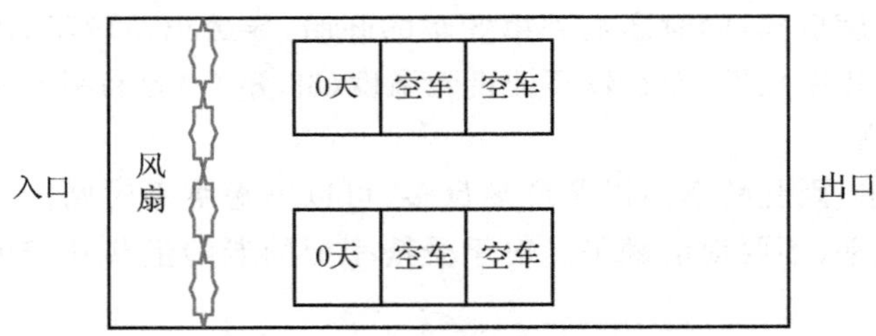

图 2-23　孵化车位置及胚龄示意图(1)

②5 天、10 天末时，分别上孵 1 批种蛋，此时第 1 批种蛋已孵化 10 天(图 2-24)。

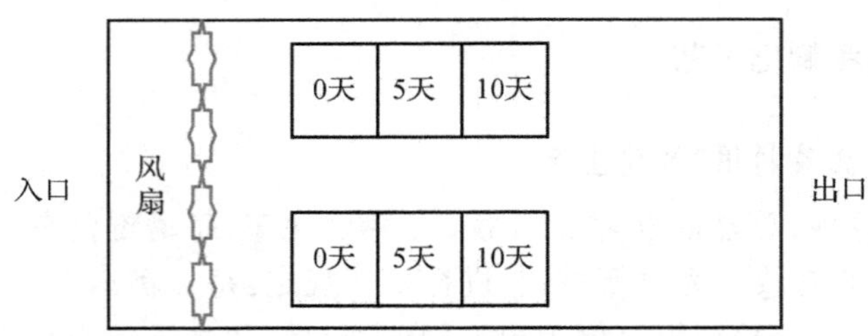

图 2-24　孵化车位置及胚龄示意图(2)

在 11 天时，第 3 车位的种蛋已孵化 11 天，需要照蛋，孵化车位置及胚龄示意图如图 2-25 所示。

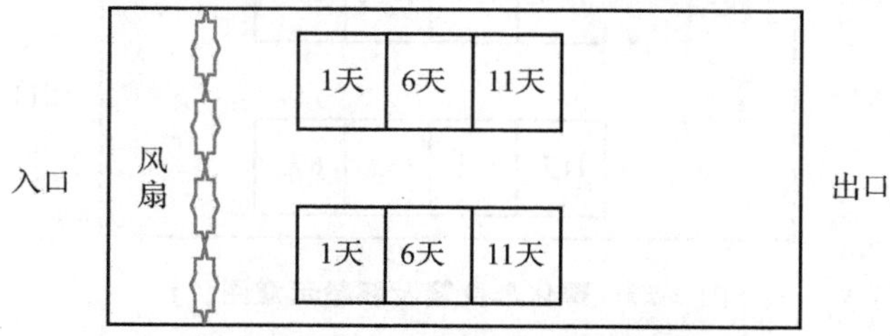

图 2-25 孵化车位置及胚龄示意图(3)

执行照蛋程序，将第 3 车位的孵化车从出口拉出照蛋。照蛋完毕后，从入口推入，车位即已实现交叉，孵化车位置及胚龄示意图如图 2-26 所示。

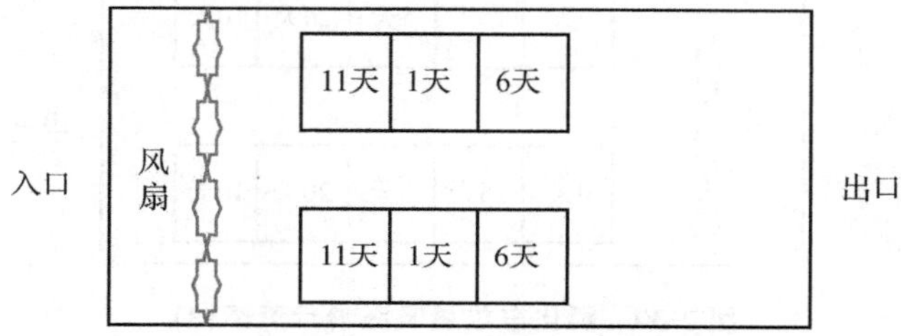

图 2-26 孵化车位置及胚龄示意图(4)

③15 天末时，上孵第 4 批种蛋。孵化车位置及胚龄示意图如图 2-27 所示。

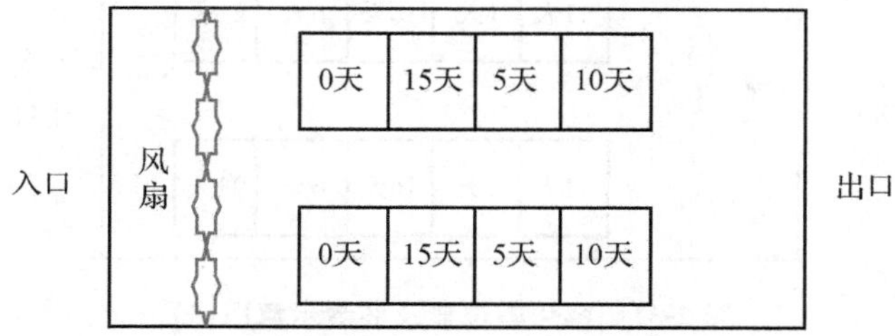

图 2-27 孵化车位置及胚龄示意图(5)

第 4 车位的孵化车需要照蛋。16 天时的孵化车位置见图 2-28。

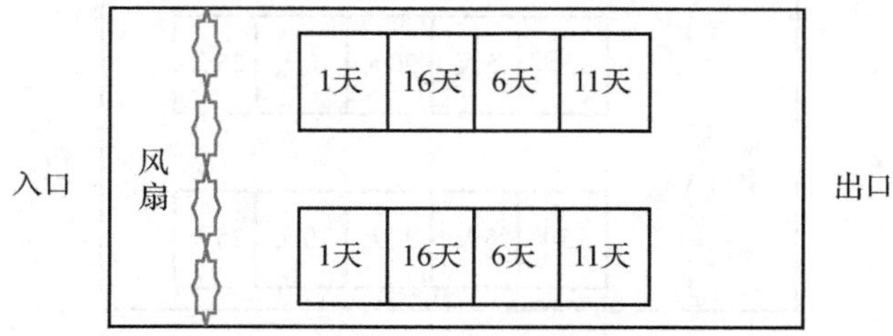

图 2-28 孵化车位置及胚龄示意图(6)

执行照蛋程序，将第 4 车位的孵化车从出口拉出照蛋。照蛋完毕后，从入口推入，孵化时间示意见图 2-29。

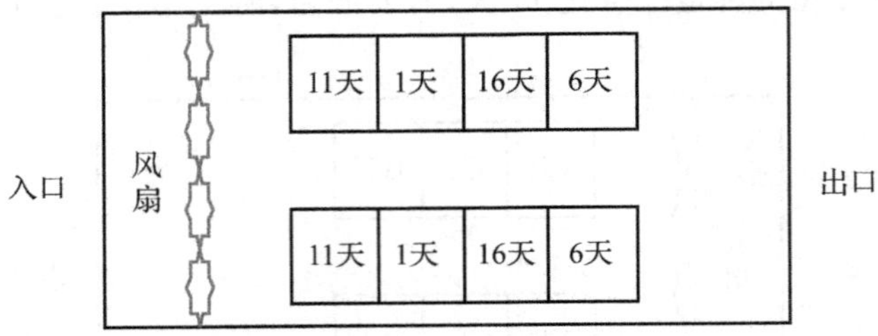

图 2-29　孵化车位置及胚龄示意图(7)

④20 天末时，上孵第 5 批种蛋。孵化设备内 5 个车位都有种蛋，孵化车位置及胚龄示意图如图 2-30 所示。

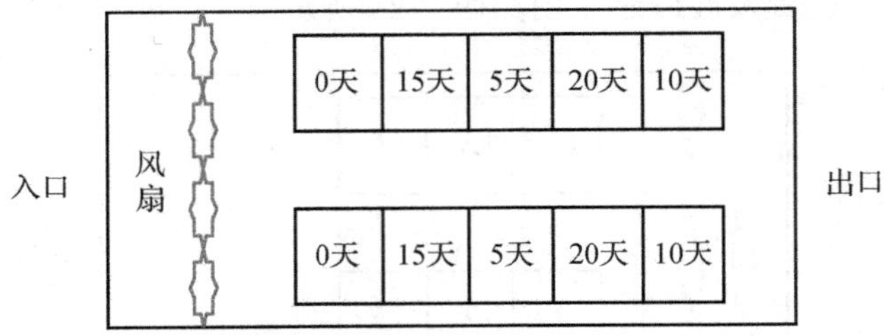

图 2-30　孵化车位置及胚龄示意图(8)

在 21 天时，第 5 车位蛋车(11 天)照蛋，孵化车位置及胚龄示意图如图 2-31 所示。

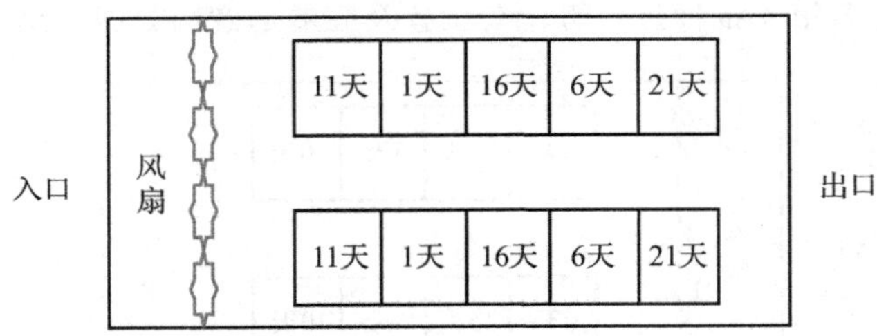

图 2-31　孵化车位置及胚龄示意图(9)

到 25 天时，第 5 车位的种蛋已经 25 天(图 2-32)，需要落盘。将第 5 车位的 25 天种蛋从出口拉出，落盘到环流式出雏机内。

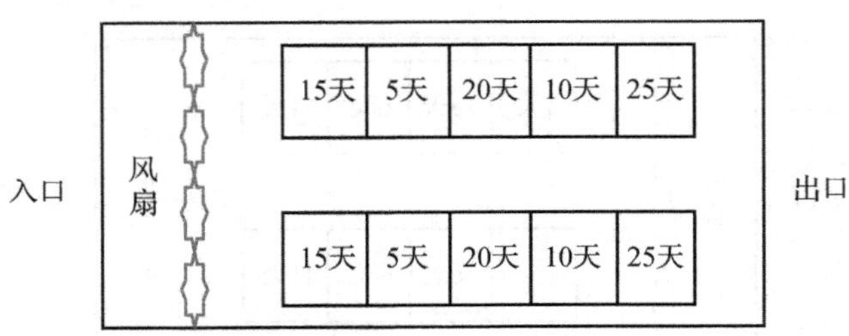

图 2-32　孵化车位置及胚龄示意图(10)

落盘完毕后执行上孵流程：从入口推入第 6 批种蛋到第 1 车位，上孵完毕。孵化车位置及胚龄示意图如图 2-33 所示。

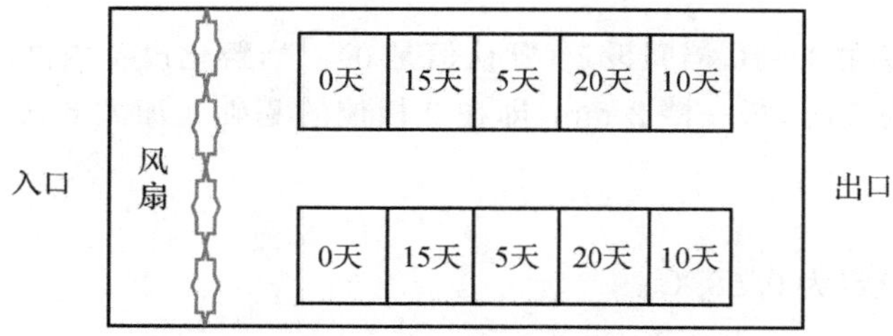

图 2-33 孵化车位置及胚龄示意图(11)

从图 2-33 看到，种蛋的孵化状态与图 2-30 所示一致，重复④，先落盘，再上孵，后照蛋，依次循环操作。

(二)参考工艺

在孵化设备使用过程中，主要有 4 个阶段：一是刚开始上孵，孵化设备没有上满 10 辆车；二是正常循环孵化过程，每 5 天落盘、上孵、照蛋；三是停孵 1 批或 2 批，然后再上孵，孵化设备内至少有 1 个车位有蛋；四是停孵 3 批以上，最后 1 批落盘后不再使用。

孵化参数中，温度和湿度是最重要的。温度、湿度、风门、水冷点等参数根据实际情况和环境条件设置。

1. 温度工艺要求

因为鸭孵化设备采用分批孵化方式，为方便操作和管理，建议使用智能调温功能，通过出口的控温探头自动调整温度设定，来保证入口温度在一固定值。根据孵化设备的上孵情况，建议用温方案如下：

①正常循环孵化时，智能调温温度设定：春、秋季为 37.8 ℃，夏季为 37.7 ℃。此温度与环境温度相关，环境温度偏高或偏低时，设定值相应降低或升高。

②以春、秋季为例，第 1 批种蛋刚开始入孵时，孵化量少，温度可以偏低一点，智能调温温度设定为 37.70 ℃。在第 2 批种蛋入孵后，温度相应提高到 37.75 ℃。在第 3 批种蛋入孵后，温度相应提高到 37.8 ℃。第 4 批种蛋及以后入孵时，温度可以设定在 37.8 ℃不变。

③停孵 1 批或 2 批时，建议使用智能调温功能，每落盘 1 批，(入口)智能调温设定温度要相应下调 0.05 ℃，最低不要低于 37.65 ℃。另外要注意，入口尽量不要推入空车。当左右巷道各有 2 个带蛋车位时，建议从出口左右各推入 1 个空蛋车；当左右巷道各有 1 个带蛋车位时，建议从出口左右各推入 2 个空蛋车，只要左右巷道车位各不低于 3 个即可，避免入口有空车，影响温度探头的准确性，从而影响孵化区域的温度。

④如果停孵时间短，孵化设备内至少有 1 批蛋，就开始上孵新蛋，则直接从入口推入，根据停孵前最后 1 批种蛋的孵化时间长短，智能调温温度设定要相应上调 0.05～0.10 ℃。孵化设备内空蛋车的数量根据③中的原则确定。

⑤停孵 3 批以上，最后 1 批落盘后不再使用，建议按照③中的原则执行。

2. 湿度工艺要求

①大种蛋设定湿度为 63%RH 左右，小种蛋设定湿度为 60%RH 左右，具体参考种蛋失水率、气室大小而定。

②停孵时，湿度可以降低 3%RH 左右。通过多次照蛋，查看气室大小来调整湿度。

3. 风门要求

风门的关位可以在0～10档间设定(默认值是0)。当孵化设备内高湿时,可以将风门档位加大,例如,设定为3时,每一档2 mm,即在0档位的基础上加大6 mm,能够减小高湿的影响。

4. 水冷点要求

建议将水冷点设定为0.08 ℃。

四、多阶段孵化设备使用注意事项

①每次入孵完毕,设备稳定后,主控温度设定值不能比入孵前温度高,防止给后期种蛋带来热应激,降低雏苗质量、孵化率,增加毛蛋率。

②为了提高高峰期种蛋入口蛋车温度场的均匀性,缩短出苗窗口,落盘后可以在短时间内把高峰期种蛋的主控温度提高至36.8℃,风门可以自动关闭,尽快提高入口种蛋温度。

③为了缩短出苗窗口,提高雏苗质量,每台孵化机每次所上孵2辆车的种蛋最好相同,避免一车老龄蛋,另一车高峰期种蛋或开产蛋。

④正常孵化的设备,在保证安全的前提下,打扫卫生时不要关机,以免产生通风问题。

⑤入孵时要关闭孵化设备风扇,最好不要关闭电源开关,在较短的时间内完成入孵,防止主控温度降低过多,不利于升温。

⑥为了提高高峰期种蛋的孵化率,建议每周一、周二、周三入孵高峰期种蛋,每周四、周五、周六入孵开产蛋或中后期蛋。建议老龄蛋单独入孵。

⑦孵化设备风门在关位时,保证出口和入口的开口大小相等(13 mm),不能随便调节出口或入口的大小。太大则引起入口升温较慢,太小则引起通风不良。

⑧孵化厅环境温度保持在23～29 ℃,尽量稳定,减小外界温度对孵化厅内的影响。避免因孵化厅温度太低引起孵化设备内通风不良;环境温度太高则引起孵化设备超温、风门全开。

⑨孵化厅内装有空调系统,应该使孵化设备入口为正压,防止厅内废气回流。若无空调送风系统,则要保持厅内合理通风。

五、落盘

1. 落盘时间

(1)鸡孵化设备　采用3/4入孵方式且先入孵后落盘的巷道式孵化设备,落盘种蛋胚龄不要超过18.5天。尽早落盘可以避免孵化设备超温。冬天应该按老龄蛋→高峰期种蛋→开产蛋的顺序落盘。开产蛋蛋壳厚,受精率低,产热少,落盘种蛋胚龄最好不要低于17.5天,以18.0～18.5天为宜。高峰期种蛋提前落盘,可以避免过多热量对相邻胚胎的损害,同时提高入口温度的均匀性,缩短出苗窗口;老龄蛋提前落盘,可以防止孵化厅通风不良给胚胎带来影响。

(2)鸭孵化设备　在24.5天时落盘到出雏机内。种蛋周龄落盘顺序可以参考鸡孵化设备。

2. 落盘位置

为了获得更好的孵化效果,落盘时,按照图2-34所示的顺序落盘。

空盘	空盘	空盘	空盘	空盘	空盘
15	15	13	13	8	8
15	15	13	13	8	8
15	15	13	13	8	8
14	14	12	12	7	7
14	14	12	12	7	7
14	14	12	12	7	7
1	1	11	11	6	6
1	1	11	11	6	6
1	1	11	11	6	6
2	2	10	10	5	5
2	2	10	10	5	5
2	2	10	10	5	5
3	3	9	9	4	4
3	3	9	9	4	4
3	3	9	9	4	4
左车1	右车1	左车2	右车2	左车3	右车3

面对出雏机控制柜，从左到右6辆出雏车

左巷道孵化车			右巷道孵化车		
15	15	15	15	15	15
14	14	14	14	14	14
13	13	13	13	13	13
12	12	12	12	12	12
11	11	11	11	11	11
10	10	10	10	10	10
9	9	9	9	9	9
8	8	8	8	8	8
7	7	7	7	7	7
6	6	6	6	6	6
5	5	5	5	5	5
4	4	4	4	4	4
3	3	3	3	3	3
2	2	2	2	2	2
1	1	1	1	1	1

图 2-34 落盘位置示意图

六、出雏

1. 鸡出雏机参考工艺

鸡出雏机参考工艺见表 2-17。

表 2-17　鸡出雏机参考工艺

序号	入孵时间/天	温度/℃	湿度/(%RH)	风门
1	19	36.7	60	1
2	20	36.6	65	2
3	21	36.4	65	3

2. 鸭出雏机参考工艺

鸭出雏机参考工艺见表 2-18。

表 2-18　鸭出雏机参考工艺

序号	入孵时间/天	温度/℃	湿度/(%RH)	风门
1	24.5	37.0	55	1
2	25.0	37.0	55	1
3	25.5	36.9	65	2
4	26.5	36.9	75	2
5	27.0	36.8	75	3
6	28.0	36.8	75	3

第七节　孵化设备控制系统

一、孵化设备控制系统概述

孵化设备控制系统经过 20～30 年的发展已经非常成熟和可靠，从最早的集成电路控制，发展到目前的嵌入式控制，人机界面也从最初的数码管显示，过渡到液晶显示，直到目前的触摸屏显示，同时软件控制的智能化程度也越来越高。

各种机型的孵化设备控制系统大同小异，我们以 EI 系列大容蛋量箱体孵化设备为例对孵化设备的控制系统进行详细介绍。EI 系列大容蛋量箱体孵化设备作为目前市场上的主流机型，其控制系统的可靠性和先进性代表了国内的最高水平。

EI 系列大容蛋量箱体孵化设备采用触摸屏人机界面，在操作上更加快捷、方便，在人机交互上更加人性化、形象化。

EI 系列大容蛋量箱体孵化设备具有多组变温、熏蒸排气、自动除湿、温湿联控、显示历史温湿度(包括趋势图)、历史操作、报警信息、密码保护、水冷及断相保护等多项十分实用的控制功能。

EI 系列大容蛋量箱体孵化设备采用先进的智能控制技术，将温度、湿度及通风换气等孵化工艺参数关联起来统一控制，使设备的控温控湿稳定，通风换气充分合理。

EI系列大容蛋量箱体孵化设备除自动控制系统以外，还配有第2套电子控温和保护系统，以确保孵化过程的安全。设备标配“集中报警”，可选配“群控”系统，为孵化场的现代化管理提供了条件，特别适合大中型孵化场使用。

孵化设备整个控制系统涉及的内容很多，以下重点介绍控制系统电路原理及故障诊断与分析。

二、控制系统电路原理及故障诊断与分析

EI系列大容蛋量箱体孵化设备控制系统大概可以分为以下几个子系统：交直流电源供电系统、人机交互系统、风扇系统、加热系统、加湿系统、风门系统、翻蛋系统、水冷系统、报警系统。下面将分别对每个子系统的电路原理进行介绍，并对每个子系统中容易出现的典型故障进行诊断与分析。

(一)交直流电源供电系统

1. 交流供电

孵化设备总电源供电为三相交流电，即三相火线(A相、B相、C相)、一根中线(N线)、一根保护接地线(PE线)。三相五线制的电源参数为线电压380 VAC±10%，相电压220 VAC±10%，频率50 Hz±1%。

孵化设备配电时，每台孵化设备必须单独安装微型断路器。因为EI系列大容蛋量箱体孵化设备内部没有配漏电保护，所以要求该开关必须是带有漏电保护的微型断路器，这样能有效地保护设备及人身安全。

2. 直流供电

EI系列大容蛋量箱体孵化设备控制系统直流电源主要包括CPU板用电“+5 VDC”“+12 VDC”“−12 VDC”，触摸屏用电“+24 VDC”及继电器板用电“+12 VDC”。其中，CPU板和触摸屏用电由电源板提供，继电器板用电由继电器板自身提供。

1)电源板供电

大箱体电源板输出4组电源：“+5 V”“+12 V”“−12 V”和“+24 V”，下面分别介绍这4组电源的电路原理。

(1)“−12 V”电源电路的组成及原理 “−12 V”电源电路用到的主要元器件有集成稳压块L7812、整流桥块、滤波电容和变压器等。除变压器外，其他器件都集中在电源板上。“−12 V”电源电路原理如图2-35所示。

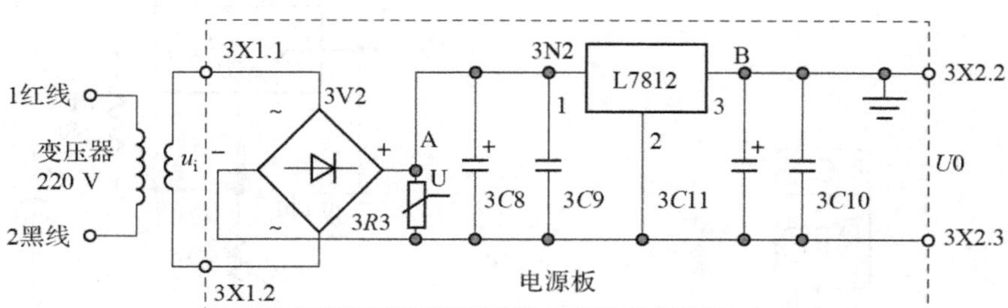

图2-35 “−12 V”电源电路原理图

图 2-35 中变压器次级输出交流电压 14.3 VAC，经导线从变压器接到电源板 3X1.1 和 3X1.2 端子上，经印制线引入整流桥块 W10(3V2)的交流端；3V2 整流输出直流电压，再送入塑封 L7812(3N2)稳压块，输出稳定的“－12 V”直流电压。电路设计中，将 L7812 稳压块 3 脚输出端接地，2 脚地端接输出，这样输出的电压就以负值存在。接线排 3X2.3 输出的就是“－12 V”电源。

(2)“＋12 V”电源电路的组成及原理　“＋12 V”电源电路用到的主要元器件有可调稳压块 LM317、整流桥块 RS207、滤波电容、保险丝和变压器等。除变压器外，其他器件都集中在电源板上。“＋12 V”电源电路原理如图 2-36 所示。

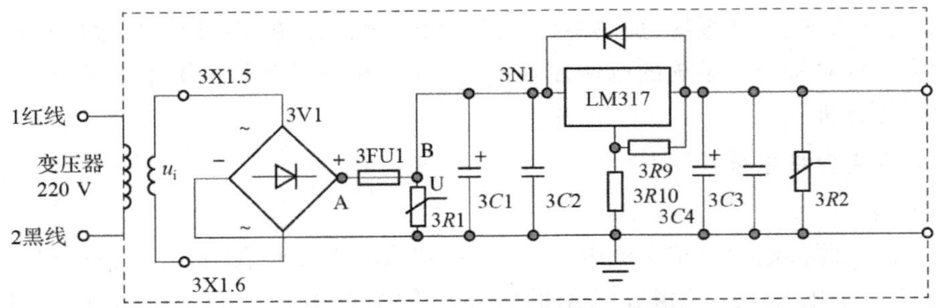

图 2-36　“＋12 V”电源电路原理图

图 2-36 中变压器次级输出交流电压 14.3 VAC，经导线从变压器接到电源板 3X1.5 和 3X1.6 端子上，经印制线引入整流桥块 RS207(3V1)的交流端；3V1 整流输出直流电压，经保险丝 3FU1 并滤波后送可调稳压块 LM317(3N1)，输出稳定的“＋12 V”直流电压。

①LM317 简要介绍。可调稳压块 LM317 是电源板上的主要器件，是三端可调正稳压器集成电路。LM317 的输出电压范围为 1.2～37.0 V，负载电流最大为 1.5 A。它也是三端稳压块的一种，有 3 只引脚，1 脚为电压调整端，2 脚为稳压输出端，3 脚为电压输入端(图 2-37)。

LM317 内置过载保护、安全区保护等多种保护电路；使用输出电容能改变瞬态响应，调整端使用滤波电容能得到比标准三端稳压器高得多的纹波抑制比；此外，它的线性调整率和负载调整率也比标准的固定稳压器要好。

②LM317 的常用电路配置。LM317 的使用非常简单，仅需 2 个外接电阻来设置输出电压。LM317 稳压块 1 脚和 2 脚之间为 1.25 V 的基准电压。

图 2-38 是 LM317 的常用电路，图中为保证稳压器的输出性能，$R1$ 阻值应小于 240 Ω，改变 $R2$ 阻值即可调整输出电压值。LM317 调整输出电压的等效公式如下：

图 2-37　可调集成稳压块 LM317 结构示意图

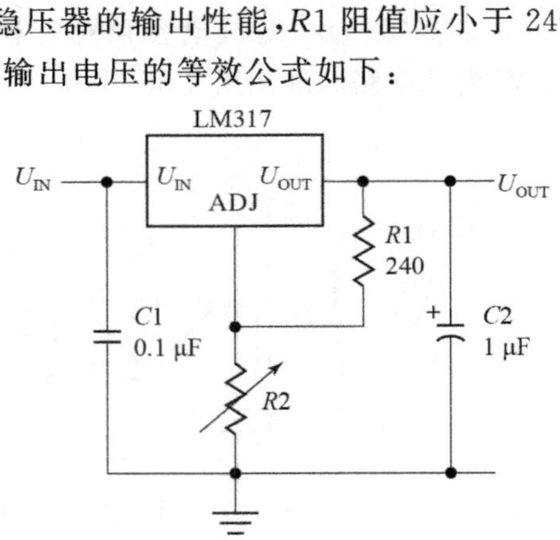

图 2-38　集成稳压块 LM317 常用电路

$$U_{OUT}=(1+R_2/R_1)\times 1.25$$

(3)"+5 V"电源电路的组成及原理 "+5 V"电源电路用到的主要元器件有可调稳压块 LM317、滤波电容、调压电阻和压敏电阻等。"+5 V"电源电路原理如图 2-39 所示。

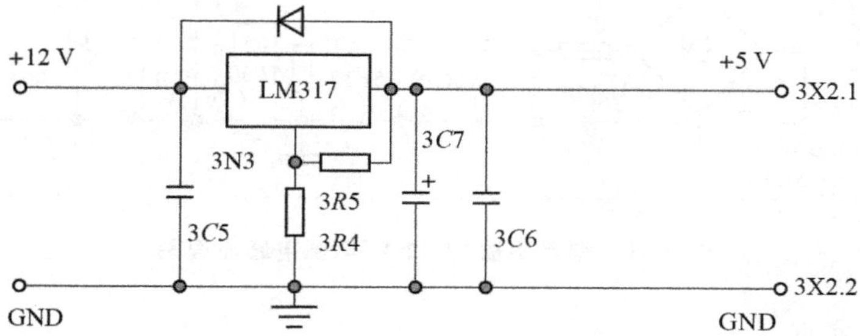

图 2-39 "+5 V"电源电路原理图

"+5 V"稳压与"+12 V"稳压用的是一路变压器次级线圈输出,"+12 V"稳压输出经印制线直接送到 LM317 的输入端,经 LM317 稳压后输出"+5 V"电源供 CPU 主板。

(4)"+24 V"电源电路的组成及原理 "+24 V"电源电路用到的主要元器件有可调稳压块 LM317、整流桥块 RS207、滤波电容、保险丝和变压器等。除变压器外,其他器件都集中在电源板上。"+24 V"电源电路原理如图 2-40 所示。

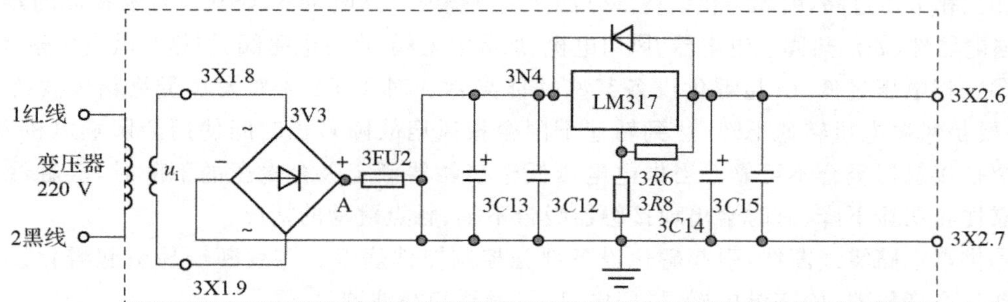

图 2-40 "+24 V"电源电路原理图

图 2-40 中变压器次级输出交流电压 27 VAC,经导线从变压器接到电源板 3X1.8 和 3X1.9 端子上,经印制线引入整流桥块 RS207(3V3)的交流端;3V3 整流输出直流电压,经保险丝 3FU2 并滤波后送可调稳压块 LM317(3N4),输出稳定的"+24 V"直流电压。

2)继电器板供电

EI 系列大容蛋量箱体式孵化设备继电器板仅设计 1 组"+12 V"电源,给继电器板及控制柜提供电源。下面详细介绍该组电源的电路组成及原理。

"+12 V"电源电路用到的主要元器件有可调稳压块 LM317、整流桥块 RS207、滤波电容、保险丝和变压器等。除变压器外,其他器件都集中在继电器板上。"+12 V"电源电路原理如图 2-41 所示。

图 2-41 中变压器次级输出交流电压 16.9 VAC,经导线从变压器接到继电器板 5X4.6 和 5X4.7 端子上,经印制线引入整流桥块 RS207(5V38)的交流端;5V38 整流输出直流电压,经保险丝 5FU1 并滤波后送可调稳压块 LM317(5N1),输出稳定的"+12 V"直流电压。

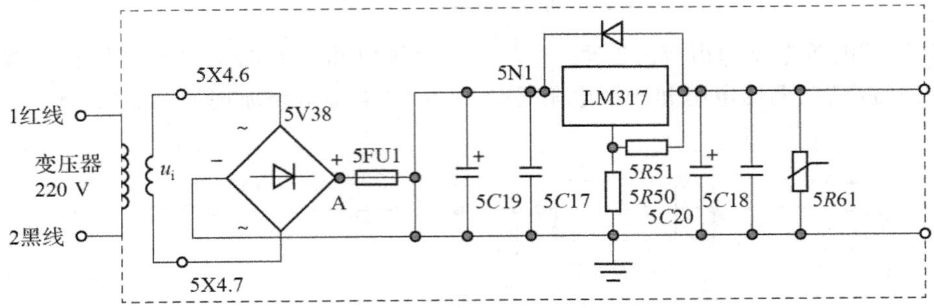

图 2-41　继电器板"+12 V"电源电路原理图

3. 典型故障分析

(1)交流电源供电问题,引起孵化机故障　交流供电电源常见的问题主要表现在以下 5 个方面:

①电源缺相,孵化设备无法正常工作。当所缺相线为控制系统用电时,孵化设备控制系统断电无法工作;当所缺相线非控制系统用电时,会造成三相负载异常或损坏,孵化设备上三相负载主要是风扇电机,缺相时风扇电机转速下降,风扇故障报警,1 min 内断相保护板工作,切断风扇交流接触器控制电源,风扇停转。

②三相电压过高,引起孵化设备部分器件过热烧毁。高电压下,孵化设备易损坏的器件大多为强电器件,如加热固态继电器、风扇电机、加湿电磁阀、水冷电磁阀、加热和风扇接触器等。

③三相电压过低,引起孵化设备某些功能异常。对于 EI 系列大容蛋量箱体式孵化设备,主要是风扇电机转速下降(达到转速下限会报风扇故障),长时间使用会影响电机寿命;另一个是接触器吸合不可靠。当供电电压低于接触器额定吸合电压的下限时,接触器工作的可靠性将明显下降,有时会出现接触器吸合不牢、触点跳动的情况。

④供电电路零线断线,引起孵化设备部分控制器件烧毁。零线断线易引起孵化设备烧毁的器件有变压器、固态继电器、风门电机、接触器和滤波器等。

⑤零线带电,有些功能控制失常。

电源供电异常会导致孵化设备异常甚至元器件损坏,所以发现孵化设备异常时首先要检查机器的总电源供电有没有问题。

(2)直流电源供电问题,引起孵化设备故障　孵化设备出现异常,首先要做的是检查机器交直流电源。用万用表测试交流供电正常后,要依次测量主板"+5 V""+12 V""-12 V"供电,触摸屏"+24 V"供电,继电器板"+12 V"供电是否正常。下面简要介绍一下各直流电源异常会引起的孵化机故障。

①"+5 V"电源。主要给主板 CPU 及部分集成电路供电,其出现异常会导致孵化设备控制系统完全失控。

②电源板"+12 V"电源。主要给主板模拟采样部分及湿度探头供电,其出现异常会导致温湿度显示异常。

③电源板"-12 V"电源。主要给主板模拟采样部分供电,其出现异常会导致温度显示异常。

④电源板"+24 V"电源。主要给触摸屏供电,其出现异常则触摸屏无显示。

⑤继电器板“+12 V”电源。主要给继电器板继电器及控制柜内固态继电器、12 V 继电器、第二套控温板、停电延时报警板等供电，其出现异常会导致执行部件不工作。

(二)人机交互系统

大箱体孵化机使用触摸屏作为人机交互界面，功能控制与界面显示分开，CPU 板和触摸屏之间采用 RS485 串行通信的模式，大大提高了整个控制系统的抗干扰性和电磁兼容性。

EI 系列大容蛋量箱体式孵化设备选用国际知名品牌的 7 寸触摸屏，可靠性高。在界面设计上比较人性化、形象化，在操作上快捷、方便。具体的界面及操作说明参见《EI 系列大容蛋量箱体孵化设备使用手册》。

(三)风扇系统

风扇系统是孵化设备控制系统中重要的组成部分，它不仅影响箱体内温度场的均匀性，避免箱体内出现温度死角或局部高温的情况，而且与加热功能密切相关，因为加热信号发出的先决条件是 CPU 芯片必须检测到风扇运转的反馈信号。如果风扇故障，引起加热工作异常，会严重影响禽蛋的孵化。所以说，掌握风扇控制系统的原理，保证风扇系统的正常工作，可以为整个系统的可靠工作奠定基础。

1. 风扇系统的电路组成及原理

风扇系统电路分为控制电路与检测电路 2 部分，下面分别介绍其电路原理。

(1)风扇控制电路的组成及原理　风扇控制电路由控制柜内部空气开关、电源开关、启动开关、断相保护板、风扇交流接触器及风扇电机组成，其原理如图 2-42 所示。

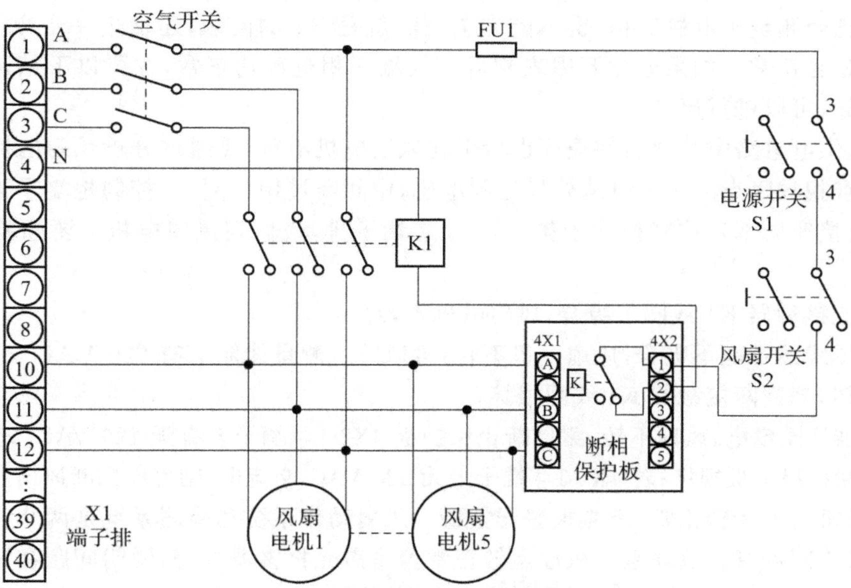

图 2-42　风扇控制电路原理图

合上控制柜内空气开关，380/220 V 交流电源送入孵化设备控制电路中。X1-1＃端子上 A 相电作为孵化设备控制系统 220 V 交流电源，经空气开关接到 FU1 保险丝座上，保险丝输出端引出线接到控制柜面板电源开关 S1 上；电源开关的 1 路输出将控制电源送到风扇开关 S2 上，启动风扇开关，控制电源由风扇开关的输出端后送到断相保护板的 4X2-1＃端子上，再经断相保护板上控制继电器的常闭触点输出到 4X2-2＃端子上。4X2-2＃端子上的导线接到风扇交流接触器 K1 的线圈上，线圈带电吸合，接触器工作，将三相交流电(经空气开关送到交流接触器三组主触点上)送到风扇电机上，驱动风扇电机工作。

(2)风扇检测电路的组成及原理　风扇检测电路由 5 只霍尔开关检测组件、风扇检测板、继电器板上拉电阻及 CPU 板光电耦合器检测电路等器件组成。

霍尔开关分别检测 5 台风扇电机的转速，当任意 1 台风扇电机的转速低于 1 000 r/min 时，风扇检测板发送“GND”信号到继电器板 5X4.12 接线端子，继电器板上应急继电器 5K16 吸合，加热交流接触器 K2 释放，同时声光报警器报警，触摸屏面板显示“风扇故障”。

风扇检测板有独立的 CPU，电路原理在此不做详细阐述。

2. 典型故障分析

(1)开机风扇不工作，声光报警器报警　开机启动风扇，电机不转，首先可能想到风扇电机损坏，但是这种情况应该很少，因为大箱体风扇电机由 5 台组成，一般不会出现 5 台电机全部损坏。可以分 2 种情况对故障进行分析：

①交流接触器 K1 线圈吸合，风扇电机不转。如果观察到风扇接触器线圈已经吸合，在排除风扇电机本身损坏的可能后，我们就应该考虑三相电经过 K1 后，送到电机上是否正常，也就是说，交流接触器的三组触点是否有损坏的。

K1 接触器触点损坏引起风扇电机不转可以用万用表进行判断：测量 X1-10＃，11＃，12＃三个接线端子，任意两相之间电压，如果两相之间电压为 380 VAC，其余两相之间电压为 180 VAC，则风扇电机上缺少一相电，说明 K1 接触器触点损坏。

即使已经测量出电机缺相，也不能完全判断就是 K1 的问题，还须进一步测量 K1 输入端三相电是否正常。如果通过万用表测得输入端三相电源均正常，才可以下结论——风扇接触器损坏，可以进行更换。

另外，供电电路中其他器件损坏也会引起风扇电机不转，要通过分析风扇电机三相电供电路径来查找故障点。三相电从外界送到电机，中间经过用户闸刀、控制柜端子排 X1、空气开关、交流接触器 K1、控制柜端子排 X1、13 芯端子排，最后到风扇电机。要顺着线路一一排查。

②交流接触器 K1 线圈不吸合，风扇电机不转。

接触器线圈带电不吸合，风扇电机不转：可以通过测量线圈上有 220 VAC 交流电，但风扇电机不转，来判断接触器 K1 线圈损坏。

接触器线圈没电，风扇不转：测量断相保护板 4X2-1＃端子上有无 220 VAC 交流电，若有电则说明断相保护板损坏；若 4X2-1＃端子上无 220 VAC 交流电，则可以判断风扇开关损坏。

(2)开机风扇运转正常，声光报警器报警　风扇动作系统和检测系统是两个相互独立的系统，两者之间没有必然联系。风扇运转正常但是声光报警器报警，说明问题在风扇检测系统。从风扇检测原理部分可知，检测系统主要通过风扇检测板和 5 个霍尔开关，完成对每台电机运转情况检测。

如果风扇电机运转正常(转速 1 000 r/min 以上)，霍尔开关损坏或磁铁与霍尔开关的距离太远会导致风扇故障，测量继电器板端子 5X4.12 电压为 0 VDC。

判断方法：

①关掉机器电源，手动旋转风扇叶片，观察霍尔开关与磁铁之间的距离是否正常。

②关掉机器电源，手动旋转风扇叶片，使霍尔开关对准叶片上的磁铁，打开机器电源，不开启动开关，用万用表分别测量风扇检测板上的FS1～FS5，应该为低电平；然后转动风扇叶片使霍尔开关脱开磁铁，再用万用表分别测量风扇检测板上的FS1～FS6，应该为高电平。如果有电压不对，说明该风扇检测开关损坏。

（四）加热系统

在禽蛋孵化的过程中，温度环境是影响孵化质量最主要的因素，它直接影响胚胎的出雏和健雏率，同时也是衡量一台孵化设备性能好坏的重要指标之一。恒定的温度来源于孵化设备的加热系统，所以了解加热系统的工作原理对掌握孵化设备的温度环境很有必要。

1. 加热系统的电路组成及原理

加热系统可以分为温度采样部分和加热控制部分。温度采样部分主要由PT100温度传感器和温度信号处理电路组成，在此不做详细阐述。下面主要介绍加热控制部分的电路组成和原理。

加热控制电路主要由加热驱动电路、交流接触器、固态继电器及加热管组成。加热控制电路的原理如图2-43所示。

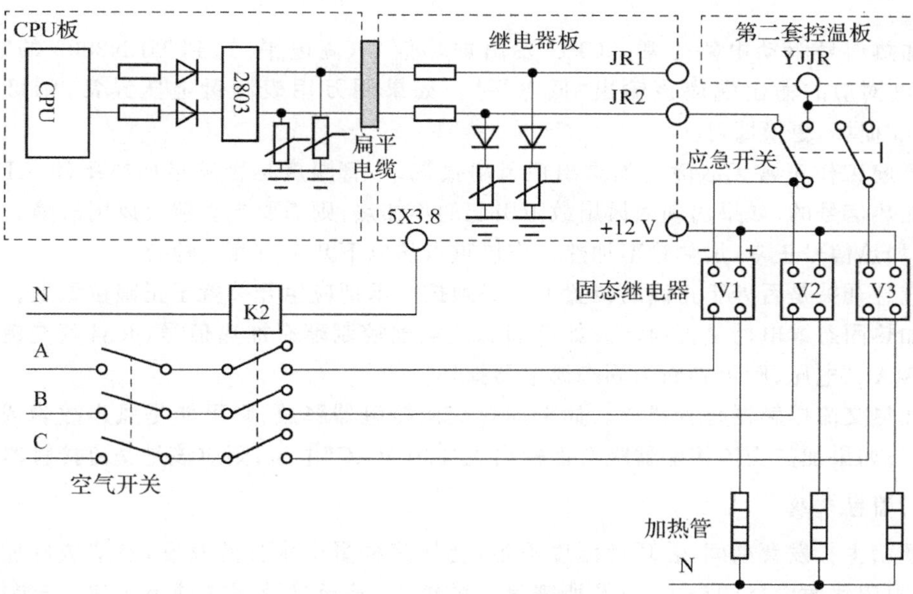

图2-43 加热控制电路的原理图

EI系列大容蛋量箱体式孵化设备加热信号可分为自动加热信号和应急加热信号，自动加热信号由CPU板驱动输出，应急加热信号由第二套控温板驱动输出。自动加热信号和应急加热信号由应急开关进行切换。下面以自动加热控制为例介绍加热系统的原理。

(1) 固态继电器直流输入端控制 当满足加热条件时，CPU发出加热信号，经ULN2803驱动后通过扁平电缆送到继电器板，在继电器板上限流后送到应急开关自动加热端，当应急开关处于自动加热状态时，则自动加热信号通过应急开关刀端送到固态继电器控制端（负端），固态继电器正端接“+12 V”（继电器板提供）。这样，固态继电器导通，如果固态继电器交流输入端有“220 VAC”电压时,则加热管加热。自动加热控制系统共有 2 个加热信号,分别控制 1 个固态继电器和 2 个固态继电器,可以根据箱体内的温度情况自动选择 1/2/3 级加热,为用户节省能耗。

(2)固态继电器交流输入端控制 “220 VAC”交流电经过控制柜内空气开关送到加热交流接触器主触点,经过交流接触器的控制后送到固态继电器交流输入端。加热交流接触器的线圈一端接零线,另一端接继电器板上应急继电器的常闭点。机器正常工作时,应急继电器释放,“220 VAC”经应急继电器的常闭点送到交流接触器线圈上,交流接触器吸合,“220 VAC”送到固态继电器交流输入端,有加热信号时,“220 VAC”送到加热管上,加热管加热。当设备有超高温或风扇报警时,应急继电器吸合,加热交流接触器线圈上无“220 VAC”电压,加热交流接触器释放,固态继电器交流输入端无“220 VAC”电压,这样,就从强电上切断了加热电源,不管设备有无加热信号,加热管都不会加热。

2. 典型故障分析

(1)无加热信号,加热不工作 CPU 发出加热信号要满足以下几个要素:

①温度探头采样电路、信号放大电路正常,观察面板的显示温度正常,且处于加热状态。如果显示温度异常且高于温度设定值,则需要检查温度探头及采样电路部分是否有故障。

②加热信号驱动电路正常。CPU 发出加热信号(高电平)送到 ULN2803 的输入端,ULN2803 对应的输出端应该输出“低电平”。如果用万用表测量电压异常,则可以判断 ULN2803 损坏,更换即可。

③风扇工作正常无故障。如果出现风扇报警,不管温度是否满足加热条件,CPU 是禁止发出加热信号的,如果出现因风扇故障引起的不加热,则需要先去解决风扇故障。

(2)加热信号正常,加热管不加热 应该重点从以下几个方面去检查:

①应急开关是否处于正确的位置上。必须按要求把应急开关置于正确位置上。

②加热固态继电器是否损坏。如果固态继电器控制端有加热信号,并且其交流输入端有“220 VAC”电压,则可判断为固态继电器损坏。

③加热交流接触器是否释放。如果加热交流接触器释放,则可能是风扇故障或超高温故障引起;如果加热交流接触器吸合而输出无“220 VAC”电压,则应该是交流接触器损坏。

(五)加湿系统

在胚胎生长发育期间,若环境湿度不足,会加速种蛋内水分的蒸发,易造成胚胎失水过多,从而阻碍代谢废物的排出,以及所需氧气的摄入,甚至导致尿囊绒毛干燥;若湿度过大,则会妨碍蛋内水分的蒸发,胚胎发育产生的大量代谢水不能及时排出,最终导致胚胎“溺死”。因此,适宜的湿度环境,对胚胎的发育及孵化的质量都是很重要的。

1. 加湿系统的电路组成及原理

加湿系统主要由湿度采样电路、信号驱动电路及加湿控制电路组成。湿度采样有湿敏电容采样和湿球温度采样 2 种方式,在此不做详细阐述。加湿信号的驱动由 CPU 板上 ULN2803 完成。加湿控制电路由继电器板上的加湿继电器和加湿电磁阀组成。加湿系统的原理如图 2-44 所示。

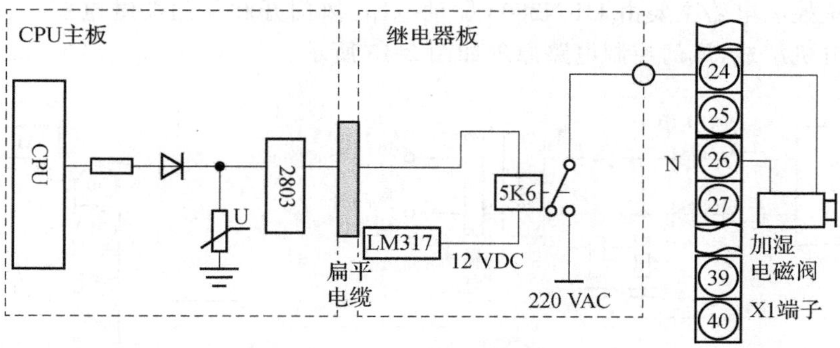

图 2-44 加湿系统原理图

满足加湿条件后，CPU 发出加湿信号(高电平)，送到 ULN2803 输入端，ULN2803 输出“低电平”信号，经扁平电缆传输到继电器板上；继电器板上 5K6 加湿继电器吸合，“220 VAC”经加湿继电器常开触点、继电器板接线端子及控制柜内 X1 端子排送到加湿电磁阀上，加湿系统工作。

2. 典型故障分析

(1)无加湿信号，加湿不工作 包括以下 2 点。

①不满足加湿条件，面板显示湿度异常且高于设定值。需要检测湿度探头及湿度采样电路是否有故障。

②满足加湿条件而加湿继电器不工作。用万用表测量 CPU 加湿口是否发出了“高电平”信号，没有则是 CPU 损坏；如果 CPU 发出了“高电平”信号，则测量 ULN2803 加湿输出是否为“低电平”，不是则 ULN2803 损坏；如果 ULN2803 加湿输出为“低电平”，则检查扁平电缆或加湿继电器是否损坏。

(2)有加湿信号，加湿不工作 包括以下 2 点。

①ULN2803 有输出，加湿继电器不工作。此时应检查扁平电缆及加湿继电器是否损坏。

②加湿继电器工作，不加湿。此时应检查加湿电磁阀是否损坏。

(3)无加湿信号，加湿一直工作 这种情况一般要依次检查 CPU 输出口是否损坏，ULN2803 是否击穿，亚敏电阻是否被击穿以及继电器是否粘连。

(六)风门系统

风门系统是孵化设备控制系统中一个非常重要的组成部分，在胚胎生长发育过程中有着不可替代的作用。EI 系列大容蛋量箱体孵化设备采用的是拖动式风门，拖动式风门主要是由风门电机、启动电容、风门盒、风门盖板、丝杆和风门推动杆等组成。下面重点介绍风门系统的电路组成及原理，并对典型故障进行分析。

1. 风门系统的电路组成及原理

风门系统的电路可以分成 2 部分来介绍：一是风门系统控制电路部分，二是风门系统检测电路部分。

(1)风门系统控制电路组成及原理 拖动式风门通过开大和关小来调节设备的通风量，相应的风门电机也有正反 2 个转向。电路上通过风门开、风门关 2 个继电器来完成拖动式风门的开大和关小动作。

风门系统控制电路主要由 ULN2803 驱动电路、风门开和风门关继电器、风门大小限位开关及风门电机组成，风门控制电路原理如图 2-45 所示。

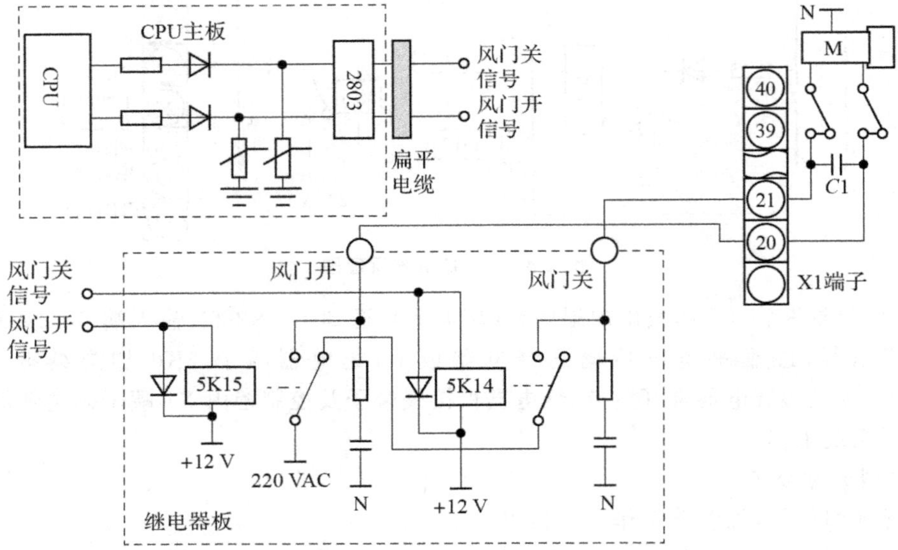

图 2-45　风门控制电路原理图

当温度超出设定值，CPU 发出风门开动作信号（高电平），送到 ULN2803 输入端，ULN2803 输出“低电平”信号，经扁平电缆送至 5K15 继电器（风门开）的控制端，而 5K15 继电器的正端接“＋12 V”直流电，5K15 继电器吸合，220 VAC 交流电从 5K15 的常开点送至 X1 端子排的 X1. 20＃端子，再经过大位限位开关的常闭触点，最终送到了风门电机开大的线包，风门电机工作，风门向大位运动。

当温度低于设定值，CPU 发出风门关动作信号，送到 ULN2803 输入端，ULN2803 输出“低电平”信号，经扁平电缆送至 5K14 继电器（风门关）的控制端，而 5K14 继电器的正端接“＋12 V”直流电，5K14 继电器吸合，220 VAC 交流电经 5K15 的常闭点送至 5K14 的刀端，再经 5K14 继电器的常开点送至 X1 端子排的 X1. 21＃端子，通过小位限位开关的常闭触点，最终送到了风门电机开小的线包，风门电机工作，风门向小位运动。

（2）风门系统检测电路组成及原理　风门系统检测机构主要由干簧管开关、风门滑块、丝杆、检测磁铁及光电耦合器检测电路组成。风门检测电路共 2 路，分别是大位检测和小位检测，风门检测电路的原理如图 2-46 所示。

风门滑块带动检测磁铁移动到接近干簧管开关时，干簧管接通。风门“大”位或“小”位检测信号经扁平电缆送到 CPU 板的限流电阻上，由限流电阻引入光电耦合器输入端；经光电耦合器转换后，输出检测信号送入 CPU；CPU 判断检测信号有效，发出风门换向信号或状态显示信号。

2. 典型故障分析

（1）开机风门不动作，一段时间后风门报警　风门不动作，首先需要检查风门继电器动作是否正常。

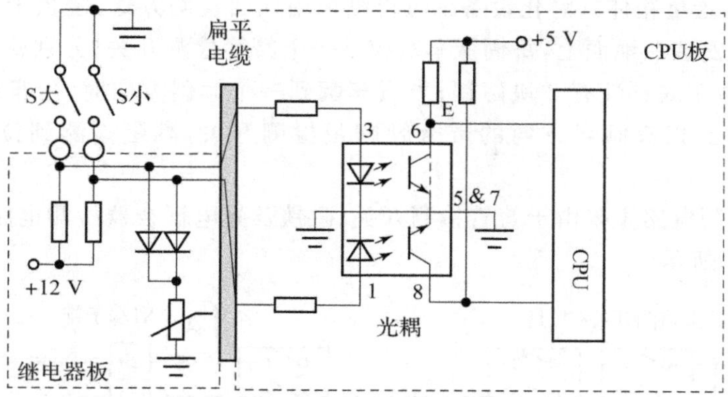

图 2-46 风门检测电路原理图

①风门继电器不工作,需要进行以下检查:

a. ULN2803 是否损坏;

b. 扁平电缆是否连接可靠或者损坏;

c. 继电器是否损坏;

d. CPU 主芯片是否损坏。

②风门继电器动作正常,风门不动作,需要进行以下检查:

a. 风门电机不转,检查风门电机或启动电容是否损坏;

b. 风门电机运转正常,检查风门传动机构是否卡滞或脱落。

(2)风门运行正常,一段时间后风门报警　这种情况,一般属于风门检测部分的故障,主要有以下 2 种故障。

①机械检测部件故障:

a. 干簧管检测开关故障;

b. 检测磁铁脱落或失磁;

c. 风门滑块断裂。

②风门检测电路故障:

a. CPU 损坏,引起检测电路故障;

b. 光电耦合器损坏,引起检测电路故障;

c. 干簧管开关损坏,引起检测电路故障。

(七)翻蛋系统

在孵化过程中,胚胎要定时翻动,以使胚胎各部分受热均匀,避免胚胎与壳膜粘连;同时翻蛋还可以促进胚胎运动,维持胚胎的平衡。另外,翻蛋还能够保持血管快速生长以及胚胎、卵黄囊及蛋白囊最佳的相对位置,从而最大限度地利用营养保持胚胎的快速生长。因此,在孵化设备中设置翻蛋系统必不可少。

EI 系列大容蛋量箱体式孵化设备采用独立于孵化机的集中供气翻蛋系统,本书仅介绍翻蛋系统检测电路部分。

1. 翻蛋系统检测电路组成及原理

翻蛋系统分别检测蛋车的 2 个翻蛋方向,如果任一蛋车不翻蛋或翻蛋不到位,控制系统都会发出翻蛋报警信号。

EI 系列大容蛋量箱体式孵化设备翻蛋检测采用地面检测方式，翻蛋干簧管检测开关通过翻蛋检测组件安装在地面上，每辆蛋车对应 2 个干簧管检测开关，分别检测蛋车的 2 个方向；相应的每辆蛋车底部装有 2 块磁铁，当蛋车翻到一个倾斜方向时，蛋车底部的磁铁正好对准安装在地面上相应倾斜方向的干簧管翻蛋检测开关，翻蛋检测到位，另一倾斜方向亦然。

翻蛋系统检测电路主要由干簧管检测开关、磁铁及光电耦合器检测电路组成，具体的电路原理如图 2-47 所示。

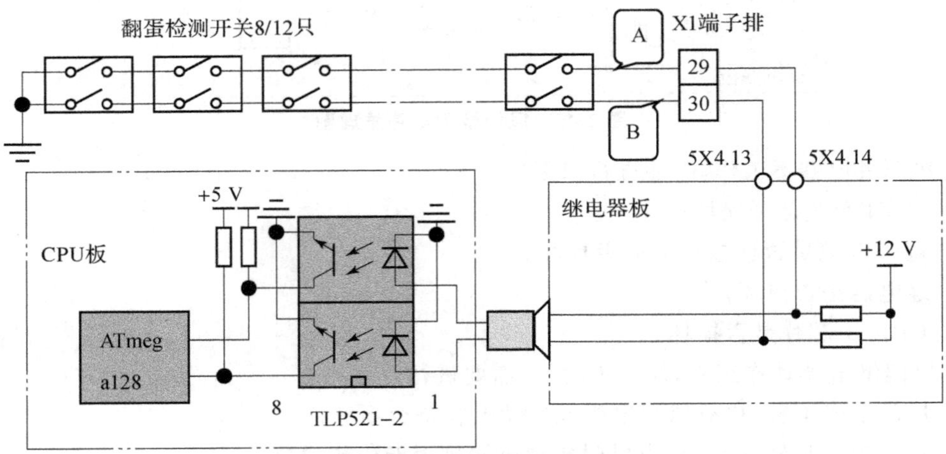

图 2-47　翻蛋系统检测电路原理图

当蛋车翻到左倾斜方向时，所有蛋车底部的磁铁都对准左倾斜翻蛋干簧管检测开关，所有翻蛋左倾斜干簧管检测开关导通，“GND”信号经所有蛋车的左倾斜检测开关、X1 端子排送到继电器板，然后通过扁平电缆送到 CPU 板光电耦合器，CPU 检测到“高电平”则认为翻蛋左倾斜到位，翻蛋计数一次，右倾斜检测亦然。

2. 典型故障分析

翻蛋检测故障不影响翻蛋动作的执行，当出现翻蛋动作正常而翻蛋报警的情况，要重点检查以下几个方面：

①翻蛋干簧管检测开关是否损坏；

②翻蛋检测磁铁是否失磁；

③翻蛋检测线是否断线；

④光电耦合器是否损坏。

(八)水冷系统

在孵化过程中，胚胎不断地与外界进行热量交换。孵化前期，胚胎吸收箱体内的热量，箱体内温度相对比较稳定，一般不会出现超温情况。待孵化进入后期以后，胚胎的代谢热量逐渐增加，此时胚胎开始向箱体内空气散热，容易造成设备超温。为了尽可能稳定箱体内的温度环境，孵化设备中一般都设置了水冷系统。

EI 系列大容蛋量箱体式孵化设备水冷系统分为 A 级水冷系统和 B 级水冷系统，以下分别介绍其电路组成及原理。

1. A 级水冷系统的控制电路组成及原理

A 级水冷系统控制电路主要由 CPU 芯片、集成电路 ULN2803、A 级水冷继电器 5K13 及 A 级水冷电磁阀等组成。A 级水冷系统电路原理如图 2-48 所示。

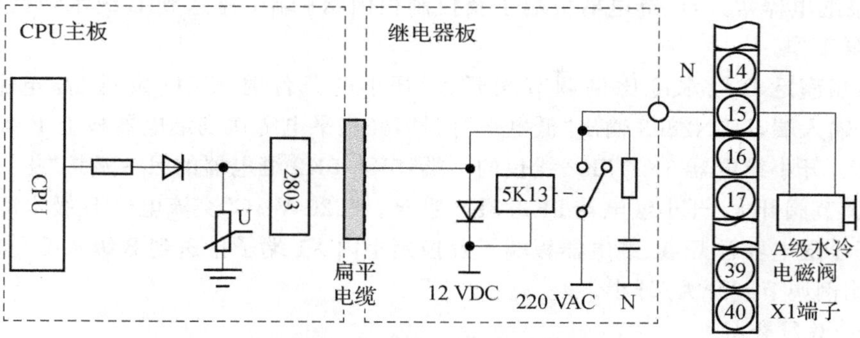

图 2-48 A 级水冷系统电路原理图

当满足 A 级水冷条件时，CPU 发送“高电平”信号到 ULN2803 输入端，ULN2803 输出“低电平”信号，经扁平电缆送到继电器板上水冷继电器 5K13 线包的一端，5K13 继电器的另一端接“+12 V”，水冷继电器 5K13 吸合。“220 VAC”交流电经水冷继电器常开点、继电器板端子及控制柜内 X1 端子排送到 A 级水冷电磁阀，A 级水冷电磁阀吸合，A 级水冷系统工作。

2. B 级水冷系统的控制电路组成及原理

B 级水冷系统控制电路主要由 CPU 芯片、集成电路 ULN2803、B 级水冷泵继电器 5K1～5K3、B 级水冷循环泵及 B 级水冷比例调节阀等组成。B 级水冷系统电路原理如图 2-49 所示。

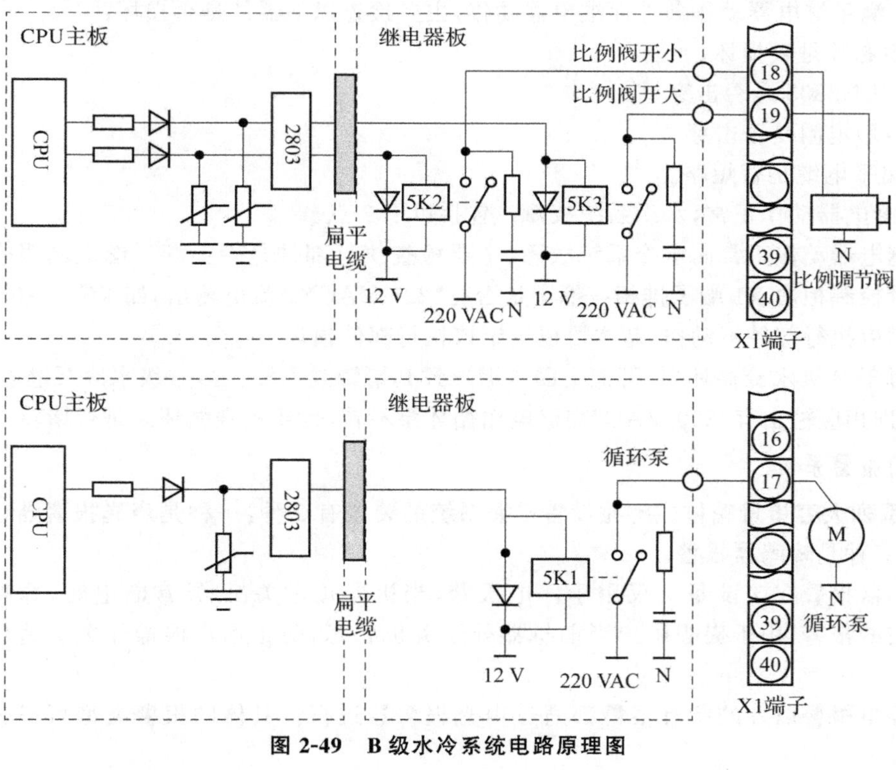

图 2-49 B 级水冷系统电路原理图

当满足B级水冷循环泵开启的条件时，CPU发送“高电平”信号到ULN2803输入端，ULN2803输出“低电平”信号，经扁平电缆送到继电器板上B级水冷泵继电器5K1线包的一端，5K1继电器的另一端接“+12 V”，B级水冷泵继电器5K1吸合。“220 VAC”交流电经B级水冷泵继电器常开点、继电器板端子及控制柜内X1端子排送到B级水冷循环泵，B级水冷循环泵工作。

同理，当满足B级水冷比例调节阀开大/开小的条件时，CPU发送“高电平”信号到ULN2803输入端，ULN2803输出“低电平”信号，经扁平电缆送到继电器板上B级水冷比例调节阀开大/开小继电器5K3/5K2线包的一端，5K3/5K2继电器的另一端接“+12 V”，B级水冷比例调节阀开大/开小继电器5K3/5K2吸合。“220 VAC”交流电经B级水冷比例调节阀开大/开小继电器常开点、继电器板端子及控制柜内X1端子排送到B级水冷比例调节阀，B级水冷比例调节阀开大/开小。

3. 典型故障分析

水冷系统的故障诊断首先要看的是继电器的状态是否正常。如果继电器状态正常，则检查相应执行部件是否损坏；如果继电器工作异常，则检查驱动电路是否存在问题。

(1)继电器动作异常导致的水冷系统故障　包括以下2点。

①满足继电器动作条件而继电器不动作，主要检查以下器件是否损坏：

a. 主芯片是否损坏；

b. ULN2803是否损坏；

c. 扁平电缆是否插好或损坏；

d. 继电器是否损坏。

②不满足继电器动作条件而继电器动作，主要检查以下器件是否损坏：

a. 主芯片是否损坏；

b. ULN2803是否击穿；

c. 压敏电阻是否击穿；

d. 扁平电缆是否短路。

(2)继电器动作正常，水冷系统故障　包括以下2点。

①继电器动作正常而水冷系统故障，主要检查执行部件是否损坏。继电器吸合时用万用表测量控制柜内X1端子排相应端子是否有“220 VAC”交流电输出，如果有“220 VAC”交流电而相应执行部件不动作，基本可以确定该执行部件损坏。

②对于B级水冷循环泵，可能会因水垢导致其堵转或不转。当B级水冷泵继电器吸合，X1端子排相应输出有“220 VAC”交流电而循环泵不转，也要检查循环泵是否堵转。

(九)报警系统

EI系列大容蛋量箱体式孵化设备报警系统的装置有2种：一种是声光报警器(塔式灯)报警，另一种是蜂鸣器报警。

蜂鸣器报警在该设备上仅用于停电报警，当机器正常关机/异常断电时，蜂鸣器会有30 s左右的报警，用于提醒用户当前机器处于关机状态，防止用户误操作关机造成的生产事故。

除停电报警以外的所有报警都通过声光报警器进行。具体的报警类型可以分为以下3类：

第一类是直接产生于CPU内部，通过CPU根据程序运算得出，如高温报警(高于设定0.5 ℃)、低温报警(低于设定1 ℃)、高湿报警(高于设定10%RH)、低湿报警(低于设定10% RH)、回流温度过高报警、回流温度过低报警等。

第二类是通过各系统的检测电路，检测到异常工作状态后，将检测到的信号转换后送到CPU进行检测，再由CPU发出报警信号，如翻蛋、风扇、风门等。这种报警电路由2部分组成：检测电路和驱动电路。检测电路都是采用光电耦合器TLP521-2进行电压信号转换，驱动电路包括ULN2803和继电器板上的报警继电器。当CPU检测到报警信号后，发送“高电平”到ULN2803的输入端，ULN2803输出“低电平”，继电器板上报警继电器工作，塔式灯声光报警，同时，触摸屏面板显示相关故障。

第三类是超高温报警，当第二套控温板上测量温度高于设定温度0.7 ℃以上时，第二套控温板输出超高温报警信号到继电器板，继电器板上应急继电器吸合，塔式灯声光报警。EI系列大容蛋量箱体式孵化设备CPU板不检测超高温故障，所以超高温报警时触摸屏面板不显示故障类型，仅塔式灯声光报警。

(十)集中报警系统

EI系列大容蛋量箱体式孵化设备标配集中报警系统，下面简单介绍集中报警系统。

集中报警系统采用纯硬件的实现方式，安全可靠；机器与机器之间只需要一根线进行连接，简洁方便；集中报警系统可以实现所连接机器报警的集中管理，系统内设备的所有报警及停电报警在集中报警控制柜可以同时报警。

集中报警控制系统的报警类型可以分为2种：一种为普通故障报警(包括风门、翻蛋、高温、低温等)，用蜂鸣器进行报警；另一种为重大故障报警(包括超高温故障、风扇故障及异常停电报警)，用声光报警器进行报警。

集中报警控制系统负责给系统内设备的停电报警提供“+12 V”电源。当设备关机/异常断电时，该蜂鸣器报警30 s左右。注意：设备进行孵化前一定要安装调试集中报警系统，否则设备的停电报警不起作用，容易发生孵化事故。

集中报警控制系统使用2套电源供电，正常使用时为“220 VAC”供电，当孵化场停电时，使用控制柜内部的蓄电池供电，以确保系统正常运行。

三、基于孵化4.0的控制系统展望

随着社会信息化水平的快速提升、网络应用的不断普及以及工业4.0概念的提出，在可预见的将来，几乎每个电子产品都可以通过互联网实现互联互通。孵化设备也跟紧行业的发展趋势，提前进行了技术储备和产品技术平台转型。新的技术平台在总体设计上遵循“模块化、分布式、总线连接”的原则，全面支持设备的互联互通及智能化应用。与现有控制系统相比，新的技术平台实现的全新功能主要如下：

(1)全面实现设备之间的互联互通　设备之间通过互联网实现孵化场的信息化智能管理，通过CAN总线实现孵化场的集中报警管理。

(2)控制系统内部实现互联互通　控制系统内部不再是一个个孤立的模块，而是各个模块之间通过CAN总线实现互联，从而实现真正的智能控制。

(3)具备故障自诊断功能　新的控制系统具备更多的感知手段，能够实现对设备的全面

感知，从而实现设备的故障自诊断功能。

(4)软件实现人工智能控制　新的控制系统采用人工智能控制，对整个孵化过程的控制更加智能、合理。

(5)具备更加友好的人机交互　新的控制系统更加注重用户体验，在用户操作和显示界面上都有一个全面的提升。

第八节　雏苗质量的评价指标与要求

雏苗质量的优劣不仅影响雏苗的成活率和生长发育，而且直接关系到成年期的生产性能和种用价值，劣质雏苗难以育成优秀的种禽。因此，了解和确定雏苗质量的评价指标与方法对生产实践具有重要指导意义。

一、雏苗质量的评价指标及方法

雏苗质量的评价指标一般包括出壳时间、雏苗绒毛丰满度及洁净度、体重、脐部愈合情况、腹部发育情况、精神状态和反应灵敏性、叫声、器官发育健全性及雏苗健康状况等。

1. 出壳时间

出雏期应密切观察雏苗出壳时间。在正常的孵化条件下，优良雏苗啄壳、出壳时间正常，如鸡苗多集中在20.5～21天大量出雏，鸭苗多集中在26～27天大量出雏，28天出壳完毕，鹅苗孵化29天可见啄壳，31～33天出雏基本完成，不同品种出壳时间有一定差异。出壳过早或过晚一般为劣质雏苗。同一批次雏苗出雏时间集中程度高，说明种蛋质量良好，孵化条件控制得当。如果出雏的时间早晚差异大，持续时间长，说明种蛋质量或孵化条件存在问题，雏苗饲养管理难度大。

2. 雏苗绒毛丰满度及洁净度

雏苗的绒毛丰满度及洁净度是鉴别健康雏苗与弱雏苗的重要指标。健康的雏苗全身羽毛发育丰满，洁净，长短合适，色泽鲜亮，未沾染蛋白、蛋黄等杂质，未受胎便污染。羽毛发育不良，如稀疏、畸形，暗淡无光，绒毛不洁净，粘连蛋清、蛋黄、碎蛋壳、胎便等污物，均为弱雏苗。

3. 体重

初生体重对后备禽生长发育及成年禽生产性能均有较大影响。雏苗出壳体重受种禽品种、日龄、孵化条件等影响，要求初生雏苗体重符合该品种标准。

4. 脐部愈合情况

在胚胎发育的最后阶段，尿囊绒毛膜中的血液回流，卵黄囊被吸收进入体内。脐部是卵黄囊回缩体内后在体表的残留物，易受细菌和真菌感染。因此，尿囊绒毛膜和卵黄囊的完全回缩十分重要，这将确保脐部干净且愈合紧密。观察雏苗脐部愈合情况是判断健康雏苗与弱雏苗的重要依据。健康雏苗脐部愈合良好，干净，被绒毛覆盖，无黑色结痂或受到损伤，无“脐带”缺陷，脐部无感染；弱雏苗脐部表现形态多样，如不平整，有卵黄残留物，脐部愈合不良，钉脐(脐部向外突起)，湿润或有血污等。

5. 腹部发育情况

将雏苗抓握在手中，触摸腹部大小、松软程度、卵黄吸收情况等。健康雏苗腹部柔软，大小适中，卵黄吸收良好，无血痕，泄殖腔外周干净，无粪便玷污；弱雏苗则腹部过大或过小，卵黄吸收不好，大肚子，泄殖腔外部粘有粪便等。

6. 精神状态和反应灵敏性

健康雏苗活泼好动，眼大而有神，对光、声音等刺激反应灵敏；弱雏苗缩头呆脑，精神不振，对光、声音等刺激反应迟钝或无反应。健康雏苗握在手中有弹性，挣扎有力，趾爪及身体有温暖感；弱雏苗则手感发凉，软弱无力或不挣扎。

7. 叫声

雏苗的叫声可反映其健康状态。健康雏苗叫声洪亮而清脆；弱雏苗叫声有气无力，嘶哑微弱或鸣叫不休。

8. 器官发育健全性

观察雏苗全身器官有无畸形或缺陷。健康雏苗全身器官发育正常，无明显畸形或缺陷，健壮有力，站立行走正常，眼睛圆而大，眼睛清澈有神；弱雏苗体质软弱，腿、翅、趾等器官可能畸形，站立行走困难或无法站立，眼睛半睁半闭或紧闭，眼神迟钝等。健康雏鸭、雏鹅胫爪部粗壮，表皮丰满润泽；弱雏胫爪部常显干瘪、跛脚、踝关节肿大、蜷爪，鼻孔较脏、变形，喙太短或无喙，颜色不正常等。

9. 雏苗健康状况

要求雏苗体质健壮，不携带可经种蛋垂直传播的疾病，如鸡白痢、禽白血病和支原体病、家禽波氏杆菌病、网状内皮组织增殖病、鸡传染性贫血病等。

二、影响雏苗质量的因素

影响雏苗质量的因素很多，如种禽是否健康，有无细菌、病毒或支原体等感染，在营养上有无缺乏症、代谢病及中毒性疾病等。另外，种禽的周龄也会直接影响雏苗质量。种蛋质量如蛋重、蛋形等，种蛋保存条件是否适宜、保存期长短、消毒是否适当，孵化过程中温度、湿度、通风、翻蛋及卫生情况等都会影响雏苗质量。实践证明，雏鸡质量80%由种鸡质量决定，15%由孵化技术决定，其余5%由运输条件决定。

1. 种禽的影响

要求种禽产蛋性能和受精率高，产蛋率在80%以上、受精率在90%以上最好；同时，要求种禽健康状况良好，无垂直传播疾病感染，无慢性腹泻症状。种禽饲料营养应全面平衡，以保证种蛋营养满足胚胎发育需求，减少营养不良导致的胚胎死亡或畸形弱雏。种禽饲养管理条件对种蛋质量也有一定影响，如夏季高温季节蛋壳变薄，蛋清变稀，受精率低等；种禽舍温度、湿度、通风、光照等环境条件应尽可能保持适宜。

2. 种蛋管理条件的影响

种蛋产出后，蛋壳上附着许多微生物，若种禽舍温度高、湿度大，则细菌迅速繁殖进入蛋壳内，影响孵化率。因此，种蛋在入蛋库之前，必须进行消毒，以减少细菌污染。种蛋保存期间湿度是否适宜对种蛋质量也有很大影响，湿度过大易使蛋发生霉变，湿度过小会造成种蛋失水过多，都会对雏苗质量产生不利影响。种蛋保存温度是否适宜，对胚胎活力及雏苗质量也影响较大。

3. 种蛋孵化条件的影响

孵化条件是否适宜对胚胎能否正常发育及雏苗质量影响较大。孵化温度偏高会使胚胎发育速度加快，出壳早，新生雏苗体型小而干瘪，弱雏多；反之会使胚胎发育速度减慢，出壳晚，新生雏苗体型臃肿，弱雏多。孵化湿度影响胚胎物质代谢、胚胎发育以及胚胎破壳等。若湿度偏高，种蛋失水较少，气室较小，雏苗啄壳困难，卵黄囊未完全吸入腹腔，脐带发炎，"大肚子"雏苗增多；反之，若湿度偏低，种蛋失水过多，胚胎发生脱水，雏苗出壳后体重较轻，容易脱水干爪、精神不振等。通风不良会导致胚胎发育迟缓、胎位不正和胚胎畸形等现象的发生，使孵化率降低。在孵化过程中，应随着胚龄的增加，逐渐加大通风换气量。

4. 出壳后对雏苗的分级、鉴别等处理对雏苗质量的影响

雏苗出壳后，在孵化场需要进行分级、雌雄鉴别、疫苗注射等处理，各项处置操作应小心谨慎，不能有粗暴行为，以防伤害雏苗。雏苗出壳后应尽快分送到各饲养场，运雏车要通风良好并定期消毒。若夏季运雏，要避开中午 12:00 起运，并做好防暑降温；冬季则要做好防寒保温。

第三章

孵化场环境控制及配套系统

●导读

本章介绍了孵化厅环境控制系统的发展历程和基本构成形式，并详细描述了现代化孵化场环境控制设计的典型要素，分别对水冷/水加热系统、能量回收系统等做了详细阐述，并结合工程案例做了具体分析说明，产生了积极的效果。

第一节　孵化厅环境控制系统概述

随着国内孵化行业几十年的发展，孵化厅环境控制系统根据用户的需求也逐步发展起来。从最早的无须环控即可孵化，到现在的孵化厅环境控制系统已成为孵化场的标配，环境控制已成为保障孵化正常进行的关键性因素之一。

一、孵化厅环境控制系统发展历程

孵化厅环境控制系统的发展与孵化设备型号发展、行业整体水平及规范发展相匹配，是随着孵化设备不断改进新型号、孵化场规模逐渐扩大、行业整体规模化及规范生产等多重因素逐步发展而来。纵观国内孵化厅环境控制系统的发展历程，基本经过了以下 3 个阶段。

1. 原始方案阶段

在孵化厅发展初始阶段，孵化机型以 19200 型小箱体为主，孵化场规模一般不大，同时受当时行业总体发展水平及发展理念的制约，当时没有明确的环境控制概念，仅仅是针对使用中出现的问题寻求解决此类问题的方法，同时对于投资、使用费用等都非常敏感。

此时孵化厅面临最大的问题有2个：夏季孵化设备超温问题以及冬季通风问题。新风无任何处理，直接由室外进入孵化设备。在孵化设备使用过程中，随着环境温度的升高，孵化设备通风降温效果变差，在全国绝大部分地区的夏季，孵化设备基本都会有1～2个月的超温时段，即到了孵化后期，因为没有有效的降温手段，孵化设备和出雏设备实际温度高于设定值。严重时会出现“开门孵化”的现象。一般来说，夏季超温问题在南方要比北方持续的时间更长。

在当时的情况下，为改善此种情况一般都采取加大通风量、使用湿帘风机降温等简单又投资少的解决方案，但实际效果非常有限。

在冬季，由于室外的气温太低，新风直接进入孵化机会导致机器内部温度场不均匀，严重影响孵化成绩。孵化场，特别是北方地区的孵化场基本门窗紧闭，通过暖气片保证孵化厅内的温度，而空气的新鲜程度和氧气含量就无法得到充分保证。但此时孵化设备并不会像夏季一样出现各种报警的情况，同时也受制于没有有效的方式可以解决，这种情况一般都不进行处理，或者仅仅是通过增加风量极小的排风风机适当进行通风。

2. 侧重于解决孵化设备、出雏设备等具体问题阶段

经历最初始的阶段后，孵化设备机型发生了变化，更多用户的孵化设备由19200型小箱体变为巷道式；用户和孵化场的规模扩大，很多孵化厅无法再沿用自然通风，必须要依靠机械通风；业内观念有了较大发展，对孵化厅环境控制系统有了相关明确的概念和要求。

这一阶段的孵化厅环境控制系统主要聚焦于解决孵化设备和出雏设备的降温及通风问题。从设备配置上来看，一般是仅包含孵化厅和出雏厅的环境控制系统，其余功能房间均不包含。一般认为，在夏季孵化设备和出雏设备不超温、不超湿即达到了用户需求，厅内温湿度控制范围可以有一定的波动，然后靠孵化设备自身的调节能力来实现对温湿度的精确控制。部分要求高的用户也会做独立的送风和排风系统，但整体上没有严格的“送风和排风必须分区，从而达到防止交叉感染”的防疫要求。

这时已经有了孵化厅环境控制系统的基本架构：孵化厅环境控制系统冷源为空调制冷机组（图3-1），大部分为风冷模块机组；孵化厅送风系统为空调新风机组（图3-2），将新风适当降温后送入室内供孵化设备使用；配套的孵化厅环境控制系统，一般包含温度、湿度等参数的控制，温度控制精度较高，湿度为粗略控制（图3-3）。基本工作原理为夏季空调制冷机组负责提供冷量，冷量以冷水（一般为7～10 ℃的冷水）的形式进入空调新风机组的表冷器，在表冷器把室外的空气降温，达到设定值后送入孵化厅内；冬季时采用锅炉提供的热水，热水在换热段将室外的空气进行加热，达到设定值后送入孵化厅内。

图3-1 空调制冷机组

图3-2 空调新风机组

系统布置形式已经具备孵化厅环境控制系统的基本雏形，使用效果也相对有保证，这为孵化厅环境控制系统的进一步发展提供了依托。

3. 现代化孵化场环境控制系统阶段

现阶段，随着新型大箱体孵化设备和出雏设备的使用，一大批年出苗量 1 亿羽甚至更大的孵化场开始建设，同时业内对防疫性、可靠性、节能性等多方面的要求越来越高，孵化场环境控制也发展到一个新的高度。

图 3-3 空调控制柜

(1)控制参数的稳定性和多样性 不同于以往的环境控制系统，现阶段孵化场环境控制系统包含温度、湿度、压力、CO_2 浓度等多种控制参数，各控制参数的精度也远高于上一阶段。而对于孵化厅环境控制系统而言，不仅要保证孵化设备和出雏设备不超温，同时还要给相关设备提供更好、更稳定的外部使用环境。具体表现就是要求孵化设备和出雏设备的风门调节频率尽量小。

(2)孵化场环境控制 目前孵化场环境控制已不再局限于孵化厅和出雏厅，孵化场内所有的房间均有与之使用要求相匹配的控制。表 3-1 为某孵化场不同功能房间的总体设计要求。

表 3-1 某孵化场不同功能房间的总体设计要求

功能房间	总体设计要求
孵化厅及出雏厅	①足量的新鲜空气供应；②合适的温湿度；③新风区域微正压、废气区域微负压
蛋库	①合理的温度控制(15～18 ℃)，或根据具体的存蛋要求；②冬季加湿系统
码蛋间	①全年合理的温度控制；②一般不考虑湿度控制，如用户有要求可以添加
照蛋间	①合理的温度控制；②一般不考虑新风量和湿度控制，如用户有特殊要求可以添加
捡苗间及存苗间	①足量的新风供应；②合适的温湿度；③可以根据要求进行静压控制或 CO_2 控制
冲洗间	①采用排风风机防止房间内湿度过高；②一般不进行温湿度控制
孵化设备	①提供足量的冷水或热水(当孵化设备带有水加热功能时)；②水温必须在孵化设备的最佳使用范围内
其他功能房间	用户无特殊要求时不考虑非工艺房间内的温湿度及通风系统，当用户有特殊要求时应在方案设计时提前说明

二、孵化厅环境控制基本构成

从满足孵化设备和出雏设备使用需求角度看，孵化厅环境控制系统一般有两大系统：孵化和出雏设备水冷系统以及新风处理系统。前者是使用制冷机组提供冷水，直接送到孵化设备水冷铜管降温；后者是将室外新鲜空气处理到合适的温湿度，然后送到各功能房间使用。

(一)孵化和出雏设备水冷系统

典型的水冷系统流程如图 3-4 所示。

水冷系统一般由如下设备组成：制冷机组、循环水泵、水箱、定压变频控制柜、水管及阀门、保温设备等。

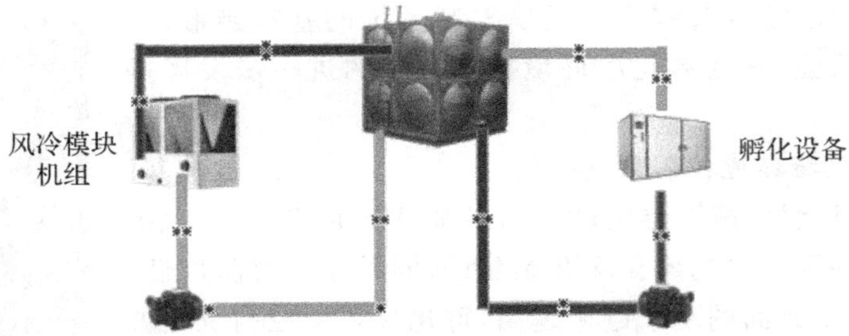

图 3-4　典型的水冷系统流程图

运行原理：制冷机组通过压缩机制取 15～20 ℃的冷水到水箱暂存，水箱到孵化设备有循环水泵，通过检测供水管道压力确定水泵的运行频率，保证供应冷水量能满足孵化设备的使用要求。孵化设备通过自带控制柜及电磁阀或三通阀确定是否需要冷水及所需要的冷水量，孵化设备降温之后的水重新回到制冷机组制冷，从而形成完整的循环。

需要注意的是，水冷系统在设计时必须要根据孵化设备的类型、数量、具体的水温要求等参数进行详细设计，不然会出现冷量不能满足使用需求、供水量不均匀等不利现象，无法满足孵化设备的正常使用要求。

（二）新风处理系统

新风处理系统是将各功能房间需求的新风处理到合适的温湿度后，通过房间内压力控制或 CO_2 浓度控制将新风送到房间内使用，并将孵化设备、出雏设备排出的废气以及鸡苗呼吸过后高 CO_2 浓度的废气及时排出厅外，且保证新风、废气不能交叉。同水冷系统相比，新风处理系统更为复杂，包含的内容更多，主要设备如下：

1. 冷源及热源

冷源的主要作用是夏季提供 7～10 ℃冷水，通过水泵及水管送到房间内部各新风处理设备，为孵化厅以及出雏厅需要的新鲜空气降温；热源的主要作用是冬季提供 55 ℃以上的热水，送到房间内部各新风处理设备，为孵化厅以及孵化厅需要的新鲜空气升温。

夏季主要的制冷设备为制冷机组，制冷机组一般可分为风冷模块机组、水冷螺杆机组、水源热泵机组、地源热泵机组等多种形式。

热源一般为燃煤锅炉、燃气锅炉和空气能热泵机组，基于环保的原因，燃煤锅炉已经逐步被淘汰，更多的是空气能热泵机组和燃气锅炉。

2. 新风处理设备

新风处理设备的作用是使用冷源或热源提供的冷水或热水，将室外的新鲜空气降温除湿或升温加湿后送到孵化厅以及其他的使用房间。新风处理设备一般使用组合式空调器。

组合式空调器包含过滤段、表冷段、再热段、加湿段、风机段等功能段。过滤段是将空气中的灰尘等杂质过滤掉。在夏季表冷段对新风降温除湿、在冬季对新风升温，在夏季表冷段对新风除湿后有可能温度会过低，再热段再对新风适当升温。在冬季加湿段对新鲜空气进行加湿处理。风机段提供新风动力，保证新风从室外吸入，经过各功能段并送到对应的房间。

以上功能段可根据实际需求适当增减。

3. 废气排放设备

从防疫和节能等角度考虑，孵化设备和出雏设备使用后的高温高湿的废气必须要与新风区域分隔，且需要及时排出。

孵化厅废气区、出雏厅绒毛间、捡苗间、存苗间等房间均需要排风系统。同时，为满足孵化设备和出雏设备的使用要求及各功能房间有不同的压力分布，以上房间的废气排放设备(排风系统)必须使用定压变频排风。

4. 控制设备

控制设备为孵化厅环境控制的“大脑”，是核心设备。控制设备可分为机房控制柜和孵化厅新风机组控制柜。某大型孵化厅的环境控制机房控制柜及界面如图 3-5、图 3-6 所示。

图 3-5　某大型孵化厅的环境控制机房控制柜

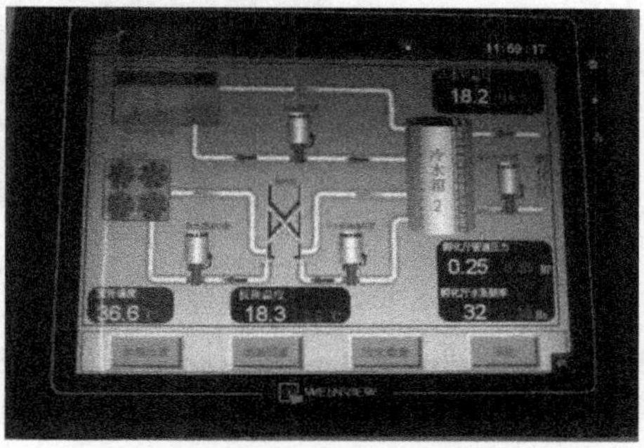

图 3-6　某大型孵化厅的环境控制机房控制柜界面

机房控制柜的主要功能是控制机房内的制冷机组、水泵等相关设备，并保证稳定的冷水和热水供应。

某孵化厅新风机组控制柜外形和操作界面见图 3-7 和图 3-8。

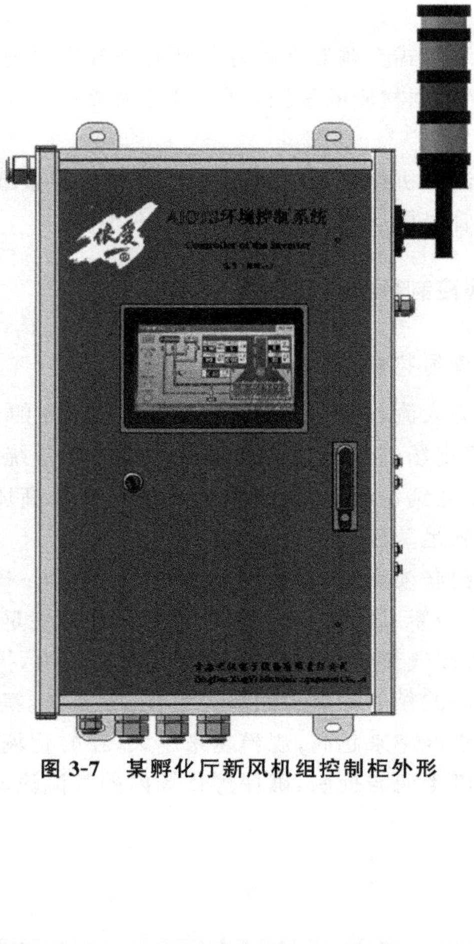

图 3-7　某孵化厅新风机组控制柜外形

图 3-8　某孵化厅新风机组控制柜操作界面

新风机组控制柜的主要作用是控制各功能房间内的温度、湿度、压力和 CO_2 浓度。夏季制冷时，通过调节主电动三通阀的开度，调节进入新风机组的冷水量，从而精确控制温度。当需要精确控制湿度时，主电动三通阀开度大小以湿度为主控点，温度过低时由再热盘管再次加热精确控温。冬季湿度不足时，靠加湿段进行加湿。房间内压力靠调节风机运行频率来实现，当压力过高时，调低风机运行频率；当压力过低时，调高风机运行频率。

当有 CO_2 浓度控制时，通过提高和降低 CO_2 浓度对送风风机频率进行调节；房间内的压力则通过调节排风风机的频率来实现。

5. 风管、水管

风管的主要作用是将组合式空调器处理好的新鲜空气有序地输送到各个对应的功能房间，并保证送风的均匀性。根据材质的不同，风管可分为镀锌风管、双面彩钢酚醛保温风管、布袋风管等。

水管的主要作用是将制冷机组制取的冷水输送到孵化设备或组合式空调器，并保证各用水点水量分配一致。水管材质一般为镀锌钢管、PPR 管。

三、现代化孵化场环境控制系统典型要素

（一）防疫要求——气流场控制

孵化场的防疫要求分为人流、物流和气流。人流和物流靠孵化场良好的工艺布局和孵化场的操作规程来保证，孵化场的气流则必须要靠环境控制系统来保证。通过设定不同功能房间的压力，具体为从净区到污区压力由高到低，风自然从高压房间流向低压房间，从而保证孵化场内的气流方向满足防疫要求。

孵化场原则上气流方向必须满足：蛋库→孵化厅→出雏厅→存苗间→苗处理间→捡苗间。其中，孵化厅一般又分为新风区和废气区，气流方向必须满足新风区→废气区。具体压力设定值为蛋库最高，依次按气流方向降低各房间的控制压力，捡苗间最低，一般应设置微负压。这样可保证每个不同的相邻功能房间压力差在 1～2 Pa，满足气流方向要求。

现阶段孵化场集约化程度越来越高，规模越来越大，在孵化场设计之初必须要同期考虑孵化场内各功能房间的气流走向与控制，确保孵化场内的气流流向符合防疫要求；考虑整体

的进风和排风原则，确保总体进风和排风无交叉。如以上 2 个重点问题在设计初期未能考虑，当孵化场正式投产后，很容易出现气流倒流，风由污区流向相对干净的区域，同时孵化设备和出雏设备排出的废气又被吸入设备内部，造成交叉污染，甚至防疫不可控。

（二）胚胎热量回收系统

在孵化过程中，前期种蛋需要吸收热量。随着种蛋胚龄的不断增加，种蛋的自热逐步加大，在发育到 11～12 天时，孵化设备需要开始使用水冷为设备降温，以保证正常的孵化温度。对于多阶段孵化设备，一台孵化机内部同时有前期种蛋和后期种蛋，通过风的循环可自然实现使用后期种蛋胚胎热量加热前期种蛋，即实现“老蛋孵新蛋”。对应单阶段孵化设备，一台孵化机内只有同一胚龄的种蛋，无法实现“老蛋孵新蛋”，这时就需要胚胎热量回收系统。

胚胎热量回收系统的原理是在为后期胚胎热量进行水冷降温时，由冷水把胚胎热量带回，通过热泵技术将胚胎热量转移、提取到高温热水，同时实现把冷水降温、把热水升温的目的。降温后的冷水重新送入孵化设备和出雏设备降温，升温后的热水温度在 50 ℃以上，可用于前期孵化设备的加热、空调采暖等多种用途。这样对于单阶段孵化设备而言，同时具备了良好的防疫性（多阶段孵化设备为多批次种蛋，易出现不同批次种蛋交叉污染的问题），以及低运行成本。对于国内绝大多数地区，使用胚胎热量回收系统后仅使用回收热水即可满足设备的升温和保温要求，无须开启电加热。胚胎能量回收控制流程见图 3-9。

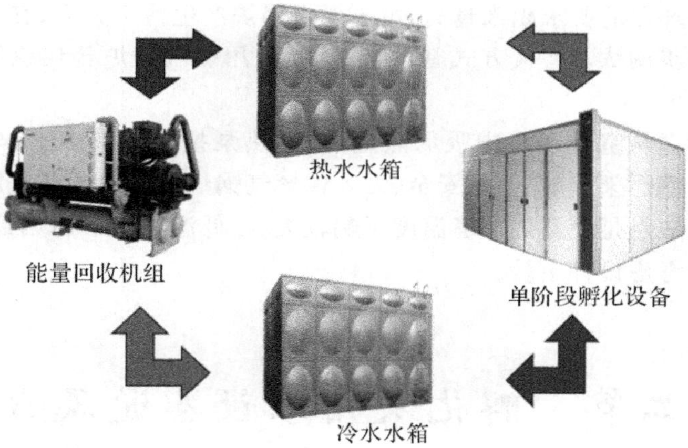

图 3-9 胚胎能量回收控制流程

（三）节能环保

随着孵化场规模以及精细化管理程度等多方面要求的综合提升，节能环保在孵化场设计中变得越来越重要。现代化孵化场环境控制在节能环保方面必须具备以下几点。

1. 变频控制

孵化设备和出雏设备对于新风量和水冷量的要求是时刻变化的，所以对于孵化厅和出雏厅以及其他功能房间使用的新风机组必须要采用变频控制。这样不仅节省风机本身的运行能耗，还可以满足冷量和热量的需求，从而大幅度降低孵化场环境控制系统的整体运行成本，是孵化场环境控制系统节能降耗最有效的手段之一。

2. 孵化设备需求和空调系统的连锁控制

正常空调系统的控制逻辑为孵化设备需求出现变化→空调系统的控制参数，如压力、温度出现偏差→空调系统进行调整。这样的控制逻辑总体时间长，容易出现控制参数波动大、能耗高的情况。

通过多年研究与总结，目前对于孵化场环境控制系统，最好的控制逻辑应该为孵化设备需求出现变化→需求反馈到空调系统，并根据需求变化多少进行预调节→根据预调节后实际的空调参数进行精确调节。

这样做使得空调系统对于孵化设备的需求响应速度更快、参数控制精度更高，同时可以节省常规系统在控制振荡过程中增加的能耗，节能效果明显。做此类控制必须要保证孵化设备和空调设备能够联网，且数据互通，不然会适得其反。

3. 能源管理系统

随着孵化场规模的扩大和对环境控制系统要求的提高，目前孵化场环境控制系统越来越复杂，如果不做相应的控制与管理，会造成能源的极大浪费。因此，针对孵化场环境控制系统的能源管理系统非常有必要。

能源管理系统主要是对系统中的水泵、制冷机组等各类设备统筹管理，能根据室外的温度、室内的使用负荷自动调节制冷机组和水泵等设备的启停运行、运行频率和百分比，达到节能的目的。

4. 空气能和地源热泵采暖

目前国家对于环保的要求越来越高，由于燃煤锅炉产生污染太多，在全国大部分地区已经被限制使用并逐步淘汰。替代方式基本有 2 种：使用燃气锅炉替代或使用空气能热泵和地源热泵替代。

空气能热泵是靠从室外环境中吸取热量，通过热泵技术制取热水，与其他采暖方式相比，具有节能环保、零污染排放、使用安全、无须像燃气锅炉一样设置储气罐、运行成本低、安装方便等优点。其缺点是受室外环境温度影响较大，在低温环境下制热量会有一定的衰减，在设计之初要充分考虑设计余量。

第二节　孵化及出雏设备通风方式

不同类型孵化设备的设计理念不同、整体的通风形式不同，对于孵化厅环境控制系统的通风要求也相差非常大。以下就国内主流机型逐一介绍总体的通风方式。

一、小箱体孵化设备

小箱体孵化设备孵鸡时一般容蛋量为 19 200 枚，孵鸭时容蛋量一般为 12 000 枚，目前在国内中小型孵化场使用保有量比较大。小箱体孵化设备主要技术指标如表 3-2 所示。

小箱体孵化设备对于使用环境的要求如表 3-3 所示。

表 3-2 小箱体孵化设备主要技术指标

项目	指标
温度控制范围	34.2～39.5 ℃
湿度控制范围	40%～70%RH
温度显示精度	0.01 ℃
湿度显示精度	1%RH

表 3-3 小箱体孵化设备对于使用环境的要求

项目	要求
工作环境温度	23～27 ℃(最佳工作范围)
工作环境湿度	50%～80%RH
通风量	200～500 m^3/h
排风要求	孵化机排出的废气要排至室外,严禁直接排在厅内

小箱体孵化设备是 3 种设备中最早开始生产使用的设备,受制于当时设计思路、孵化场配套环境控制降温水平较低等诸多因素,设备在生产制造时没有考虑如何对接孵化厅环境控制系统,更多的是立足于本身,通过加大通风量等措施尽量满足设备本身的使用环境温度范围。

国内主流小箱体孵化设备的三视图见图 3-10 至图 3-12。

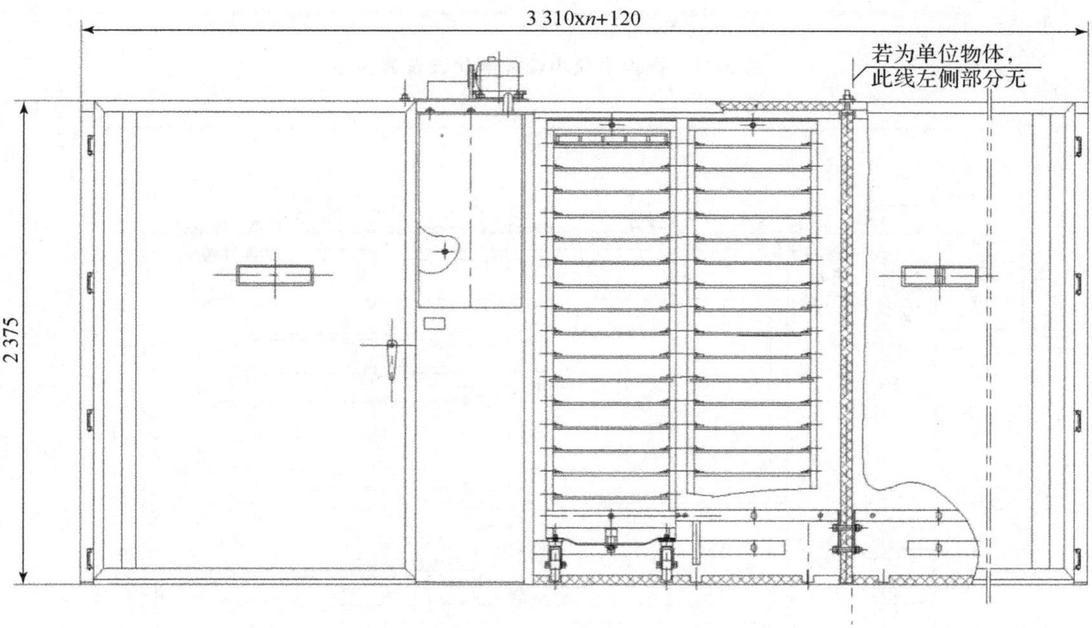

图 3-10 国内主流小箱体孵化设备主视图

小箱体孵化设备有一个进风口,位于顶部中板的中后部;2 个排风口,位于后箱板的两侧;一个强制风冷进风口,位于后箱板的中部。与孵化设备内部气流形式以及风机形式有关,进风口处的吸风压力不大,一般不大于 5 Pa。后部 2 个排风口处的排风压力也不大,一般也不大于 5 Pa。

孵化厅环境控制系统一般有 2 种方式:一种是适用于能够自然进风的孵化厅的方式,厅内降温设备使用内循环的风机盘管,废气通过管道收集后排出室外;另一种是适用于孵化场规模大、孵化厅内无法采用自然进风的方式,必须使用空气处理器(新风机组)将新风处理到合适的温湿度后,送入孵化厅和出雏厅,废气同样通过管道收集后排出室外。

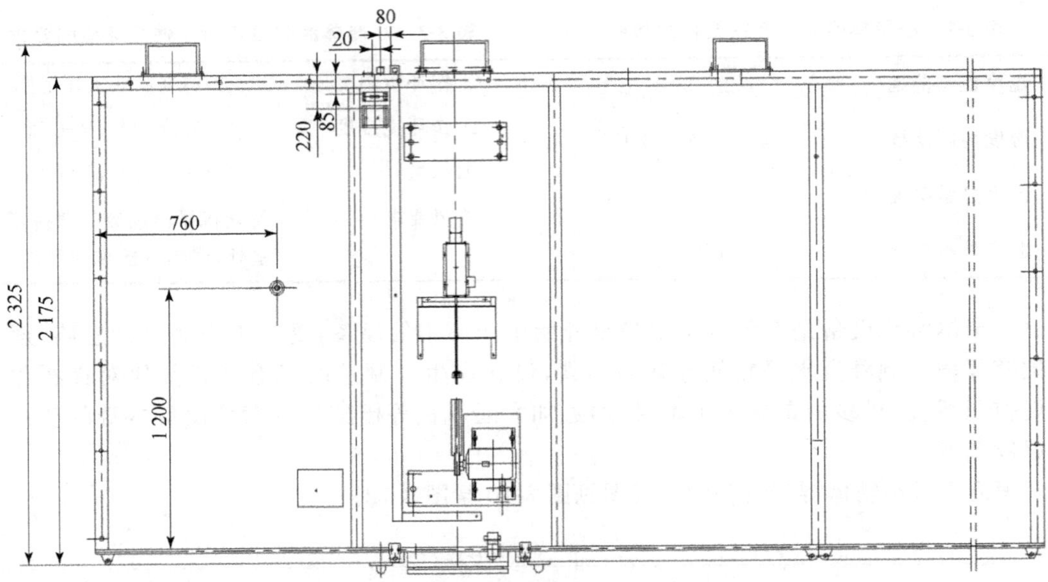

图 3-11　国内主流小箱体孵化设备俯视图

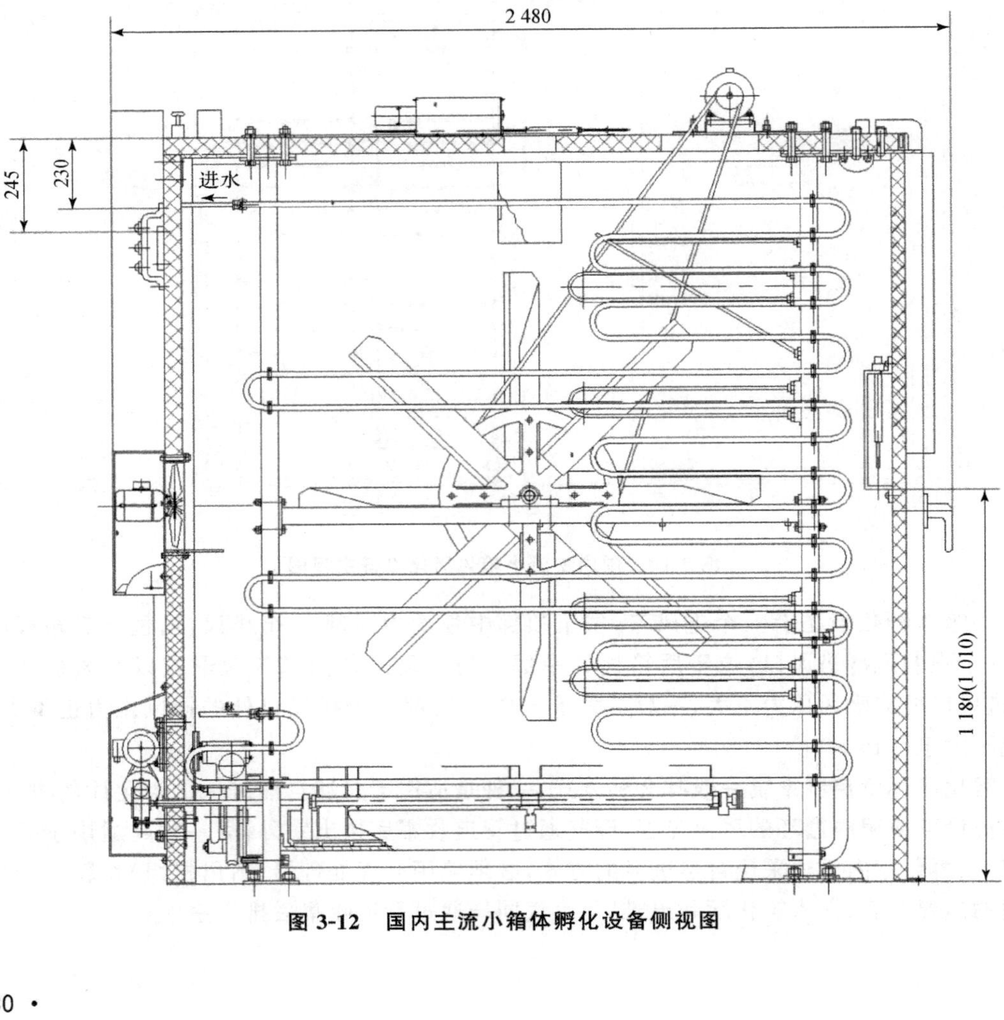

图 3-12　国内主流小箱体孵化设备侧视图

以上 2 种方式都可满足小箱体孵化设备和出雏设备的基本使用要求。如严格考虑防疫要求，可在孵化和出雏设备的顶部做隔断，形成一个封闭的新风区，将经过温湿度处理后的新风直接送至新风区。采用这样的方式有 2 点需要特别注意：在送风时，送风风口要远离孵化设备进风口，至少有 1 m 的距离，不能出现送风风口直吹孵化设备进风口的情况，不然会对孵化设备内部温度场产生非常大的干扰；这种环境控制方式成本是最高的，在实施之前必须要进行适当的经济性评价。

二、巷道式孵化设备

巷道式孵化设备是过去 20 多年中一种非常成熟、使用保有量特别大的孵化设备类型，在大箱体孵化设备推广前，是大中型孵化场的首选孵化设备。巷道式孵化设备孵鸡时使用 12 辆蛋车、容蛋量 90 720 枚，孵鸭时使用 10 辆蛋车、容蛋量 43 200 枚。巷道式孵化设备配套的出雏设备为环流式出雏机，环流式出雏机孵鸡时的容蛋量为 15 120 枚，孵鸭时的容蛋量为9 600 枚。

巷道式孵化设备使用环境条件如表 3-4 所示。

表 3-4 巷道式孵化设备使用环境条件

项目	条件
工作环境温度	23～27 ℃（最佳工作范围 24～26 ℃）
工作环境湿度	50%～70%RH
通风量	200～1 000 m^3/h
新风区控制压力	0～5 Pa，最佳 2～3 Pa
排风要求	自然排风或负压排风，负压排风控制压力－2 Pa
水冷温度要求	15～20 ℃
水冷降温用水量	300～400 kg/h

环流式出雏机使用环境条件如表 3-5 所示。

表 3-5 环流式出雏机使用环境条件

项目	条件
工作环境温度	23～27 ℃（最佳工作范围 24～26 ℃）
工作环境湿度	50%～70%RH
通风量	200～1 000 m^3/h
新风区控制压力	0～5 Pa，最佳 2～3 Pa
排风要求	自然排风或负压排风，负压排风控制压力－2 Pa
水冷温度要求	15～20 ℃
水冷降温用水量	200～300 kg/h

巷道式孵化设备环境控制系统可分为 2 部分：环境控制送风系统和孵化设备水冷系统。孵化设备水冷系统的设计必须以孵化设备的使用需求为依据，水冷系统供水温度为

15～20 ℃，最佳温度为 16～18 ℃。如水温过低，会导致设备内部出现过多冷凝水，造成水冷铜管附近局部区域低温，影响孵化设备内部温度场，导致水冷铜管附近的种蛋发育缓慢等多种不利情况。若温度过高，会造成孵化设备降温困难，出现超温现象。

水冷系统的供水方式必须采用定压变频供水。每台孵化设备水冷进水管上都有一个电磁阀，孵化设备通过比较设定温度和实测温度，确定是否开启电磁阀进行水冷，以及开启的时间，这也就决定了孵化设备需要的冷水量是时刻变化的，而不是定值。对于一个拥有多台孵化设备的孵化厅而言，这种变化量会更大。为满足孵化设备的这种需求，在为孵化设备水冷供水时，必须采用变频技术。孵化设备供水压力要求在 0.2～0.3 MPa，水泵选型时选用扬程 30 m，使用压力传感器测量供水主管道压力。一般供水主管道压力可设定为 0.25～0.3 MPa，主要是根据孵化设备数量的多少以及管道距离来确定的。这样，水冷系统就可以通过测量主管道的压力对水泵的频率进行调节和控制，保证水泵的供水量和孵化设备的需求一致。除水量需求不一致外，孵化设备和出雏设备对于水冷系统的总体要求一致。对于一个孵化场，建议孵化和出雏共用一套水冷系统，方便使用且能降低投资成本。

巷道式孵化设备和环流式出雏设备因外形尺寸、进风口和排风口布置方式等存在较大的差异，因此，针对孵化设备和出雏设备的总体送排风形式也有较大的差异。巷道式孵化设备三视图见图 3-13 至图 3-15。

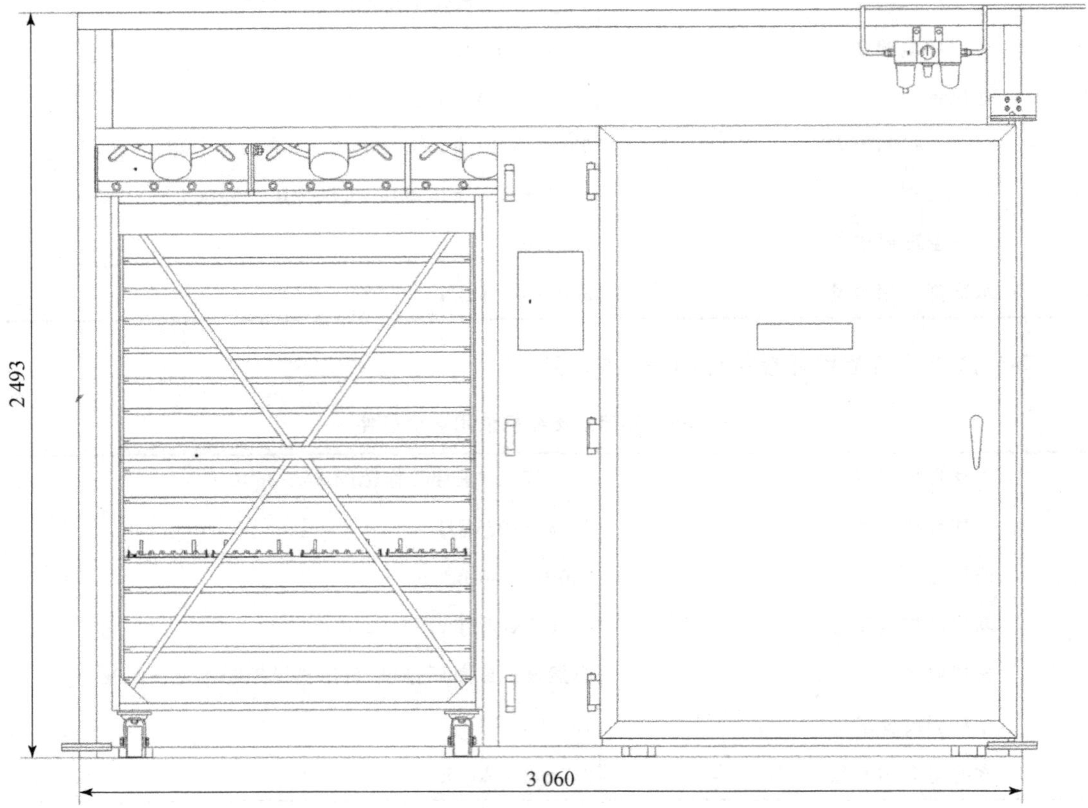

图 3-13　巷道式孵化设备主视图

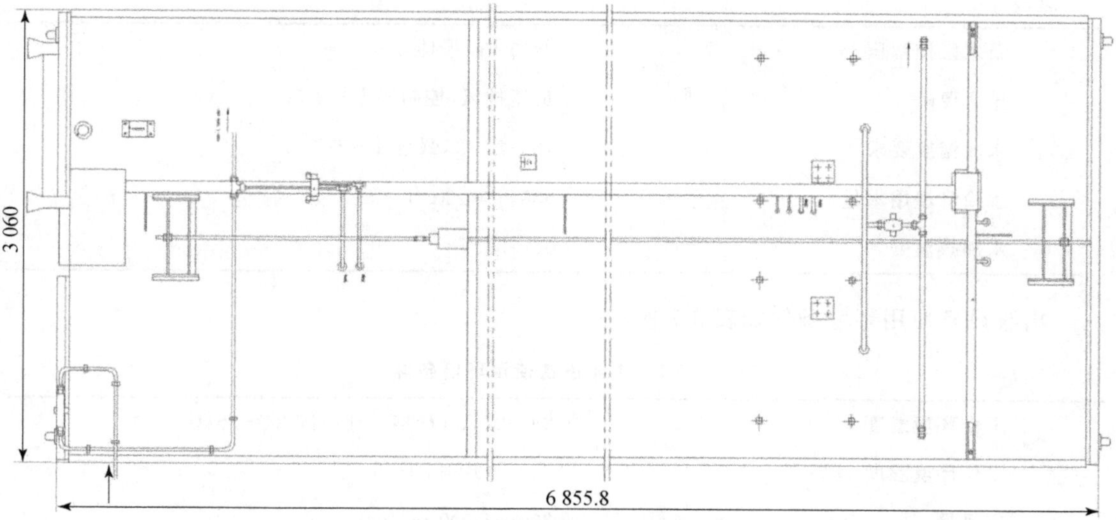

图 3-14　巷道式孵化设备俯视图

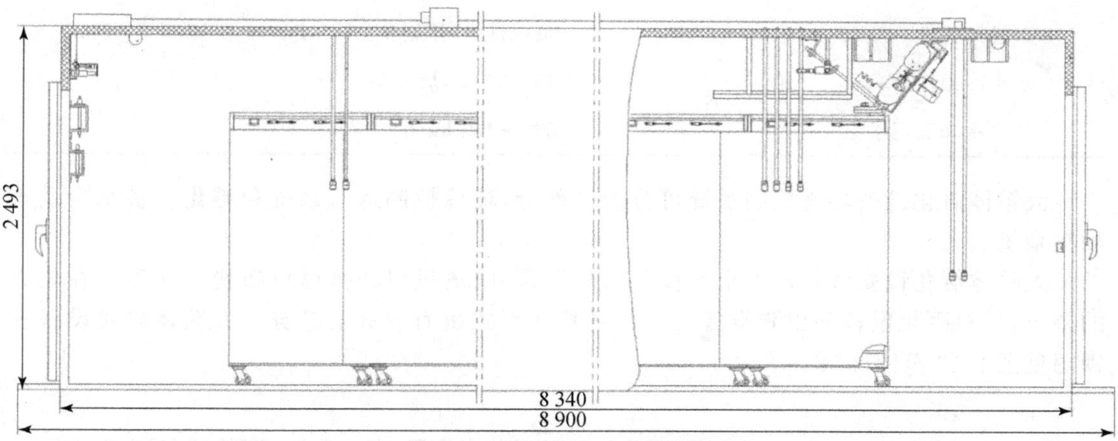

图 3-15　巷道式孵化设备侧视图

三、大箱体孵化设备及配套的出雏设备

大箱体孵化设备是近年来的主流机型，目前国内绝大多数新建孵化场都选用此机型。相比于巷道式孵化设备，大箱体孵化设备具有整进整出、防疫性好、用温方案可调、使用效果好等诸多优点。因为是整进整出，且容蛋量大，此机型对于环境控制系统的要求也是最高的。

大箱体孵化设备使用环境条件如表 3-6 所示。

表 3-6　大箱体孵化设备使用环境条件

工作环境温度	23～27 ℃（最佳工作范围 24～25 ℃）
工作环境湿度	50%～70%RH
通风量	200～1 000 m^3/h

续表 3-6

新风区控制压力	0～5 Pa，最佳 2～3 Pa
排风要求	负压排风，控制压力－2 Pa
水冷温度要求	15～20 ℃，最佳 16～18 ℃
水冷降温用水量	600～800 kg/h
水加热温度	50～55 ℃

出雏设备使用环境条件如表 3-7 所示。

表 3-7 出雏设备使用环境条件

工作环境温度	23～27 ℃（最佳工作范围 24～25 ℃）
工作环境湿度	50%～70%RH
通风量	200～1 000 m^3/h
新风区控制压力	0～5 Pa，最佳 2～3 Pa
排风要求	负压排风，控制压力－2 Pa
水冷温度要求	15～20 ℃，最佳 16～18 ℃
水冷降温用水量	300～400 kg/h

大箱体孵化设备环境控制系统可分为 2 部分：环境控制送风系统和孵化设备水冷及水加热系统。

大箱体孵化设备和环流式出雏设备因外形尺寸、进风口和排风口布置方式等存在较大的差异，针对孵化设备和出雏设备的总体送排风形式也有较大的差异。大箱体孵化设备三视图见图 3-16 至图 3-18。

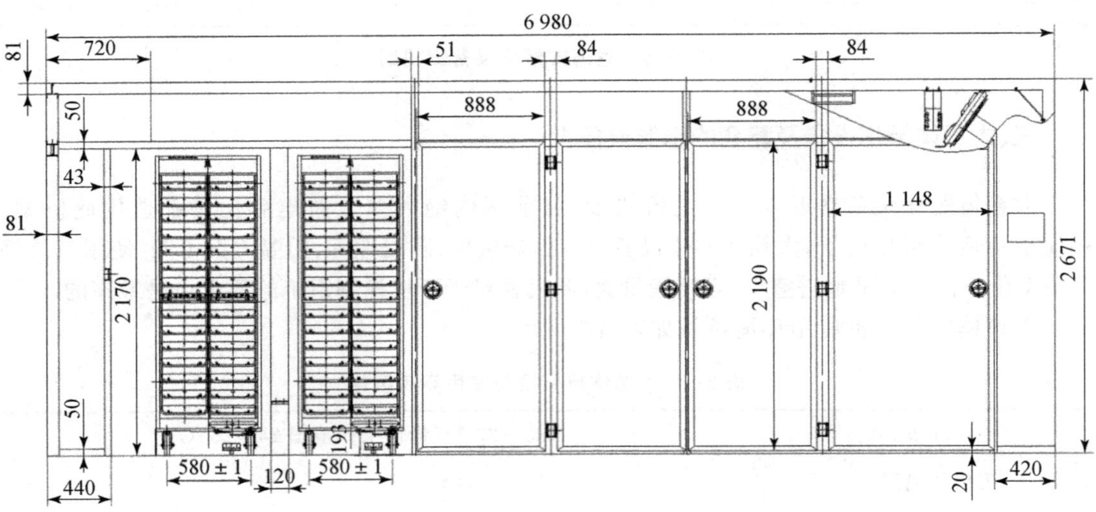

图 3-16 大箱体孵化设备主视图

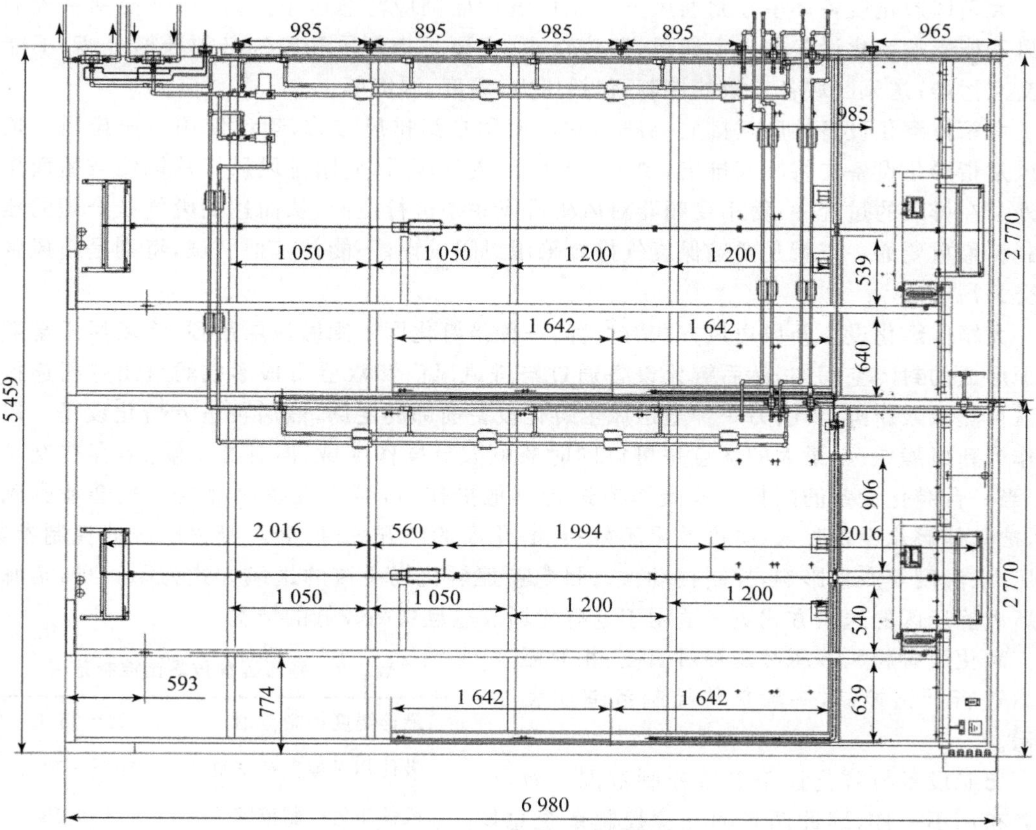

图 3-17 大箱体孵化设备俯视图

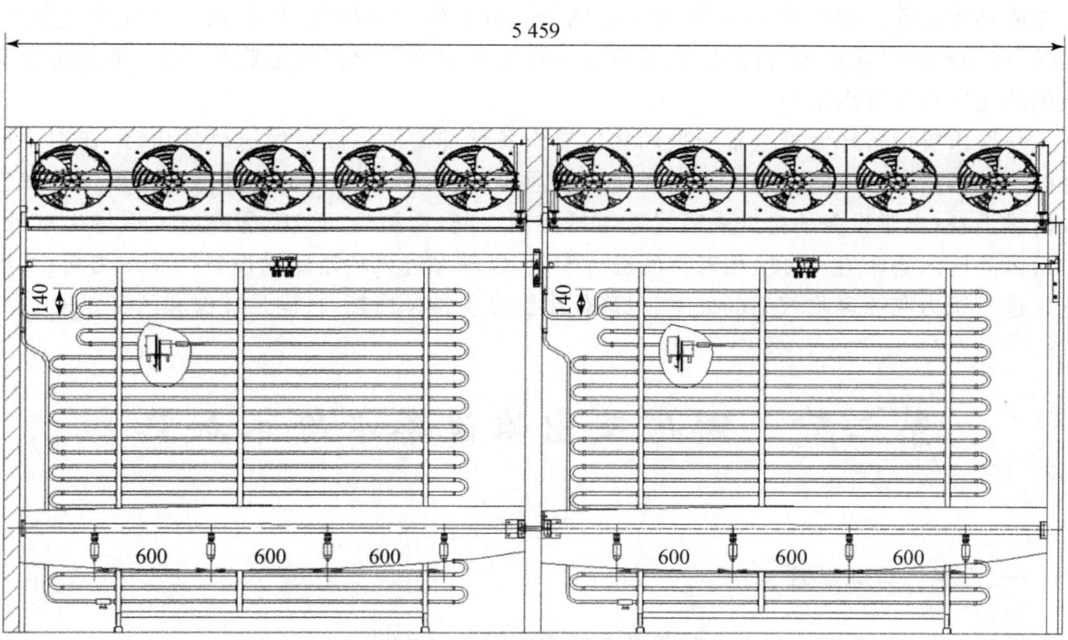

图 3-18 大箱体孵化设备侧视图

大箱体孵化设备环境控制通风方案总体设计原则应注意以下几点：环境控制系统的送排风不能影响孵化设备的自主通风；防疫要求，主要是指新风和废气必须严格分离，不能产生交叉污染；送风区域各参数的控制，包括压力、温度、湿度等。

大箱体孵化设备的废气排放一般不建议使用自然排风方式，建议使用负压排风。负压排风是指孵化设备先将废气排出，到一个封闭的废气区后，使用排风风机从侧墙或屋面排出室外。在排风的过程中，使用变频器对风机排风频率进行控制，从而达到废气区合理的压力控制。最重要的一点就是要确保废气排放采用封闭设计，不能与其他区域，特别是新风区域有交叉污染。

大箱体孵化设备新风送风方式有 2 种：一种是孵化厅走廊做双层吊顶，将新风送至双层吊顶形成的封闭空间内，然后孵化设备通过与进风风门和双层吊顶形成的封闭空间连接的管道自然吸入新鲜空气；另一种是送风至孵化设备前部的走廊，然后再进入孵化设备。以走廊作为新风静压区，最大的优点是可以同时兼顾人员操作区域，但有 2 个缺点：存在交叉污染，当一台孵化设备的门打开推蛋车或进行其他操作时，孵化设备内部的空气会泄露到走廊，被其他孵化设备吸入，防疫效果不好；当孵化厅的门开关时，会对孵化厅内的控制参数，如压力、温度等产生影响，控制扰动大。目前新建孵化场主流的送风方式为第一种，走廊作为新风静压区的送风方式更多适用于老孵化场改造且层高较低的情况。

孵化设备新风静压区需要对温度、相对湿度、压力进行严格控制，一般最佳控制范围如表 3-8 所示。

表 3-8 静压区参数最佳控制范围

最佳温度控制范围	24～25 ℃
最佳相对湿度控制范围	50%～70%
最佳压力控制范围	2～3 Pa

出雏设备与孵化设备参数控制范围一致，但两者布局不一样，因此两者的环境控制系统总体布局形式有所差异。在出雏设备中，最终实现由蛋变成鸡的过程。当小鸡出壳后，最显著的变化就是转为肺呼吸，这也意味着自热量变大。同时，因为小鸡出壳后带有绒毛，出雏设备在排废气时必须要有绒毛收集系统，不能将含有绒毛的废气直接排出室外。

一般出雏设备环境控制系统采用在出雏设备顶部使用保温板做送风静压区，在出雏设备的后部做封闭绒毛间的形式。新风送至新风静压区，然后通过出雏设备进风风门自然进入出雏设备；出雏设备的排风先通过管道排到绒毛间，在绒毛间经喷雾除绒毛后排出室外。对新风静压区的压力、温度、相对湿度进行控制，以确保进风满足出雏设备的使用需求；对废气区进行压力和喷雾除绒毛的处理，以确保出雏设备排风通畅，且满足环保和防疫要求。

第三节 孵化及出雏设备水冷水加热

一、湿空气与焓湿图

温度、湿度及含氧量是影响种蛋发育的重要因素，如图 3-19 所示。

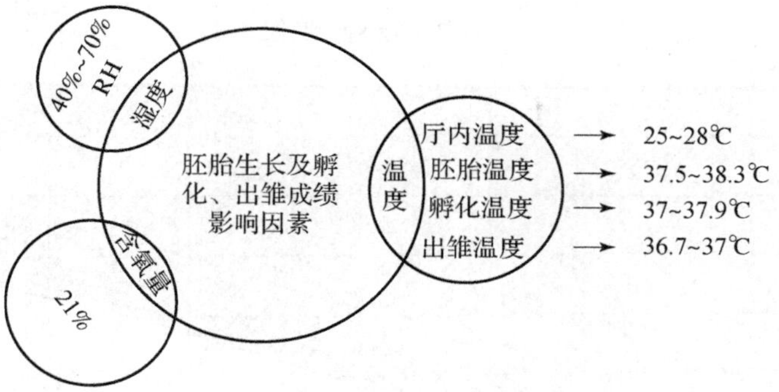

图 3-19　胚胎生长及孵化、出雏成绩影响因素

温度、湿度及通风量在孵化过程中是相互影响相互作用的，任何一个因素都无法独立于另外的因素存在，任一因素的变化将会对其他因素产生一定的影响。温度与湿度存在热湿耦合关系，而温湿度所共同的载体为空气。我们平时所讲的空气其实是湿空气，由干空气和一定量的水蒸气混合而成，干空气的成分主要是氮、氧、氩、二氧化碳及其他微量气体，多数成分比较稳定，少数会随季节改变而有所波动，但总体上可将干空气作为一个稳定的混合物来看待。为统一干空气的热工性质，便于热工计算，一般将海平面高度的清洁干空气成分作为标准组成。在湿空气中水蒸气含量虽然很少，但其变化对空气环境的干燥和潮湿程度产生重要的影响，而且会使湿空气的物理性质也随之改变。空气湿度可以用绝对湿度和相对湿度 2 种参数表述，其中绝对湿度又叫作含湿量，是以湿空气中的水蒸气密度作为含有水蒸气量的度量，该值是绝对值，不受温度的影响。相对湿度是另一种度量湿空气中水蒸气含量的间接指标，其定义为湿空气的水蒸气压力与同温度下饱和湿空气的水蒸气压力之比，该值是相对值，与温度有直接的关系。

可以借助焓湿图工具来直观描述湿空气的状态变化过程。常用的湿空气性质图是以 h 与 d 为坐标的焓湿图（h-d 图）。为了尽可能扩大不饱和湿空气区的范围，便于各相关参数间分度清晰，一般在大气压力一定的条件下，取焓 h 为纵坐标，含湿量 d 为横坐标，且两坐标的夹角等于或大于 135°。在实际使用中，为避免图面过长，常将 d 坐标改为水平线。焓湿图如图 3-20 所示。

焓湿图由等温线、等焓线、等含湿量线、等相对湿度线以及热湿比线五大部分组成。焓湿图不仅能够表示空气的状态和各状态参数，同时还能表示湿空气状态的变化过程，并能方便地求得 2 种或多种湿空气的混合状态。

环境控制的本质是通过采用一定的技术手段或特定的控制设备实现对指定空间温度、湿度及空气品质的综合调节。对于孵化场而言，各功能区间即环境控制指定空间，孵化设备、出雏设备是最为核心的控制区域。合理、稳定的环境温度能够缓解孵化设备本身的控制压力，同时有效提升控制精度。

孵化厅环境温度一般需要控制在 25～28 ℃，湿度控制在 40%～70%RH，氧气含量控制在 21%左右。夏季工况下，环境空气高温高湿，若直接送入孵化设备内，会导致机组超温超湿，有时甚至需要开门孵化，机组内温度场的不均匀性，将对孵化成绩造成严重影响。冬季工况下，低温干燥的室外环境，导致孵化设备频繁加热加湿，同样会影响孵化成绩。

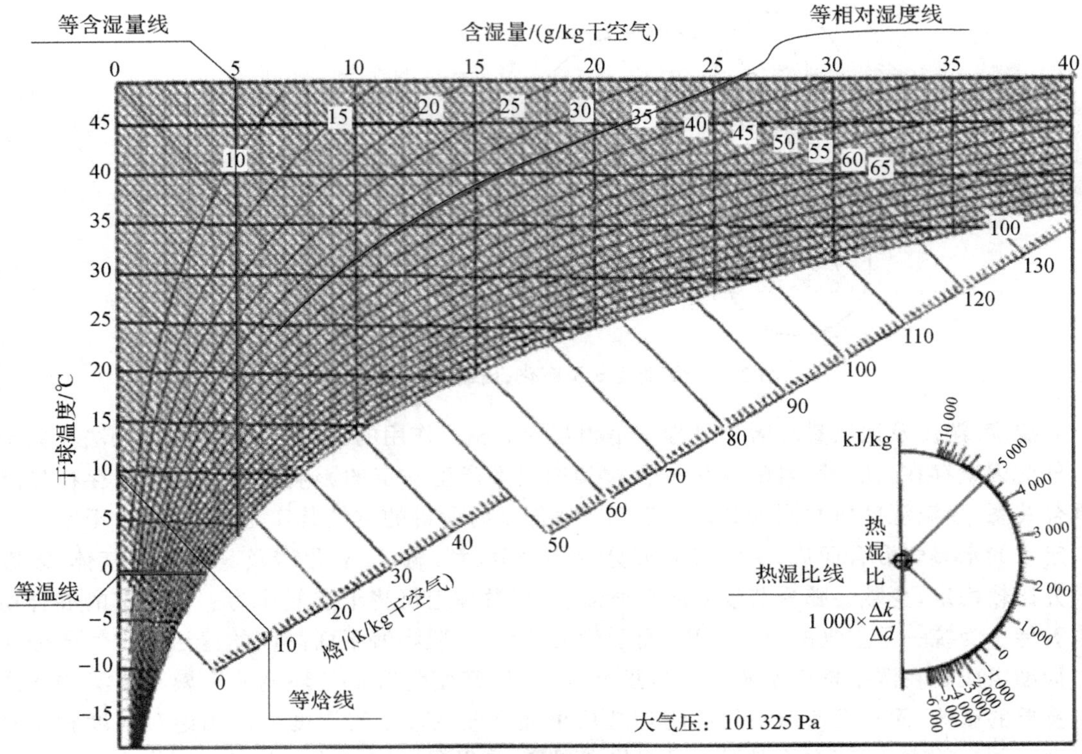

图 3-20　焓湿图(*h-d*)

二、水冷及水加热形式

孵化初期(0～10 天)种蛋散热量很小,需要外部热源来维持适宜的胚蛋温度。孵化后期(10～21 天)胚蛋散热大幅度提升,需要外部冷源对其进行散热,以维持适宜的胚蛋温度;同时,需要提供足量的新鲜空气维持孵化设备内部含氧量。

如图 3-21 所示,孵化设备内部辐射盘管分为 2 种类型:水冷盘管和水加热盘管。水冷盘管分为 A 级水冷和 B 级水冷,水加热盘管分为 A 级水加热和 B 级水加热,其中 B 级水冷与 B 级水加热盘管共用一套管路系统,通过进出口处的气动换向阀实现冷热水切换。

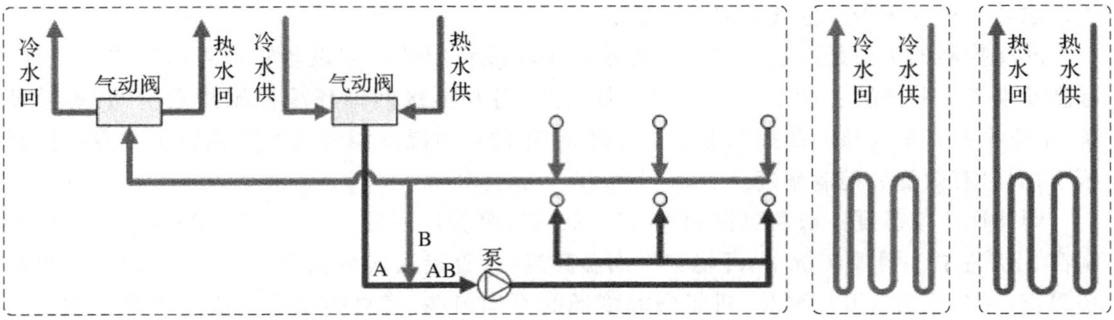

图 3-21　A、B 级水冷及水加热系统示意图

A级水加热功能与电加热功能相同，均用于提高孵化设备的主控温度。水加热与电加热可同时使用，也可单独使用。A级水冷参考水冷点进行控制，在主控点温度测量值高于设定值，且差值大于水冷点时，A级水冷启动。水冷控制采用多级间歇控制方式，根据实际超温情况判断A级水冷电磁阀的开启时间。A级水冷水温一般控制在15～18 ℃，水压保持在0.08～0.15 MPa，循环系统采用纯净水，避免杂质对电磁阀控制精度产生影响。

B级水冷及水加热系统以回流点温度为主控参数，在孵化设备内部共用一套辐射盘管，孵化设备外部采用2套独立的冷热水管路，可根据回流温度通过气动换向阀实现自动切换。只有当B级水加热启动时，气动换向阀才会保持热水管路畅通，其余时间气动换向阀始终保持冷水畅通。通常在孵化前期切换为热水用于回流点控温，到孵化后期切换为冷水用于回流点冷却，其目的在于降低设备内部温度场的梯度。B级水冷及水加热系统通过循环水泵入口侧（泵前）三通比例调节阀开度实现温度调节，以达到温度梯级控制的目的。

图3-22所示气动三通阀供回水管路各设一组，每组连接三路水管、两路气管。两组三通阀互为联锁控制，通过气路电磁阀实现气动三通阀的机械换向，进而实现盘管冷热水切换，气管压力0.5 MPa左右。气动三通阀仅起到水路切换作用，盘管内部水温的调节则通过泵前三通比例调节阀实现。图3-23所示泵前三通比例调节阀为合流三通，A路供水与B路回水经三通阀混合后进入循环泵，A、B混合后流量为定值，通过回水量的调节来改变盘管水温，从而实现孵化设备内部温度的调节。

图3-22 气动三通阀

图3-23 泵前三通比例调节阀

三、冷热源的协调与匹配

在热力学上，“冷”与“热”只是相对环境温度高低不同，其本质都是能源的一种形式，属于同一概念。在工程应用中，需要根据不同的情况供给一定的冷量或热量，以满足不同的需求。冷热量的生产要消耗大量的能源，而能源形式是多种多样的，能源的种类决定了冷热源设备及其系统的形式，同时对生态环境和能源的可持续利用有着重要影响。

冷热源设备是维持建筑环境舒适条件的能源供应中心。随着我国改革开放成果的逐步深化，空气调节技术在不断革新——从冰块取冷到制冷机的诞生，从火炕取暖到集中供暖，冷热源的发展给人类生活及工艺生产提供了一个更加舒适的建筑环境。新设备、新技术、新系统的不断涌现，其舒适性、经济性、节能性、环保性令人耳目一新。空气源热泵系统、水地源热泵系统、蒸发冷系统、冰蓄冷低温送风系统、VRV空调系统等相继进入市场。

(一)冷热源组合形式

空气调节(air conditioning,简称空调)的意义在于“使空气达到所需求的状态”或“使空气处于正常状态”。一个内部受控的空气环境,一般是指在某一特定空间(或房间)内,对空气温度、空气湿度、流动速度及清洁度进行人工调节,以满足人们工作、生活和工艺生产过程的要求。现代技术发展有时还要求对空气的压力、成分、气味及噪声等进行调节和控制。由此可见,采用技术手段创造并保持满足一定要求的空气环境是空气调节的任务。

空气调节应用于工业、农业及科学实验过程一般称为“工艺性空调”,而应用于以人为主的空气环境调节则称为“舒适性空调”。孵化场环境控制同时涉及工艺性和舒适性空调范畴。

空气调节并不是一种设备,而是一种完整的系统。空调系统按照负担室内负荷所用的介质种类不同可以分为全空气系统、全水系统、空气-水系统及冷剂系统(图 3-24)。空调系统一般由空气处理设备(末端)、介质输送管道及设备、冷热源 3 部分组成。

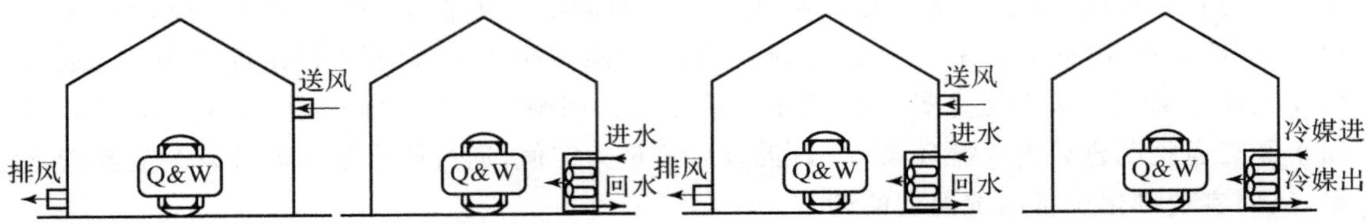

图 3-24 空调系统划分示意图

采用不同的空调设备和冷热源可以构成不同的空调系统。水冷冷水机+锅炉+空调机组组成的空调系统是国内目前应用最为广泛的一种空调系统和冷热源组合形式。水冷冷水机具有制冷量大、制冷效果稳定、系统综合能效比高等优点,但冷水机组需要配合开式冷却塔使用,设备灵活性较差,不能够满足多工况使用需求。锅炉是北方采暖的主要热源,有热能高、操作简单、使用可靠、运行费用低等优点,随着我国环境保护力度的加大,化石燃料锅炉逐渐被限制使用,取而代之的是生物质锅炉。生物质能源是一种以植物为原料,既环保又可再生循环利用的洁净能源,其原料来源广泛,具有“绿色煤炭”的称号。生物质能源的利用并非直接燃烧生物质燃料,而是燃烧经过先进的工艺做成的生物质颗粒燃料,是国家“十一五”规划纲要中鼓励的发展项目,具有强大的生命力。生物质燃料锅炉,各类排放指标均低于《锅炉大气污染物排放标准》(GB 13271—2014)中一类地区Ⅱ时段标准值要求,其中二氧化硫、氮氧化物近乎零排放,远低于燃油、燃气锅炉,具有燃烧充分、热效率高、污染物排放极低等特点。

据相关统计,PM2.5 有 6 个重要来源,分别是土壤尘、燃煤、生物质燃烧、汽车尾气与垃圾焚烧、工业污染和二次无机气溶胶,其中燃煤占比约 18%。为了减少冬季燃煤污染与改善空气质量,我国北方许多城市开始推广“煤改电”,国家一系列政策补贴也相应出炉。空气源热泵机组凭借其优异表现异军突起,迅速在“煤改电”市场占有了一席之地。

空气源热泵机组与水泵构成了空调冷热源系统,配合风机盘管、柜式空调机和组合式空调机进行全工况下系统冷热负荷的供应。这种组合无需锅炉、系统简单,模块化组合形式适用于各种规模的建筑场所。但这种形式也存在一些缺点,如能耗高,运行费用高,热水温度低,供暖效果差等。随着空调技术的革新,上述问题不断得到改进和解决,空气源热泵机组越来越受业内青睐。

地源热泵系统是一种利用土壤、地下水或地表水(江、河、湖、海)进行冷热交换,将土壤、地下水或地表水作为热泵系统冷热源的一种空调系统。冬季机组将地能中的热量“取”出,用于室内采暖,此时地能为“热源”;夏季机组将室内热量提取出来,释放到土壤、地下水或地表水中,此时地能为“冷源”。地能在冬夏两季交替使用能够达到一种平衡状态,是一种极为环保的冷热源形式。相较于空气源热泵系统,地源温度稳定性明显优于空气源,使其节能约40%;此外,该系统冬季运行无须除霜,可减少结霜和除霜的损失等。由于地源热泵系统初投资较大,该设备在大型中央空调系统中应用时性价比更高。

(二)冷热源在孵化行业中的应用

孵化厅是一个比较特别的环境控制场所:其一,孵化厅常年需要冷热量的供应,因此须满足冬季冷源和夏季热源的供应需求;其二,一般 21 天为一个孵化周期,孵化厅负荷也会呈现周期性变化。这就要求冷热源系统要具备较强的应变能力。目前,孵化厅冷热源组合形式主要分为两大类:能量回收组合形式和非能量回收组合形式。

图 3-25 为孵化厅环境控制系统能量回收组合形式,该系统以冷热水水箱为纽带,由 11 个相对独立的循环模块组成,分别为板式换热器Ⅰ循环模块、风冷制热或热泵循环模块、高温水源热泵循环模块、闭式冷却塔循环模块、风冷制冷或热泵循环模块、蒸发冷一体机(或水冷冷水机)循环模块、孵化水加热循环模块、空调再热循环模块、空调主盘管夏季循环模块、空调主盘管冬季循环模块、孵化水冷系统循环模块。按照功能属性的不同可以将上述模块分为冷热源循环模块和用户侧循环模块两大类。在实际工程项目设计伊始,可根据实际情况合理地将上述循环模块有选择性地进行组合。

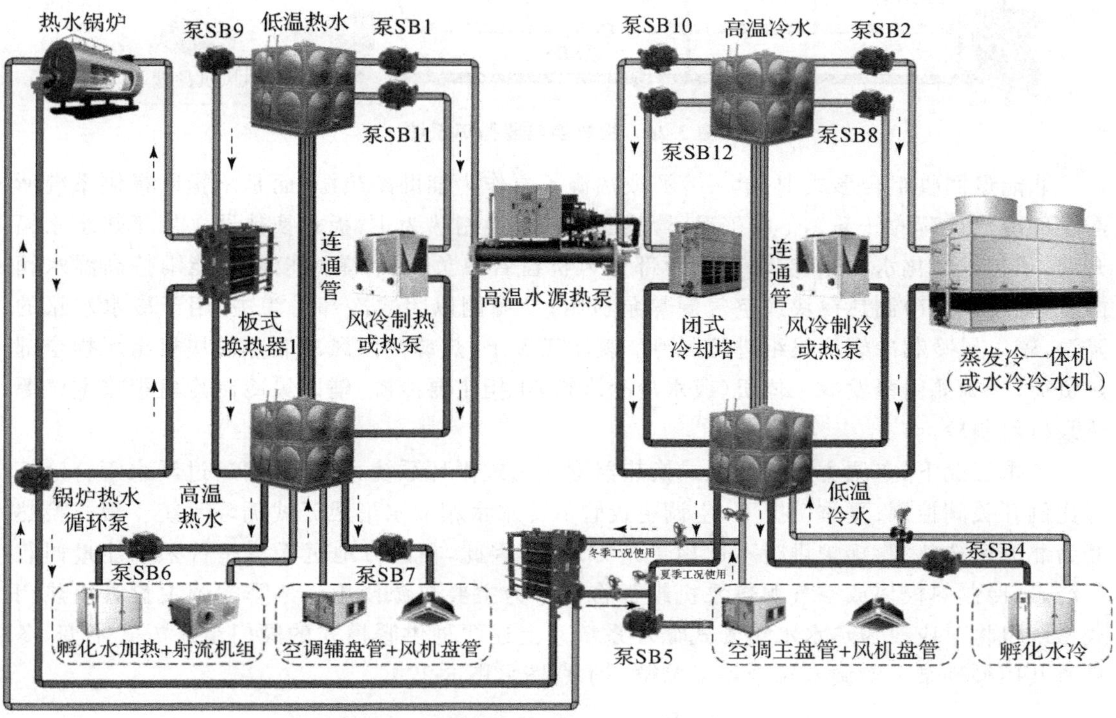

图 3-25　孵化厅环境控制系统能量回收组合形式

上述组合系统以高温水源热泵机组为控制核心,其功能是通过逆卡诺循环从系统低温侧提取热量,从高温侧提取冷量,实现冷热量的传递与回收。因此,应尽可能使其长时间处于运行状态,实现能量回收率的最大化。热源侧辅助配套锅炉板换系统、风冷制热模块或空气源热泵机组,用于高温水源热泵机组的热量补给,其中锅炉板换系统冬季工况下使用,空气源热泵机组夏季工况下使用,风冷制热模块全年工况均可使用。冷源侧辅以闭式冷却塔、蒸发冷一体机(或水冷冷水机)、风冷制冷模块或空气源热泵机组。其中闭式冷却塔冬季工况下使用,蒸发冷一体机(或水冷冷水机)、空气源热泵机组夏季工况下使用,风冷制冷模块则全年工况下制冷。该套系统中锅炉板换共有 2 种组合形式:开式循环系统和闭式循环系统。图 3-26 对 2 种板式换热器(简称板换)循环系统进行了示意,板式换热器 1 作为开式循环系统热源,用于水箱内介质的升温,该循环以热水水箱为纽带,将热水循环系统紧密连接在一起,实现了热水开式循环。板式换热器 2 作为冬季空调系统热源,与空调主盘管及风机盘管组成了闭式循环系统,采用定压补水系统进行系统压力调节。

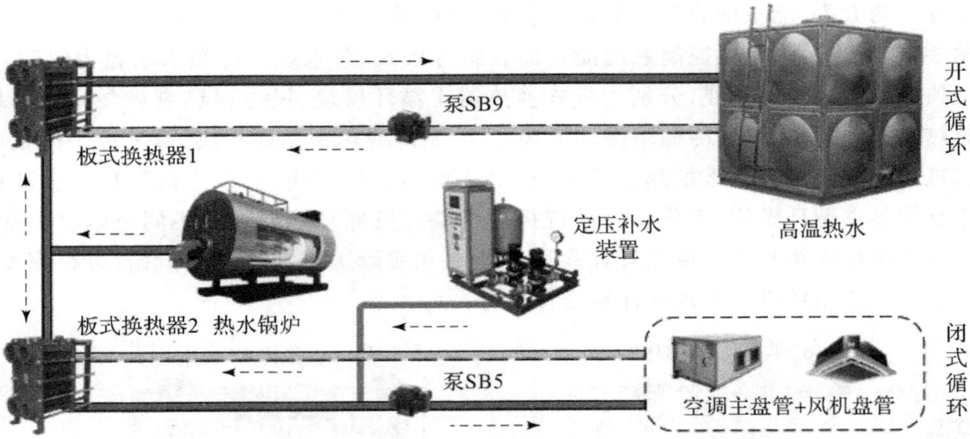

图 3-26 板式换热器循环系统

非能量回收组合形式中,单一冷源或热源不再作为辅助冷热源,而是承担起提供系统所需全部冷热负荷的任务。冬季工况下,热源侧以板换制热为主,板式换热器 1 用于热水水箱升温,承担起孵化水加热、空调再热及部分风机盘管热负荷,若单纯板换不能维持高温水箱温度,则辅以风冷制热模块或空气源热泵机组;冷源侧以闭式冷却塔为主,用于冷水水箱的降温,辅以风冷制冷模块机组进行制冷。夏季工况下,热源侧由风冷制热模块机组承担全部热负荷;冷源侧由蒸发冷一体机(或水冷冷水机)承担主要冷源,辅以风冷制冷机组或空气源热泵机组制冷。

冬季工况下,空调主盘管经板式换热器形成闭式循环系统,主控温度通过回水管合流三通比例开关阀控制;夏季工况下,空调主盘管从冷水水箱取水形成开式循环系统。板式换热器为北方可选热源,锅炉供暖不适用于南方地区,因此,在南方地区无论是否采用能量回收系统,风冷制热模块或空气源热泵机组都将被作为主要热源使用。冬季空调主盘管供热闭式系统也将对应改为热水水箱开式循环系统。上述两种供暖模式的阀门组态方式不变,冬夏季共用循环泵。空调末端全年工况循环示意图见图 3-27。

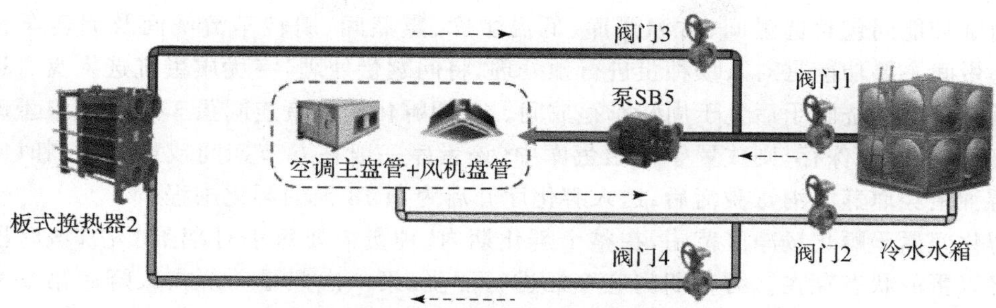

图 3-27 空调末端全年工况循环示意图

第四节 其他工艺间环境控制

孵化场拥有一套以孵化厅、出雏厅为核心的系统化工艺流程，要求设计防疫流程严格按照单向路线执行。以鸡孵化场为例，种蛋由蛋库整车运至孵化厅，18 天后在照蛋落盘间落盘，孵化车和孵化车盘在冲洗间冲洗，在存放间晾干放置；种蛋走完照蛋环节后与出雏盘对接推入出雏厅，3 天后推至捡苗间倒空出雏盘，然后将其冲洗晾干放置于出雏车盘存放间，以备在下一次照蛋落盘后使用；鸡苗经苗处理环节后，装筐放置于存苗间存放，最后经发苗平台出库。

孵化厅建设工程一般从净区向污区展开，由此确定孵化场的净通道和污通道。通常，孵化场的净区指种蛋来的方向，污区则指向鸡苗出场的方向。净污区及相关通道确定以后，孵化场配套办公室、熏蒸间、环境控制设备机房、发电机房等附属功能间位置也相继确定。

一、工艺间划分

按照孵化厅环控思路，可将孵化场工艺间由净区向污区依次划分为前部功能间、主功能间（孵化间、出雏间）、照蛋落盘间、后部功能间及穿插其中的辅助功能间（图 3-28）。

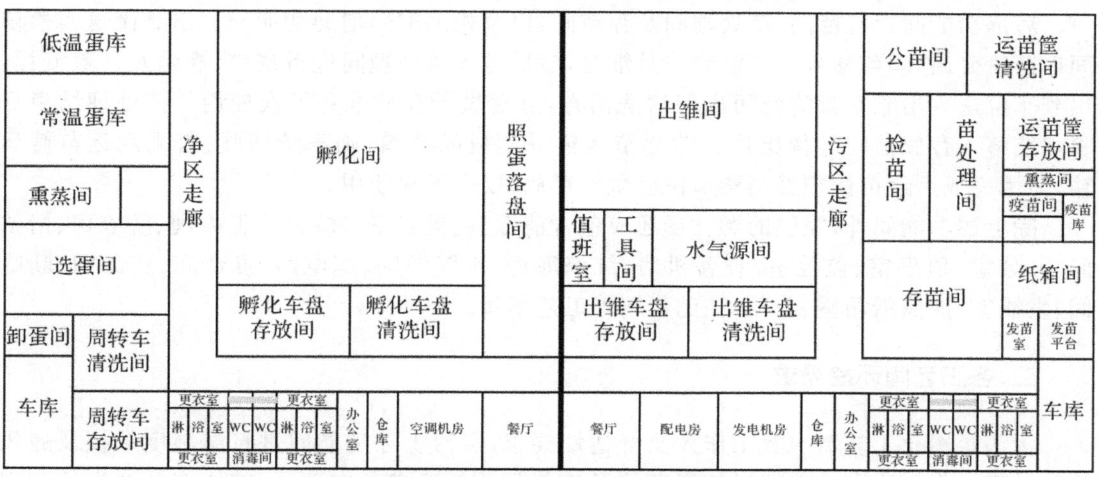

图 3-28 孵化场工艺间划分示意图

注：图中粗线左侧为孵化场净区范围，右侧为孵化场污区范围。

前部功能间包含选蛋间、常温蛋库、低温蛋库、熏蒸间、周转车清洗间及周转车存放间等。选蛋间主要功能是对入场种蛋进行预处理，将问题蛋处理，将优质蛋挑选入盘。运输种蛋的周转车经冲洗晾干后置于周转车存放间。近期孵化的种蛋连同蛋车送入常温蛋库短暂存储，若需长时间保存，则放置于低温蛋库中（该蛋库一般在春节期间或种蛋过剩时使用），待入孵种蛋经熏蒸间消毒激活后，送入孵化厅开启为期 18 天的孵化旅程。

孵化间属于孵化场净区范围，在整个孵化期内，种蛋需要每小时翻蛋一次，该时段内种蛋始终以蛋的状态存在。孵化期间应穿插进行照蛋，第一次照蛋一般在入孵后第 5～7 天，通过灯光透视观察，及时将无精蛋、死胚蛋、破壳蛋剔除。没有受精的种蛋在灯光透视下，蛋表面没有任何血管、蛋内透明，只能看到蛋黄的影子；照检时可见蛋的内容物浑浊，色泽淡白，有血液扩散后形成的血圈、血弧、血线、血块、血点和断裂的血管残痕，一般均黏附在蛋壳膜上，有时可见死亡的胚胎小体，这种蛋为死胚蛋。活胚蛋在照检时可见胎蛋表面有明显的和比较粗壮的分枝状血管网，以及一个活动的位于血管网范围内的黑点，即胚胎着色的眼睛，整个蛋身发红，旋转胚蛋时胚胎也随之转动。第二次照蛋在种蛋入孵后的第 10～11 天，一般进行抽样检查。主要目的是观察胚胎的发育情况，判断孵化条件是否合适，以便对孵化条件，尤其是温度进行及时调整。该阶段活胚蛋表面的血管分支在蛋的小头合拢，整个胚蛋除气室外，都布满血管，且在灯光刺激下可见胎动。照检时死胚蛋的两头发亮，有残余、断片的血管或死亡的胚胎阴影，转动时胚胎不动。

18 天后将种蛋移至照蛋落盘间进行第三次照蛋。该阶段照检时活胚蛋可见气室的边缘是弯曲倾斜的，气室较大，在气室中可见黑影闪动，蛋身全部不透光。死胚蛋气室边缘无弯曲或弯曲度不大，蛋的小头部分发亮，血管浑浊，无胎动，蛋身发凉。照检合格的活胚蛋在最后一次照蛋后由孵化盘转移到出雏盘并移至出雏机内继续孵化和出壳。孵化车及车盘移至孵化车盘冲洗间进行冲洗，然后推至车盘存放间烘干放置，以待下一次选蛋时使用。

进入出雏间内第 2 天，即孵化满 20 天时发育正常的鸡胚开始出壳，20 天半时已出大半，满 21 天时即可基本出完。为保证胚胎正常出壳，此时应关闭出雏机内的照明灯，不可经常打开机门。一般鸡蛋孵化到 22 天末，出壳基本结束后，应立即清理出雏机内的绒毛和污染物。

后部功能间含捡苗间、苗处理间及存苗间，以及相关配套辅助功能间。出雏筐送入捡苗间后苗筐分离，鸡苗移入运苗筐或成品纸箱，然后送入苗处理间进行疫苗、断喙及计数流程，出雏车筐送入出雏车盘清洗间进行清洗消毒，然后烘干存放准备下次使用。苗处理结束后将鸡苗移入存发苗间等待出厂。若鸡苗运输采用成品纸箱，则不予回收；若采用运苗筐运输，使用完成后运苗筐须经消毒清洗后烘干存放，以备下次使用。

除上述功能间外，完整的孵化场还应包含消毒室、更衣室、淋浴房、卫生间、洗衣房、清洁间、办公室、值班室、监控室、设备机房、维修库房、水气源间、配电间、疫苗间、药品间、断喙间、发雏室、成品纸箱室、公苗间、毛蛋间等工艺车间。

二、各工艺间环控需求

为满足孵化工艺需求及工作人员舒适性要求，须对上述功能间进行温湿度调控及通风换气处理。由于不同功能间对热湿环境及空气品质的要求存在差异，需要有针对性地制定环控策略。

1. 前部功能间环控需求

选蛋间、常温蛋库、低温蛋库及熏蒸间归属于前部功能间范畴，其中选蛋间及蛋库的主控参数为温湿度，兼顾考虑通风换气；熏蒸间则以换气次数为主控参数。因此，需要制定多种控制策略。前部功能间控制参数见表 3-9。

表 3-9 前部功能间控制参数

指标	选蛋间	常温蛋库	低温蛋库	熏蒸间
温度要求/℃	24～27	16～18	12～16	24～25
湿度要求/%RH	50～70	40～60	40～50	50～60
换气次数/(次/h)	10	5	5	30

选蛋间为主要工作人员活动区域，种蛋在该工艺间的停留时间相对较短，因此，温度控制点以工作人员舒适性要求为准，采用水系统风机盘管或氟系统嵌入空调均可满足温控要求。湿度一般采用超声波加湿器或其他辅助加湿设备进行调控。通风换气则采用间歇性定时送排风形式，保证 10 次/h 的换气要求。

常温蛋库的功能是为种蛋提供短期存储条件，温度控制点相对较高。可采用与选蛋间相同的控制策略。蛋库需要一个相对密闭的环境，考虑到整体节能性，其通风换气次数定为 5 次/h。

低温蛋库的功能是用于长期储存种蛋，因此，需要提供较低的温度，一般水系统风盘或氟系统嵌入机无法满足其温度要求，需要采用低温工艺空调来维持 12～16 ℃的环境温度，湿度控制及通风换气与常温蛋库相同。

2. 主功能间环控需求

孵化间、出雏间均属于主功能间范畴，其主控参数包括温度、湿度、压力(通风量)等。主功能间控制参数见表 3-10。

表 3-10 主功能间控制参数

功能间	温度/℃	湿度/%RH	送风压力/Pa	排风压力/Pa
孵化间	25～28	50～60	0～5	−3～0
出雏间	24～27	50～60	0～5	−3～0

主功能间环控包含 2 部分内容：机外静压室温湿度、送风压力控制；机内温湿度控制。机外静压室温度控制是通过调节组合式空调箱表冷器进水温度来实现的，表冷器水温由合流三通比例开关阀控制；湿度控制是通过组合式空调箱预处理，辅助加湿设备精细调节的方式来实现的。送风压力控制是由送风变频器及回风阀联合控制来实现的。机内温湿度控制是由 A、B 级水冷水加热系统及气雾加湿系统来完成的。组合式空调箱合流三通调节示意图见图 3-29。

3. 照蛋落盘间环控需求

照蛋落盘间主要为人员活动区域，不涉及工艺性的温湿度需求，其主要控制参数为温度和通风量。照蛋落盘间控制参数见表 3-11。

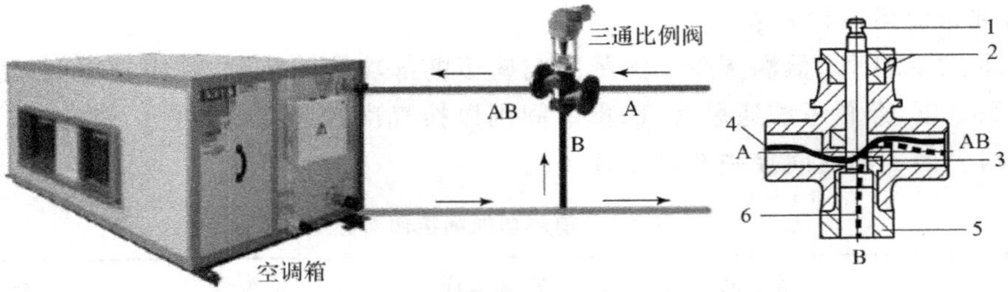

图 3-29　组合式空调箱合流三通调节示意图

1. 阀轴　2. 阀盖/压套　3. 阀芯　4. 控制通路 A-AB　5. 阀体　6. 旁通 B-AB(仅三通阀门)

表 3-11　照蛋落盘间控制参数

功能间	温度/℃	湿度	换气次数/(次/h)
照蛋落盘间	25～28	—	10～15

照蛋落盘间温度控制采用风机盘管加新风的送风形式。新风进风温度由组合式空调箱表冷器水通量控制，若送风无法满足厅内温度要求，则开启风机盘管，通过调节二通比例阀开度实现厅内二次控温。送排风机通风量根据房间换气次数要求选定，实际送风频率由工作人员根据现场情况及经验值进行设定，排风频率由厅内压力值调节。若照蛋采用红外照蛋设备，则需要对照蛋区域进行局部精准温控，以达到最优的照蛋效果。

4. 后部功能间环控需求

捡苗间、苗处理间及存苗间属于后部功能间范畴，该功能区温湿度环境应根据鸡苗舒适性要求确定，控制参数主要包括温度、湿度、排风压力、CO_2 浓度(表 3-12)。

表 3-12　照蛋落盘间控制参数

功能间	温度/℃	湿度/%RH	排风压力/Pa	CO_2 浓度/ppm
捡苗间	28～30	50～60	−3～0	2 500～3 000
苗处理间	28～30	50～60	−3～0	2 500～3 000
存苗间	28～30	50～60	−3～0	2 500～3 000

上述 3 种功能间温度控制都是采用风机盘管加新风的组合形式。新风温度由表冷器三通比例调节阀控制，厅内温度由风机盘管二通比例调节阀控制。厅内湿度调节由新风机加湿段及辅助加湿设备联合控制。厅内送风量由风机变频器调节，变频器调节依据为 CO_2 浓度反馈值，排风量由厅内的排风压力决定。

5. 附属功能间环控需求

存在环控需求的附属功能间主要有以下几种：周转车清洗间、周转车存放间、孵化车盘清洗间、孵化车盘存放间、出雏车盘清洗间、出雏车盘存放间、更衣室、淋浴室、办公室、餐厅等。上述功能间环控需求大致可以归为 4 类：第一类，周转车清洗间、孵化车盘清洗间及出雏车盘清洗间，由于上述 3 个房间以冲洗工艺为主，常年湿度很大，房间通风换气应该作为主要环控要素。第二类，周转车存放间、孵化车盘存放间及出雏车盘存放间，上述功能间用于存放冲洗后的设备，环境中湿度同样比较大，因此，通风是必要的控制参数。此外，冲洗后的器具需要烘干，因此，该类房间必须采用一定的烘干措施。第三类，更衣室、淋浴室、办公室，该类房间以满足人的舒适性为主，可以采用必要的温控措施。第四类，餐厅，该类功能间是一个比较特殊的环控区域，冷负荷很大而且有通风换气需求，该功能间温控以风机盘管为主，通过排风机排风和自然补风，在条件允许的情况下可考虑引入新风。

三、环境控制集成策略

1. 前部功能间集成控制策略(图 3-30)

蛋库及选蛋间可归入前部功能间控制系统，温度控制采用风机盘管＋新风系统，新风机仅承担新风负荷，室内负荷可由水系统风机盘管或氟系统风机盘管承担。湿度控制也分为2部分：送风湿度处理和厅内湿度处理。目前送风湿度处理方式主要有湿膜加湿、高压微雾加湿、高压喷雾加湿及气雾加湿等形式。厅内湿度控制主要通过辅助加湿设备实现，其中超声波加湿、高压微雾加湿及二流体加湿最为常见。厅内通风通过定时送排风形式实现，每个房间内设排风机，送排风管道均设置风阀驱动器，且两驱动器同开同关相互连锁，便于实现各功能间送排风独立控制，同时避免能量过度浪费。

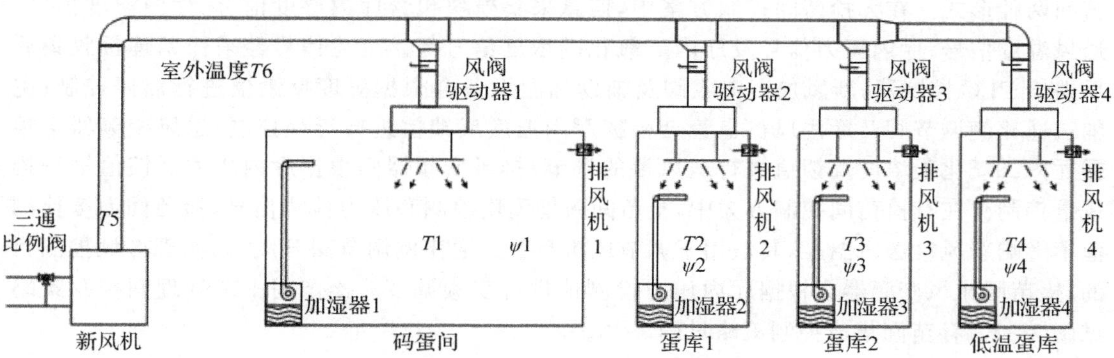

图 3-30 前部功能间集成控制策略

2. 主功能间集成控制策略(图 3-31)

主功能间控制系统针对孵化厅或出雏厅热湿环境控制提供了一套整体控制策略。功能间通过静压室正压送风＋废气区或绒毛间负压排风的形式，实现孵化或出雏器的正向通风换气。静压室压力由新风变频器及回风阀综合控制。废气区及绒毛间负压值由排风风机根据静压反馈值进行变频调节，实现风量匹配及压力梯级控制。系统设走廊风阀(或静压室泄压风阀)，根据静压室压力和走廊环境温度，凭经验值设定阀门开度，实现走廊温控及静压室泄压作用。此外，出雏厅绒毛间配备绒毛喷淋装置，对排风做净化处理，防止绒毛对环境造成破坏。静压室温度由主辅三通比例开关阀共同调节。主三通夏季通冷水，冬季通热水，辅三通全年通热水，主辅三通阀开度可通过 PLC 行程控制或模拟量控制来实现。制冷工况下，辅三通关闭，主三通根据静压室温度调节；制热工况下，辅三通 100％开启，主三通根据静压室温度调节；恒温模式下，主辅三通基于制冷模式交叉控制，且不同时开启，若系统温度低于设定值，此时主三通先向小运行；当主三通开度最小，仍无法满足温度要求时，辅三通向大调节。若系统温度高于设定值，此时辅三通先向小运行，当辅三通调至最小开度仍无法达到温度设定值时，主三通向大调节。考虑到系统运行的节能性，主辅三通必有一个处于 0％开度。主功能间湿度控制采用与前部功能间相同的策略，即采用新风机配合辅助加湿设备的形式来实现湿度调节。

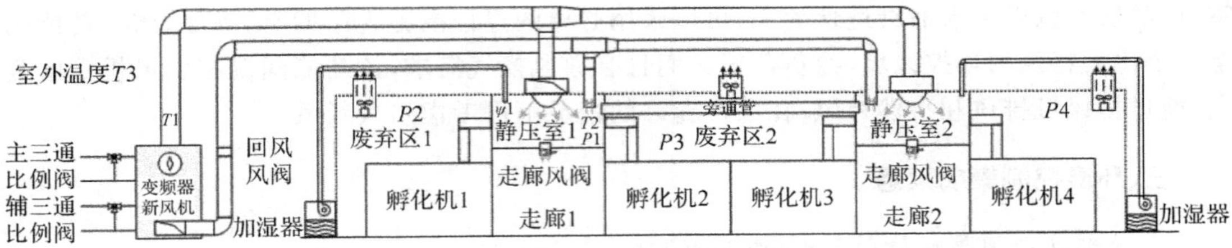

图 3-31　主功能间集成控制策略

3. 后部功能间集成控制策略

后部功能间集成控制策略是基于鸡苗舒适性要求来确定的。捡苗间、苗处理间及存苗间一般在标准孵化厅中会同时存在，由于后期鸡苗对新风量的要求较大，若采用一台新风机负责后部所有功能间的新风供应，会带来很多问题，系统的灵活性及稳定性也会受到一定的影响。捡苗间相较于苗处理间和存苗间，其对温湿度的控制要求相对较低，因此捡苗间可以作为附属环控功能间集成于后部控制系统中，后部控制形式就可以划分为有捡苗间或无捡苗间两种形式。在无捡苗间控制方案中，信息采集模块包含厅内湿度信号、厅内温度信号、送风温度信号、厅内压力信号及厅内二氧化碳浓度信号等。上述信号经采样调理板收集后反馈给 PLC 控制器，新风加湿电磁阀及辅助加湿设备会根据湿度反馈值进行启停控制；主辅三通比例调节阀及厅内风机盘管会根据厅内温度反馈值进行行程控制；送风变频器会根据厅内二氧化碳浓度反馈值进行送风量的调节；排风变频器则根据厅内压力反馈值进行排风量控制。在有捡苗间控制方案中，捡苗间新增温度检测和压力检测信号，捡苗间温度检测值不影响新风机送风温度，其值用于调节风机盘管二通比例调节阀开度，以实现区域控温目的；捡苗间排风变频器会根据厅内压力检测值进行变频调节。捡苗间＋苗处理间控制策略见图 3-32。存苗间集成控制策略见图 3-33。

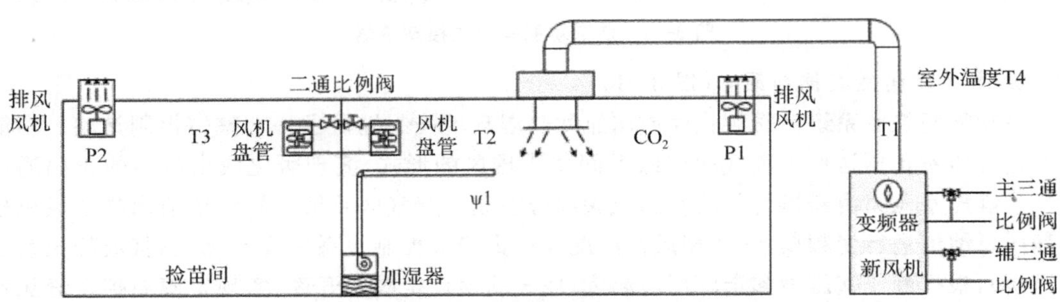

图 3-32　捡苗间＋苗处理间集成控制策略

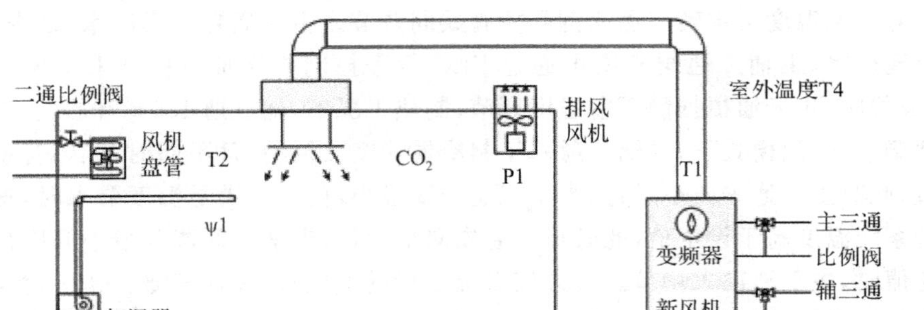

图 3-33　存苗间集成控制策略

第五节 孵化设备的能量回收系统

单阶段大箱体孵化设备具有整进整出、防疫性好、种蛋批次一致、温度场均匀、孵化效果好等诸多优点。但单阶段大箱体孵化设备最大的缺点就是能耗大，如果能像多阶段孵化设备一样将后期种蛋热量用于前期加热，则可以节省大量的能耗。

一、种蛋在孵化过程中的能量需求分析及系统基本设计目标

以鸡孵化为例，种蛋合计需要孵化 21 天，在孵化机需要 18 天，在出雏机需要 3 天。种蛋前期不产生自热，需要额外的热源以保证正常的孵化温度。随着种蛋发育的进行，胚胎逐步开始产生自热，并且在第 11～12 天时不再需要加热，转而需要水冷。对于大型的孵化场，一个孵化场内有多台孵化设备，不同孵化设备之中存在前、中、后期的种蛋，如果能把后期种蛋胚胎自热回收用于前期种蛋的加热，就可以节省大量的能量。以国产 60480 型孵化机为例，在第 1～21 天的整个孵化周期内，能量需求如图 3-34 所示。

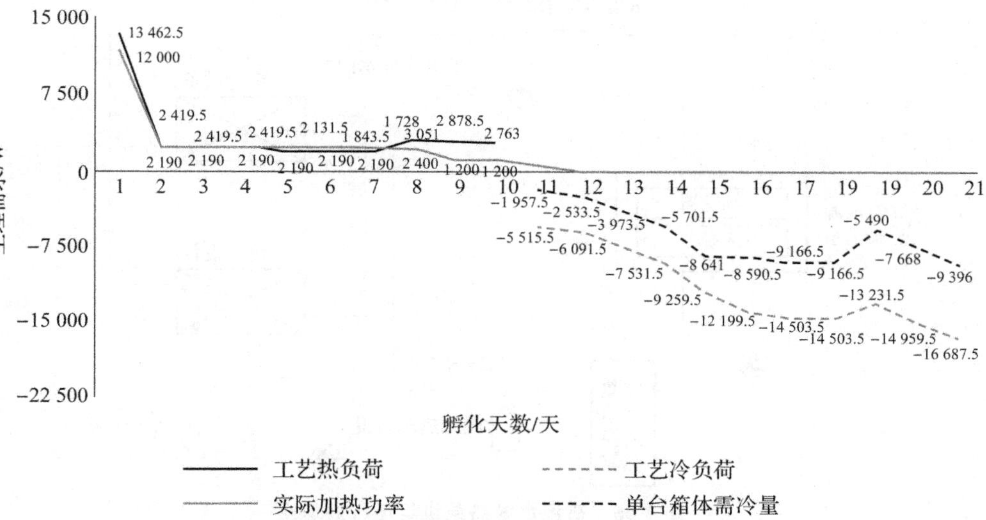

图 3-34 孵化周期能量需求图(以国产 60480 型孵化机为例)

图 3-34 中工艺冷负荷和工艺热负荷为计算所得需冷量和需热量。

①孵化前期计算的需热量与实际的需热量基本一致，高峰期出现在前 3 天，特别是刚入孵的第 1 天；

②孵化后期计算的需冷量与实际需冷量差异较大，主要是计算数据为孵化过程中蛋产生的全部自热，而实际过程中一部分自热通过孵化设备的通风带走，剩余的才是设备的实际需冷量。

通过图 3-34 可以计算出在整个孵化过程中(21 天)设备平均的热负荷(需热量)为3 kW；设备平均的冷负荷(需冷量)为 1.45 kW。其他类似的孵化机可参照图 3-34 做类比处理。

二、能量回收方式的确定

一般孵化设备要求种蛋孵化后期水冷温度为15～18 ℃，种蛋孵化前期水加热温度不低于50 ℃。即在孵化后期15 ℃的冷水通到孵化设备内部为其降温后，会将胚胎热量带回，变为18～20 ℃的温水。使用热泵机组对这些水进行处理，将水温重新降到15 ℃，再重新通入后期对孵化设备进行降温，并且把能量提取后转换为50 ℃以上的热水，为前期孵化设备进行加热。针对这种使用工况，一般使用水源热泵机组作为能量回收机组。

高温水源热泵机组，一般是用在水量比较丰富的地区，使用地下水或湖泊水作为冷源或热源进行制冷或制热的机组。例如，在青岛就有很多机组使用海水作为冷热源进行制冷或制热。高温水源热泵机组在制热工况下冷水出水温度为10 ℃，热水侧出水温度可达到55 ℃。冷水侧冷水可用于后期孵化设备的水冷，同时机组还可将冷水带回的孵化设备胚胎自热转换为55 ℃以上的热水，用于前期孵化设备的加热。

以大型孵化场为例，如果大箱体孵化设备组合使用，并采用胚胎自热回收系统，那么设备在制冷供给孵化设备的同时，也可以将蛋的胚胎自热回收后供给孵化设备用于加热。这样就可将电加热设备工作时间大幅度缩小，甚至设备仅需要在峰值热负荷启用电加热设备。高温水源热泵机组运行原理如图3-35所示。

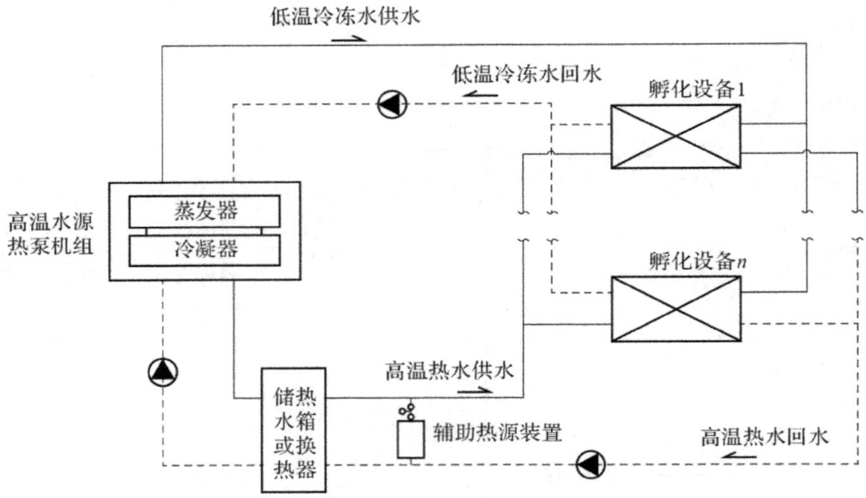

图3-35 高温水源热泵机组运行原理图

三、具体设计方案及应用

江西某孵化场安装了82台某国产品牌60480型孵化设备及配套的24台40320型出雏设备，为保证设备的节能，用户要求提供相应的能量回收系统。具体要求如下：

①设备综合使用能耗不得高于巷道式孵化设备能耗的10%（以此集团公司在河北的巷道式孵化设备耗电量作为比较基础）；

②使用此套设备后出雏率不低于现在的平均水平；

③系统自动化程度要高，必须为全自动控制。

(一)设备选型

此孵化场共有 60480 型孵化设备 82 台及配套的 24 台 40320 型出雏设备,全场最大水冷量为(82+24)×3 kW=318 kW,根据相关设计规范要留 10%的余量,最终选择一台制冷量 350 kW 的高温水源热泵机组。

为保证在刚入孵、无能量可回收时系统的正常运行,设计了辅助热源。辅助热源的选择必须根据孵化设备最大的工艺热水需求量来进行,主要是考虑当所有孵化设备都处于孵化前期、无能量可供回收时必须要保证设备正常使用。通过与工作人员的沟通和实际的孵化工艺了解到,当整个孵化场运行时最多有 32 台孵化设备处于孵化前期,根据计算可得孵化设备最大的工艺热水需求量为 130 kW。

为保证系统的可靠性,同时也设计了辅助冷源。此次方案中采用风冷热泵机组作为辅助冷源,当制冷量不足时,也可由孵化厅环控系统的制冷机组作为辅助冷源提供冷水。

(二)系统原理图

系统总体运行方案如下:

①水源热泵机组作为能量回收机组使用,以热水水箱作为主控点,当热水水箱温度达到设定值时机组停止,低于设定值时机组启动,控温精度±2 ℃。

②当冷水水箱温度长时间低于设定值时,意味着孵化设备水冷量小于加热量,即仅靠能量回收无法保证孵化设备的加热,此时开启辅助加热系统。开启何种加热系统由设置在锅炉热水管道内的温度探头决定。

③当冷水水箱温度长期高于设定值时,首先检测水源热泵机组是否运行。如果未运行,优先开启水源热泵机组;如果水源热泵机组已经在运行,则意味着水冷量不足,需要开启辅助制冷设备。使用辅助制冷设备时优先使用水冷螺杆机组,其次使用风冷热泵机组。

系统原理图见图 3-36。

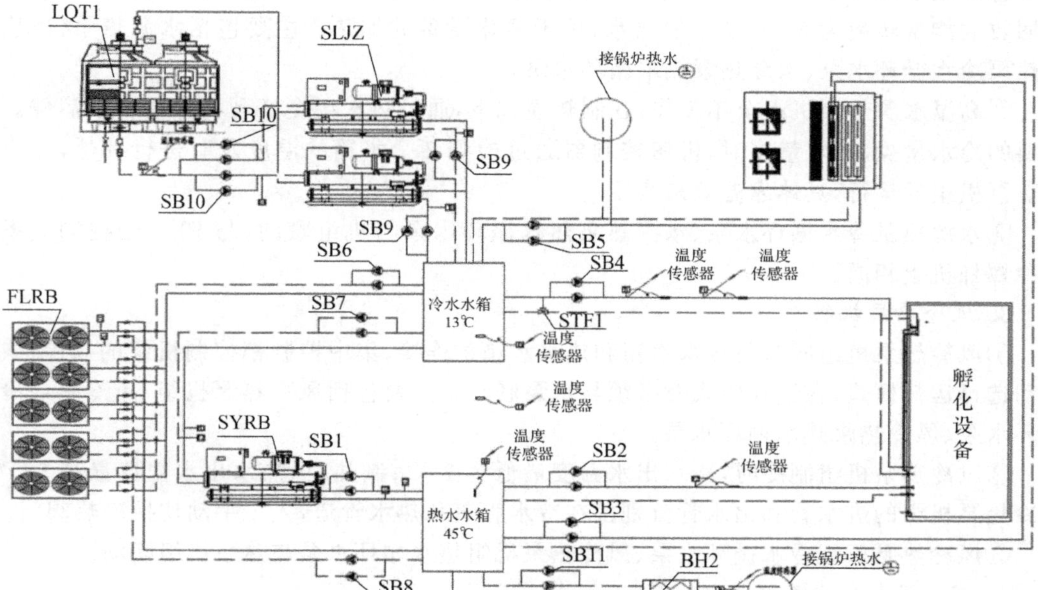

图 3-36 系统原理图

（三）总体方案

（1）能量回收系统的组成　包括41台设备，共13组、26台水泵，5个温度传感器，2个压力传感器，1个冷水三通比例调节阀，2个变频器。

（2）系统设自动控制和手动控制　自动控制状态下系统可根据工况自动运行，手动式可手动强制开和强制关。

（3）所有设备均由集中控制系统进行控制　水冷螺杆机组、风冷热泵机组、水源热泵机组启停的控制信号由集中控制系统提供。夏季制冷时，从节能的角度优先开启一台风冷热泵机组，如风冷热泵机组不能满足要求，再开水冷螺杆机组并关闭风冷热泵机组。

（四）各分系统方案

1. 水冷螺杆机组

①水冷螺杆机组的主要作用是夏季作为冷源产生冷水。

②水冷螺杆机组可视为2个子系统，每台都可独立开关，并需要与自己的4台水泵联动。但只要有一台机组运行，都要求冷却塔风扇开启，然后根据冷却水回水温度控制其间歇运行。

③2个循环水泵与机组信号联动，但需要集成到集中控制柜，也就是说2个水泵分为主辅泵，主辅泵之间硬件实现互锁运行。水泵有强制停、强制开和自动状态。强制开，则水泵直接开启，与机组无关。自动状态则需要机组将干触点信号串联至集中控制柜自动信号线路中。

④冷却塔风扇可以根据冷却水的水温进行间歇启停控制（使用水冷螺杆机组自带的控制系统进行控制）。

⑤集中控制通过通信方式能够控制机组的启停，查询机组的负荷级别。

2. 高温水源热泵机组

①高温水源热泵机组为整个系统的核心设备，主要作用是为孵化设备提供冷水的同时，将回收的能量转换为50～60 ℃的热水，用于孵化设备的加热。主要包括水源热泵机组、水源热泵冷水循环水泵、水源热泵热水循环水泵。

②高温水源热泵机组全年工作，在制热模式下，通过热水温度实现机组的自动启停。当需要的冷水量少、热水量多时，机房控制器通过检测2个水箱的温度及时进行补热，停止水源热泵机组的运行，具体靠温差来实现。

③水源热泵冷水循环水泵、水源热泵热水循环水泵与机组联动，与PLC的控制关系和水冷螺杆机组相同。

3. 风冷热泵机组

①风冷热泵机组同时与冷水水箱和热水水箱相连接，集中控制柜控制机组的启停，人工手动选择运行模式，在选择模式时必须与水泵联动。主要包括风冷热泵机组、风冷热泵冷水循环水泵、风冷热泵热水循环水泵。

②风冷热泵机组制冷时，冷水出水温度最低为7 ℃；制热时，热水出水温度最高55 ℃。风冷热泵机组的进水管和出水管分别接在冷水管道和热水管道，人工手动切换冷热阀门。

③风冷热泵机组冷水循环水泵、风冷热泵机组热水循环水泵与热泵机组联动。

4. 孵化设备冷水系统

孵化设备冷水系统包括2个控制：温度控制和压力控制。

①在水冷进水管上安装一个温度探头，在回水管道上安装一个三通比例调节阀，通过温度探头比较设定值和实测值来调节三通阀的开度，进而精确控制孵化冷水的供水温度。

②在水冷进水管上安装一个压力传感器，通过比较压力设定值和实测值，对孵化设备冷水循环水泵进行变频控制，进而控制压力。

5. 辅助加热系统

①冬季有锅炉热水，当水源热泵机组回收的热量不够时，开启辅助加热系统，将热水水箱温度稳定在设定值。主要设备包括高温板换和板换热水循环水泵。

②在板式换热器(板换)中，控制基准点为热水水箱的温度探头，如果热水箱需要板换进行控制，则根据趋势直接对水泵进行启停即可。板换热水侧有温度探头，用户触摸屏可以设定。

③板换热水循环水泵的启停由热水水箱温度控制。

④在过渡季节没有锅炉热水时，如果水源热泵机组回收的热量不够，开启风冷热泵机组进行制热，将热水水箱温度稳定在设定值。系统通过设在锅炉热水管道中的温度探头确定是否有锅炉热水。

(五)实际使用情况验证

在江西某孵化场，我们对孵化冷水和热水温度进行了连续监测，均符合孵化设备的最佳要求水温。具体数据如表 3-13 所示。

表 3-13 孵化设备冷热水供水温度 ℃

时间	实测冷水温度	最佳冷水温度	实测热水温度	最佳热水温度
7 月 18 日	16.5	15～18	53.2	52～55
7 月 20 日	16.8	15～18	54.0	52～55
7 月 22 日	15.5	15～18	52.8	52～55
7 月 24 日	16.1	15～18	53.5	52～55
7 月 26 日	17.0	15～18	53.4	52～55
7 月 30 日	15.9	15～18	53.1	52～55

1. 孵化率验证

江西某孵化场，选取其中 10 批试验数据计算平均值并进行对比(表 3-14)，得出使用该系统的设备的入孵蛋孵化率和受精蛋孵化率均高于未使用该系统的设备，且鸡苗质量好。

表 3-14 孵化成绩对比表

	入孵蛋/只	受精率	出苗/只	入孵蛋孵化率	受精蛋孵化率
60480 型(使用能量回收系统)	604 800	92.79%	527 930	87.29%	94.20%
60480 型(未使用能量回收系统)	604 800	92.76%	527 325	87.19%	93.96%
差值		+0.03 个百分点		+0.10 个百分点	+0.24 个百分点

2. 节能效果验证

江西某孵化场正式投产后，我们从当年 9 月开始连续对整个孵化场的用电量进行了测量,并与使用巷道式孵化设备的河北和河南的2个孵化场进行了电费比较(因各地电费价格不一样,统一按河北某孵化场的0.5元/(kW·h)进行最终折算比较),具体比较结果如表3-15所示。

表3-15 母苗(蛋鸡)耗电量对比表

孵化场	机型	时间	总电费/元	当地实际电价/[元/(kW·h)]	母苗数/万只	母苗电费/(分/只)	比较标准电价	母苗电费(按标准电价计算)/(分/只)
江西某孵化场	大箱体	2015年3月	237 697	0.748	292	8.1	0.5	5.4
		2015年2月	191 123	0.748	159	12.0	0.5	8.0
		2015年1月	245 753	0.748	296	8.3	0.5	5.4
		2014年12月	252 577	0.748	207	12.2	0.5	8.1
		2014年11月	153 792	0.748	143	10.7	0.5	7.15
		2014年10月	162 190	0.748	106	15.3	0.5	10.2
		2014年9月	127 144	0.748	132	9.6	0.5	6.4
		以上日期平均	1 370 276	0.748	1 335	10.3	0.5	6.8
河北某孵场	巷道式	全年平均	—	0.5	—	6.5	0.5	6.5
河南某孵场	巷道式	全年平均	—	0.58	—	7.6	0.5	6.55

第六节 孵化场其余配套系统

一、孵化车间供水系统

1. 低压供水

孵化车间低压供水主要分为生活用水与生产用水。生活用水点主要布置在办公室、卫生间与淋浴间;生产用水点布置比较广泛,可以布置在除配电间、蛋库、孵化厅外各个角落,以方便使用为主。低压供水压力一般不低于0.2 MPa,管径不低于DN15。

低压供水的水质要符合生活及生产要求,城镇给水管道严禁与自备水源供水管道直接连接。生产用水在使用地下水与河水、沿海水时,须经沉淀及过滤处理,避免长时间使用腐蚀设备。厅外埋地给水管道的管材,应具有防腐蚀和能承受相应地面荷载的能力,可以采用塑料给水管、有衬里的铸铁给水管、经可靠防腐处理的钢管。厅内给水管应采用耐腐蚀和安装连接方便、可靠的管材,如塑料给水管、金属管等。

厅外低压供水管道当采用地埋时,覆土深度要根据土壤冻土层深度、车辆载荷、管道材质等因素确定，行车道下的管线覆土深度不宜小于 0.7 m。厅内给水管道冷热水管上下平行敷设时，冷水管要在热水管的下方，厅内给水管道不应穿越配电室、电梯房等遇水会损坏设备引发事故的房间。厅内给水管道的阀门要设在便于检修和生产操作的位置。当给水管道结露会影响环境，引起装饰、物品受损坏时，给水管道应做防结露处理。敷设在可能结冻的房间、管沟处的水管应做防冻处理。

2. 高压供水

孵化车间高压供水可以分为高压冲洗供水与高压喷雾加湿供水。高压冲洗供水用于孵化车间与孵化设备冲洗及消毒，高压喷雾加湿供水用于孵化设备加湿、长期存蛋低温蛋库加湿、高海拔地区整厅加湿。高压供水使用快捷简单，代替了原孵化车间的移动清洗机。移动清洗机在使用的过程中会受电源限制、压力限制等，使用不方便，容易发生安全事故。在设计方案里考虑了高压冲洗用水点的位置及数量，可以解决以上不足。在实际使用过程中，出水压力高，可以根据末端冲洗数量变频调节流量，即插即用，更加灵活，安全可靠。

高压冲洗系统如图 3-37 所示。高压冲洗系统设计压力 30～100 kg，流量 4～10 m^3/h，控制柜可以根据管道压力变化调整水泵运行频率。在孵化车间中，消毒会用到高压水，此套系统与高压气配合，可以方便车间消毒使用。

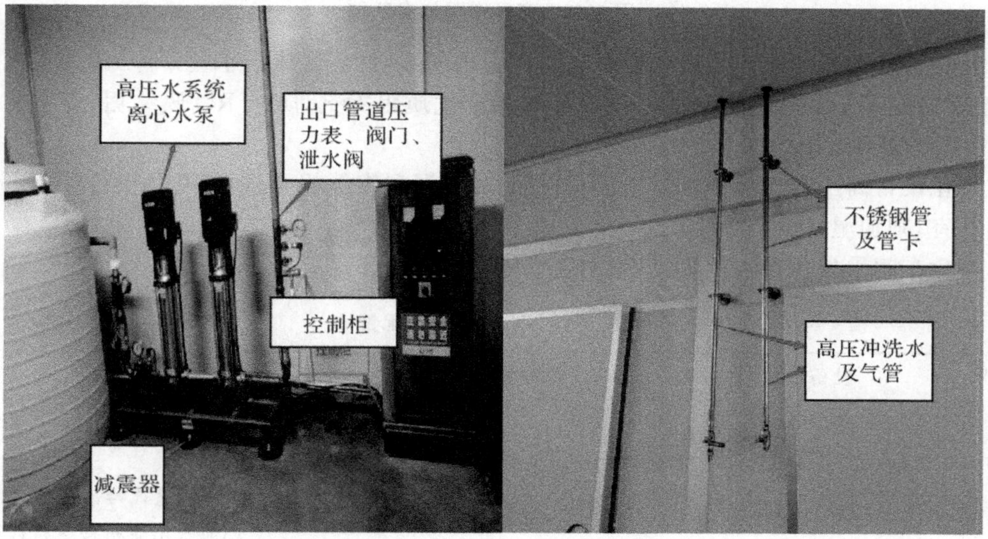

图 3-37 高压冲洗系统

3. 高压微雾加湿系统

高压微雾加湿系统(图 3-38)应用于巷道式孵化设备、环流式出雏设备及大箱体孵化设备与出雏设备，加湿采用微雾加湿方式。小箱体孵化设备的加湿采用水盘加湿。喷雾加湿使用的喷头一端接高压水，一端接高压气，对水质要求高，水中不能含有杂质，否则容易堵塞喷头，时间久后喷嘴有杂质，雾化效果变差，需要定期清理，费工费事，还增加了喷头等元器件的损坏概率，因此微雾加湿必须使用纯净水。在高原及湿度低的地区，高压微雾加湿还可以应用在车间空调系统，由于空调系统为全新风系统，加湿量大，普通加湿难以满足加湿要求，但是高压微雾加湿雾化效果好，加湿量较大，可以满足空调系统的使用。

纯净水的制取方式有电渗析法、离子交换法、反渗透(RO)、蒸馏法及其他的加工方法。其中,孵化车间常用 RO 方法,它的制水系统主要由预处理、RO 装置、控制系统 3 部分组成。制取流程如下:

自来水⟶原水箱⟶原水泵⟶多介质过滤器⟶活性炭过滤器⟶阻垢剂添加装置⟶保安过滤器⟶高压泵⟶RO 装置⟶纯水箱。

图 3-38 高压微雾加湿系统

该设备的过滤器滤芯经过一段时间运行后出现污堵,会导致出水量下降,因此应及时更换,正常情况下 1 个月更换 1 次。该设备添加了优质阻垢剂,防止 RO 膜结垢,正常用量为 5 g/t,每年需要定期添加。

孵化设备高压微雾加湿水量与设备机型、环境温湿度等相关,如果孵化设备所处环境温湿度适宜,则加湿量少。

孵化车间水处理系统配置见表 3-16。

表 3-16 水处理系统配置

序号	设备数量/台	纯净水出水量/(t/h)	备注
1	50	0.50	1 台巷道式孵化机和 1 台环流式出雏机按 2 台计算
2	75	0.75	
3	100	1.00	
4	150	1.50	
5	200	2.00	

二、孵化车间排水系统

孵化车间排水方向为从净区排到污区(码蛋—孵化厅—照蛋落盘间—出雏间—捡苗间—鸡苗处理间—存苗间),其他功能间根据实际图纸布置。蛋库、走廊、洗衣间、洗手间、厕所可找合适地方做地漏。排水沟可以分为排水明沟、暗沟+盖板、窄缝不锈钢排水槽。孵化车间前部功能间、孵化厅的排水量不多,排水沟可以相对后部功能间小一些。巷道式孵化厅排水沟可以在进出口走廊做地漏或者沿墙做暗沟+盖板,出雏厅、绒毛间、冲洗间及后部功能间冲洗量大、杂物多，可以用明沟，沿墙布置即可。放置清洗机的房间排水可以单独布置，清洗机的下面有收集水池，用盖板遮住水池，这种方式可以尽量多收集废水。照蛋落盘间为净区、污区分隔间。

排水沟宽度：

①照蛋间及前序房间如做排水明沟，建议宽度为 15 cm；

②照蛋间后续房间做排水明沟，建议宽度为 20 cm；

③所有冲洗间排水明沟宽度为 20 cm；

④出雏厅后侧的绒毛间排水沟宽度为 25 cm。

所有排水明沟过门的地方建议上侧做成实的，下侧埋管，方便推车。排水沟坡度建议至少 3‰。

排水槽的演变见图 3-39。

图 3-39 排水槽的演变

孵化车间排水明沟容易滋生细菌，车间空气洁净度差，蛋车在通过盖板的过程中对蛋车轮有损害，特别是孵化厅与出雏厅，防疫要求高，蛋车又经常走动，因此演变出窄缝不锈钢排水槽（图 3-40）。窄缝不锈钢排水槽不超出 20 m 设置一个沉淀井，一个沉淀井同时最多可连接 4 条排水槽。主下水管与沉淀井连接宜采用 ϕ110 PVC 排水管，埋置深度≥500 mm。不锈钢水槽宜采用 304 不锈钢材料，厚度 2.0 mm，水沟自带坡度，现场安装可以调节。

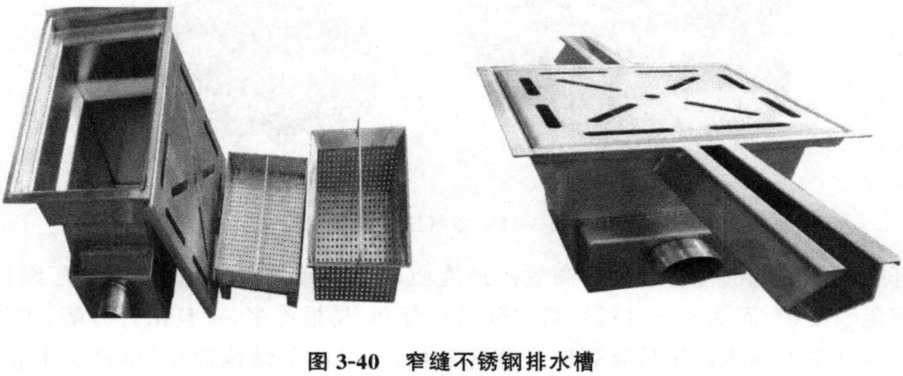

图 3-40 窄缝不锈钢排水槽

在安装过程中，不锈钢排水槽和沉淀井安装面板比相邻地面低 15 mm 为宜，施工时其坡度要坡向不锈钢排水槽。不锈钢排水槽及沉淀井安装完成后，在进行地面施工前应再次确认排水沟及沉淀井的安装位置、高度、水平等情况。

不锈钢排水槽地面混凝土施工时，应在排水槽两侧同时浇筑，避免排水槽单侧浇筑使不锈钢排水槽变形或偏离。同时，注意防止混凝土落入排水槽内。若不慎有混凝土落入，应尽快清理。混凝土在抹平时注意避免盖住排水槽、沉淀井的边沿。

为了防止丢失或损坏，宜先将沉淀池滤网、盖板收起并做好沉淀池的安全防护，待施工结束后再将沉淀池内的附件和盖板一次性安装到位。

不锈钢排水槽安装完毕后，在投入使用前，各施工班组应防止细小杂物落入排水槽而堵塞下水管道，要定期进行检查与清理，加强员工的成品保护意识，对已完工成品加强看护管理。

不锈钢排水槽投入使用一段时间后，为了防止细小杂物堵塞下水管道，要定期进行检查与清理。清理时可以从沉淀井一端将铁丝球或拖布放入水槽内，往一个方向拖动，再用高压水枪清理，可以彻底清扫杂物。

建议孵化厅、出雏厅、照蛋间采用窄缝不锈钢排水槽。

三、孵化车间气动系统

气动系统主要用于孵化设备翻蛋、自动化用气、高压气体吹扫、车间消毒等，由空气压缩设备、储气罐、压缩空气管道等组成。空气压缩设备放置在孵化车间水汽源间内，水汽源间通风要良好。空气压缩设备最好靠近外墙布置，非工作时间水汽源间温度不得低于 5 ℃，螺杆空气压缩机使用环境温度不应大于 40 ℃。

空气压缩设备（图 3-41）主要有活塞空气压缩机与螺杆空气压缩机。相对于传统的活塞空气压缩机，螺杆空气压缩机有着低噪声、节能、耐用等特点，深受业内青睐，尤其是在规模较大的孵化车间，一般都是采用螺杆空气压缩机。孵化车间可以根据用气量选择不同的空气压缩机，空气压缩机要一备一用，出气压力不低于 0.8 MPa。

图 3-41 空气压缩设备

螺杆空气压缩机的传动系统以高效的速度驱动压缩组件，使得螺杆空气压缩机在正常操作期间免于维护，而活塞空气压缩机内部结构复杂，易损件多，一旦出现故障，工作耽误时间较长。螺杆空气压缩机还具有智能人性化操作，它的内部结构简单，维修成本相对低，节能效果显著。

空气压缩机的吸气系统应设置空气过滤器,出气系统设置干燥器,每个空气压缩机最好不共用干燥机。

储气罐上必须装设安全阀,安全阀及储气罐要符合国家现行的压力容器安全技术监察规程的有关规定,储气罐与供气总管之间应装切断阀。

第四章

孵化场自动化装备与智能物流系统

●导读

本章通过鸡种蛋在孵化场内的流转过程，详细阐述了孵化场内 3 条自动化生产线和 4 个仓储物流系统的构成及工作原理，便于管理人员对孵化场生产和物流系统有清晰的了解。

第一节 孵化场自动化装备与智能物流系统概述

孵化场采用孵化 4.0 设计理念，提升了孵化场的自动化水平。孵化场物流系统（图 4-1）是孵化生产的重要环节，可分为 3 条自动化流水线和 4 个仓储物流系统（孵化设备、出雏设备分别包含在孵化盘仓储物流系统和出雏盘仓储物流系统中），下面分别论述 7 个单元。

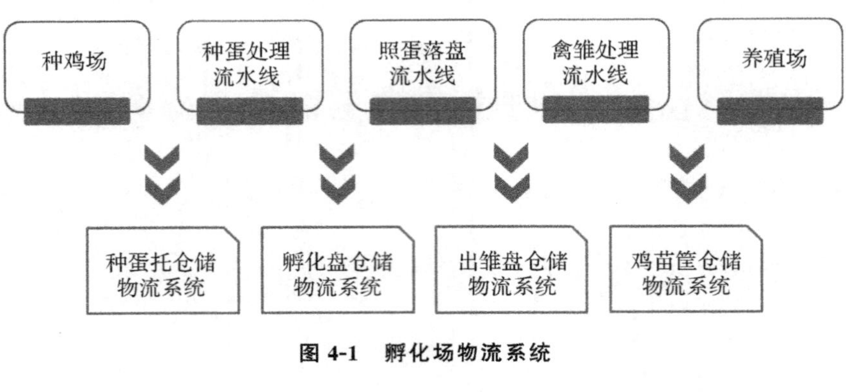

图 4-1 孵化场物流系统

一、种蛋托仓储物流系统

种蛋托从种鸡场来，回种鸡场去。种蛋装在 30 枚塑料蛋托上，叠放于叉车塑料托盘，种蛋运输车上可设自动输送系统。在孵化场的工作流程是：

①种蛋运输车到达孵化场，将装载种蛋的叉车塑料托盘输送到种蛋仓储区域。

②种蛋处理流水线开始工作时，供给拆垛设备 30 枚塑料蛋托。

③种蛋托上种蛋被卸载后，空蛋托经清洗、吹干、码垛，到空蛋托自动仓储区域。

④空的叉车塑料托盘以及空蛋托和空载的种蛋运输车对接，回到种鸡场。

二、种蛋处理流水线

种蛋处理流水线如图 4-2 所示：

①种蛋处理流水线首尾分别和种蛋托仓储物流系统以及孵化盘仓储物流系统连接，接口部分在 2 个物流系统中论述。

②种蛋处理流水线的具体构成在本书其他章节会有论述，此处略过。

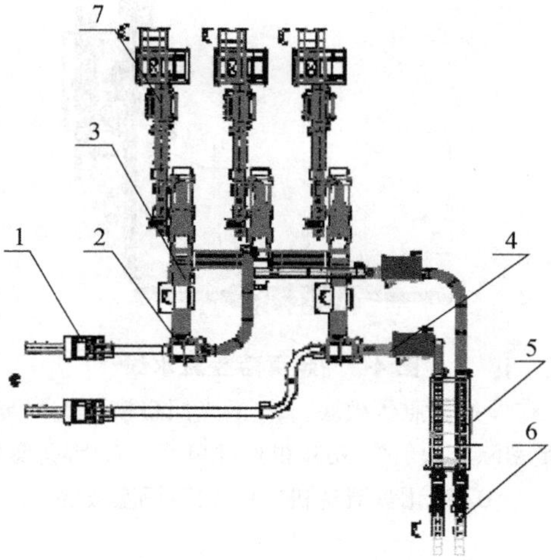

图 4-2　种蛋处理流水线

1. 种蛋托自动拆垛设备　2. 自动摆臂上蛋设备　3. 种蛋分级码盘设备(2 拖 3)　4. 空蛋托输送系统　5. 空蛋托双通道清洗机　6. 空蛋托自动码垛机　7. 孵化盘自动上车系统

三、孵化盘仓储物流系统

孵化盘仓储物流系统包含孵化盘的物流和孵化车的物流，在孵化厅内形成闭环系统。

①在种蛋处理流水线的末端(孵化盘自动上车设备)，使用叉车式 AGV 将孵化车运输到熏蒸设备。

②熏蒸结束后，AGV 叉车将孵化车运输到蛋库。

③入孵时，AGV 通过自动生成的调度信息从蛋库运送孵化车到孵化机。信息化系统读取 AGV 的位置信息，给孵化机门发开关信号。

④孵化 18 天后，AGV 运送孵化车到孵化盘移载机，进行照蛋落盘工作。

⑤孵化盘被移载后，AGV运送孵化车到隧道式孵化车清洗机入口端，清洗后从出口端运送到仓储位置。当种蛋处理流水线末端需要时，孵化车被运送到孵化盘自动上车设备处，完成孵化车的闭环物流。

⑥孵化盘上的种蛋被照蛋落盘设备移载后，经清洗、消毒、吹干、码垛，到孵化盘仓储区域仓储。当种蛋处理设备需要时，种蛋被拆垛后输送到种蛋处理设备，完成孵化盘的闭环物流。

四、照蛋落盘流水线

照蛋落盘流水线的具体构成如图4-3所示，本章前文有详细论述，在此略过。

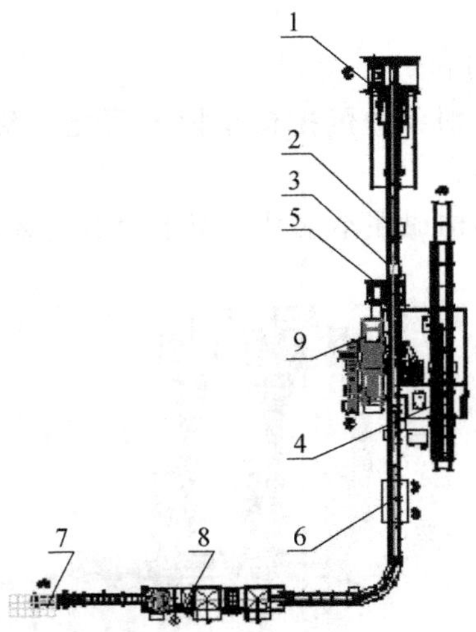

图4-3　照蛋落盘流水线

1. 孵化盘移载机　2. 红外相机照蛋模块　3. 激光照蛋模块　4. 机器人落盘拆码垛单元
5. 无精蛋剔除模块　6. 死胚蛋处理单元　7. 孵化盘码垛单元
8. 孵化盘清洗机　9. 白蛋码盘设备

五、出雏盘仓储物流系统

出雏盘仓储物流系统如图4-4所示。

①AGV叉车运送落盘流水线末端的出雏车到出雏机，信息化系统读取AGV的位置信息，给出雏机门发送开关信号。

②孵化到21天时，AGV运送出雏车到出雏盘拆垛设备拆垛出雏。出雏盘和出雏车分离后经清洗、消毒、吹干在码垛设备处再次汇合，由AGV运送至仓储区域，并供给照蛋落盘流水线使用，完成出雏盘的闭环物流。

六、禽雏处理流水线

禽雏处理流水线的具体构成如图4-5所示，本章前文有详细论述，在此略过。

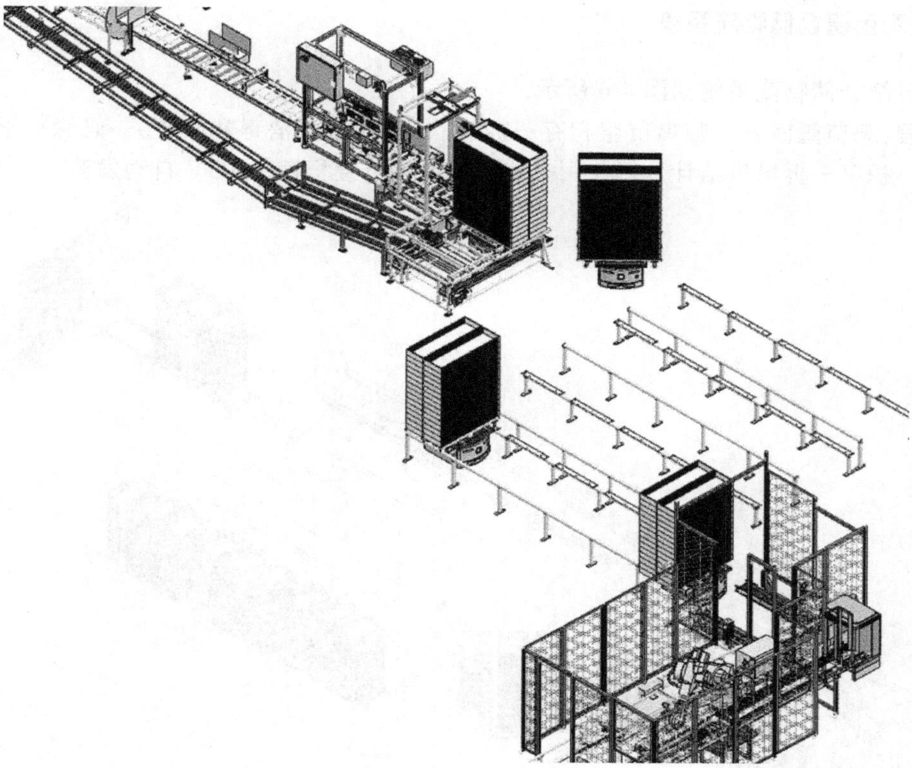

图 4-4 出雏盘仓储物流系统

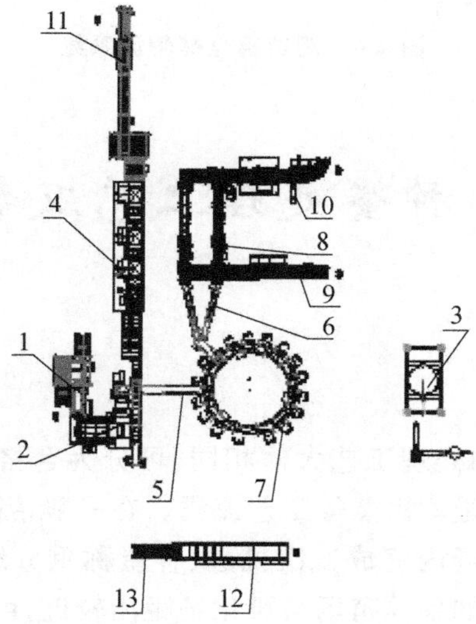

图 4-5 禽雏处理流水线

1. 出雏盘拆垛设备 2. 翻转倒空振动筛分离设备 3. 孵化废弃物处理系统 4. 隧道式出雏盘清洗机 5. 皮管输送机 480 cm×5 500 cm 6. 工序中转输送机 300 cm×3 800 cm 7. 16 工位免疫圆盘 8. 计数与包装单元 9. 鸡苗筐拆垛及输送单元 10. 鸡苗筐码垛及输送单元 11. 出雏盘码垛上车设备 12. 鸡苗筐清洗机 13. 清洗后的鸡苗筐码垛机

七、鸡苗筐仓储物流系统

鸡苗筐仓储物流系统如图 4-6 所示。

流程：鸡苗筐回收—脏鸡苗筐积存—拆垛—清洗(包含消毒和吹干)—码垛—干净鸡苗筐码垛—积存—拆垛供给计数器使用—装好苗的鸡苗筐积存—AGV 自动发苗。

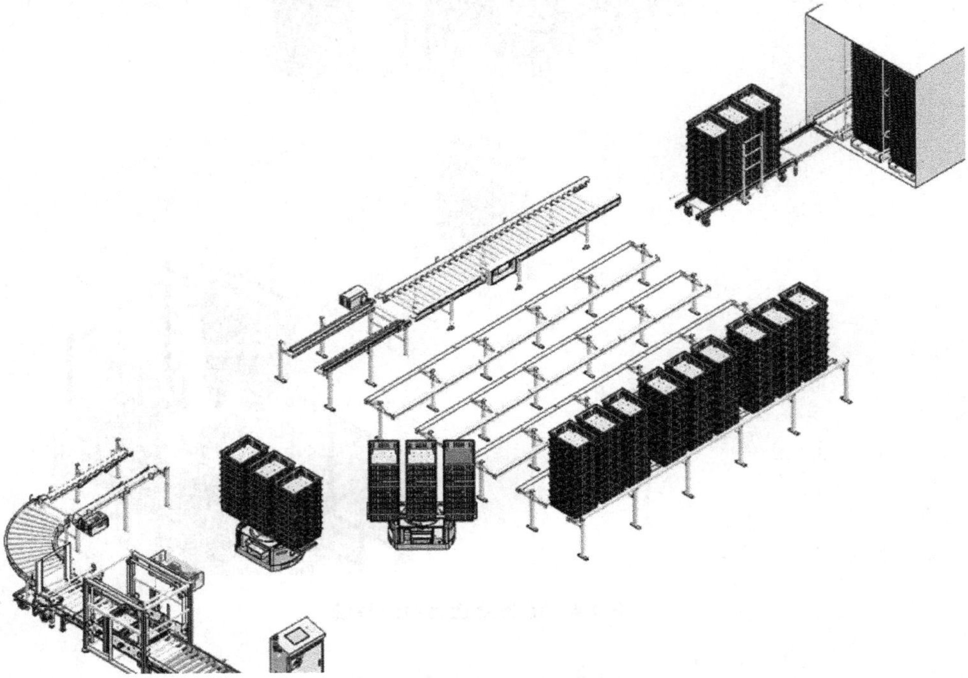

图 4-6 鸡苗筐仓储物流系统

第二节 种蛋处理工艺及智能装备

一、种蛋处理工艺

养殖场及孵化场对种蛋的处理工艺大体相同，可分为合格种蛋挑选、种蛋的称重分级、气室朝上码盘、种蛋上车以及蛋库熏蒸等工艺流程。在一般情况下，养殖场将挑选的合格种蛋码盘运输至孵化场，在孵化场内完成二次挑选、种蛋称重分级以及大小头调整码盘，然后装车熏蒸，最后在蛋库存储。如果养殖场与孵化场距离较近，可以使用孵化盘进行运输。

1. 合格种蛋挑选

禽蛋壳的绝大部分是由结晶化的碳酸钙所组成的，根据种蛋的蛋壳质量、外观形态等特征，可将不合格蛋分为以下几类：

(1)暗纹蛋　当鸡蛋在子宫部破裂就会出现暗纹蛋。兴奋型品系的鸡比迟钝型品系的鸡产出较多暗纹蛋。当鸡只不得不跳到或飞到很高的产蛋窝内或板网上时，暗纹蛋发生率较高。

(2)皱纹蛋　鸡群受到支气管炎的感染后，部分鸡的子宫受到破坏，会出现小概率的皱纹蛋。

(3)裂纹蛋　种蛋在收集、运输、搬运、码盘等过程中会出现裂纹，根据不同的裂纹程度可分为破裂和暗裂。

①破裂指的是鸡蛋外壳膜及内壳膜均有裂纹，在孵化过程中失水严重，无法完成孵化。

②暗裂指的是外壳膜有轻微裂纹但内壳膜仍完好无损，这类鸡蛋虽然外壳膜有缺陷，但内壳膜仍然可以起到一定的保护及防御的功能，孵化出的雏苗会较小，或称为弱雏。

(4)沙壳蛋　蛋壳表面不光滑且呈现类似沙网状结构的蛋壳形态的蛋统称为沙壳蛋，其孵化出的雏苗成为弱雏的可能性较大。

(5)薄壳蛋　蛋壳质量差，无法进行长距离运输，且难以进行孵化。

种蛋处理工艺的第一步就是要进行合格蛋的挑选，将以上不合格的种蛋全部挑出后才能进行下一步的种蛋处理。

2. 种蛋的称重分级

为了保证种蛋孵化出雏苗的均匀度及孵化工艺的一致性，对种蛋进行称重分级是重要的种蛋处理工艺。

一般来说，在其他条件均相同的情况下，较小的种蛋孵化出的雏苗较小，较大的种蛋孵化出的雏苗较大，因此将种蛋根据重量大小分为不同的等级将直接决定雏苗的大小及均匀性。

若想在雏鸡时期入孵较小种蛋却能达到相对较高的孵化率，并使饲养获得成功，必须严格做到以下几点：

①将较小的或体重在 25～35 g 的一日龄雏鸡挑出并与较大体重雏鸡分开饲养，以避免采食竞争中的差异。

②将刚出雏的较小雏鸡尽快安置好，因为它们的卵黄量较少，或者说它们的营养来源较少。出雏后，时间超过 1 天的运输将对雏鸡日后的生长性能产生重大影响。

③较小雏鸡最初更易受到应激，应为其提供较高的温度。最根本的是要对这些雏鸡进行精心的管理，这样可以确保鸡只的生长性能不会进一步受到环境因素的影响。

④若较小雏鸡采用的饲料蛋白含量高于市场上常用的育雏料，不同蛋重种蛋孵出的雏鸡的均匀度也将提高。

3. 气室朝上码盘

鸡蛋气室的作用主要有 2 个：一是在外界温度的影响下，当蛋液的体积增大时，蛋壳不会被胀破；二是在种蛋被孵化的时候，胚胎呼吸的空气就是气室里的空气，空气储存在气室里，供未出壳的小鸡呼吸。因此，种蛋在孵化盘中的气室方向将直接影响种蛋孵化率。实验表明，在孵化机中，提高种蛋气室朝上码盘的概率将直接提高种蛋孵化率。

对于鸡蛋气室的位置判断，一般有 3 种方法。

(1)形状　即气室大多分布在鸡蛋大头附近，通过肉眼分辨鸡蛋的大小头即可统一将鸡蛋的小头朝下码进孵化盘。但是，有些鸡蛋大头和小头区别并不明显，或气室分布在鸡蛋侧面，或气室直接在鸡蛋小头附近，因此，通过人工辨别鸡蛋大小头来提高气室朝上的方法其实并不是最佳方法。实验表明，人工码蛋的鸡蛋大头朝上的概率约为 97%。

(2)光检　找出鸡蛋气室位置的最准确的方法就是通过光照将整个鸡蛋照亮，然后检查气室的位置。此方法的优点是准确率高，但显而易见，缺点是效率低。

(3)综合鸡蛋的大小头形状及鸡蛋重心分布　即当鸡蛋沿长径方向自转时，由于大头和小头曲率的不同以及重心的偏移，鸡蛋肯定会沿着小头的方向进行横移。通过这个方法可以快速且准确地找到鸡蛋大头，通过提高鸡蛋大头朝上码盘的概率来提高气室朝上的概率。

4. 种蛋上车

孵化机进行种蛋孵化时是以孵化车为单位进行孵化的，种蛋被码进孵化盘后，需要将孵化盘装入孵化车中，根据不同的孵化机类型，孵化车的容量也不尽相同。

5. 蛋库熏蒸

孵化车被装满后，下一步将进行的处理就是进行种蛋熏蒸，而熏蒸的目的就是有效预防雏鸡在孵化阶段的细菌感染。种蛋在温度 24～25 ℃、相对湿度 50%～60%、良好的通风环境条件下熏蒸效果最佳，熏蒸时间为 20 min，排风 30 min 即可。

国内一般采用甲醛溶液和高锰酸钾混合后进行种蛋熏蒸，甲醛的用量按熏蒸室的体积计算，每立方米用 40% 甲醛溶液 30 mL、高锰酸钾 15 g。熏蒸时，室温最好控制在 24～27 ℃，相对湿度 75%～80%。

二、种蛋处理智能装备

在当今工业 4.0 的发展前景下，通过智能化的自动化设备，对种蛋处理各个阶段的工艺流程进行整合，实现种蛋自运输开始到进入孵化箱前的全流程智能化处理，更加先进的技术加上更加高效、轻柔的种蛋处理过程，逐步实现孵化 4.0 工程。

（一）种蛋处理智能装备模块组成

1. 种蛋托自动拆垛模块

种蛋运输车将种蛋运送至孵化场后，通过图 4-7 所示的种蛋托自动拆垛模块将 6 层种蛋小垛拆分为单层种蛋托。以市场上常见的 30 枚纸蛋托和塑料蛋托为例，相邻的 2 层种蛋托需要错开 90°，以此类推进行多层码垛。因此，每拆一层种蛋托，剩下的都需要旋转 90°。

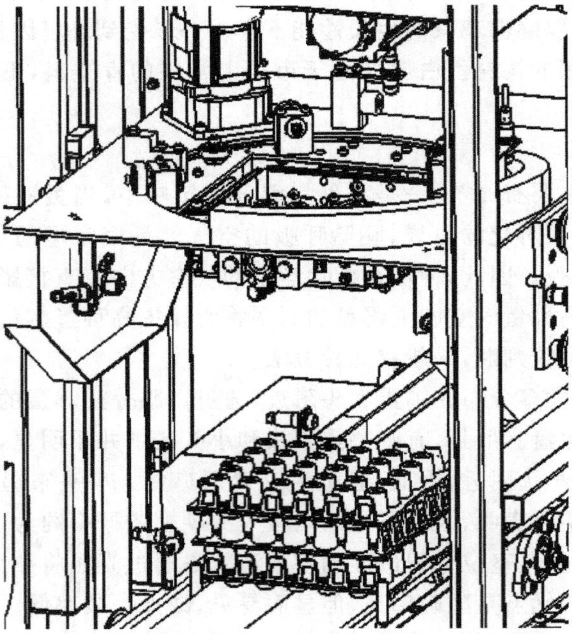

图 4-7　种蛋托自动拆垛模块示意图

基于以上拆垛方法，图 4-7 所示的种蛋托自动拆垛模块可以实现每层种蛋托均旋转 90°进行拆分，送出的种蛋托方向保持一致，便于后续统一处理。

2. 自动摆臂上蛋模块

若想将单层种蛋托内的种蛋快速转移至种蛋处理输送线上，自动摆臂上蛋设备将是最优的解决方案。图 4-8 所示为自动摆臂上蛋模块，根据不同的种蛋运输载体，通过不同数量的吸盘夹具可满足不同种蛋托的处理需求。整个过程流畅、快速、轻柔，使得种蛋以最快的速度进行后续的处理过程。

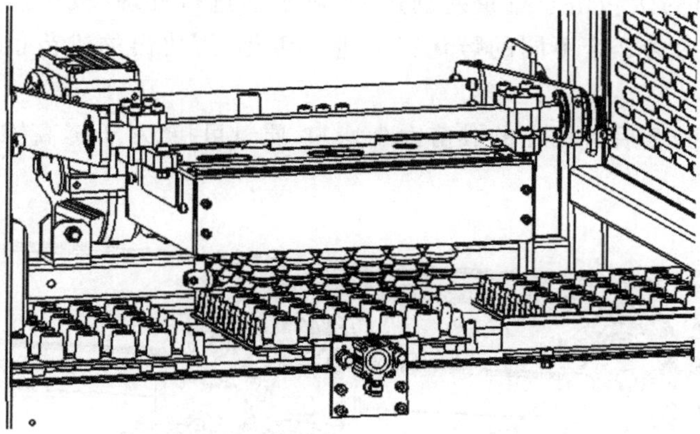

图 4-8 自动摆臂上蛋模块示意图

3. 合格蛋的挑选模块

若想在裂纹蛋挑选环节实现自动化，基于机器学习功能的图像处理技术将是一种有效的解决方案。

(1)暗纹蛋 经光照后，其内部的纹路变得清晰，肉眼可辨。

(2)皱纹蛋 不经过光照，可以直接进行识别挑选。

(3)裂纹蛋 经光照后，其裂纹的位置会变得比蛋壳其他位置更亮，识别更快、更准确。

(4)沙壳蛋 经光照后，其蛋壳外观的沙网状结构可以很快被识别并挑选出来。

(5)薄壳蛋 经光照后，其透光性更好，亮度比其他鸡蛋都要大，可以迅速识别并剔除。

因此，如图 4-9 所示的光检合格蛋挑选模块，提供一个光照自下而上能够穿透鸡蛋的暗室，内部搭配一面可以观察鸡蛋对向方向的镜子。随着鸡蛋在暗室内进行自转，人眼可以快速地对不合格蛋进行识别，剔除出来不合格的蛋放置于镜子上方的蛋盘架上等待回收。

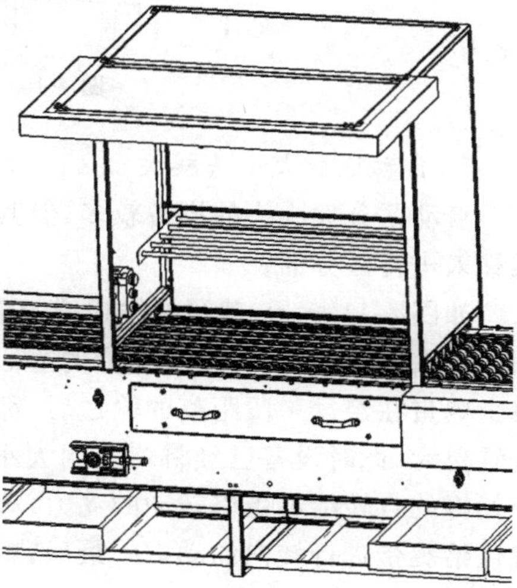

图 4-9 光检合格蛋挑选模块示意图

4. 种蛋称重分级模块

对于整个种蛋处理工艺流程，种蛋分级是最重要的处理环节之一。

如图 4-10 所示的种蛋称重分级模块，种蛋通过称重传感器来进行动态称重，称重后的种蛋根据不同的重量将被输送至不同的分级通道。称重传感器放置于种蛋输送线下方，种蛋在输送线上进行连续运动，当通过称重传感器时，传感器应变片承受种蛋自重，会发生一定的机械变形，这些形变转化为电信号进行分析，最终转化为鸡蛋的重量参数。当鸡蛋重量被测量出来后，通过不同的气缸动作将把鸡蛋运送至不同的通道。

根据当前的种蛋分级需求，一般将种蛋分为 4 个等级，即过小蛋、较小蛋、较大蛋及过大蛋。其中，过小蛋和过大蛋由于重量差别过大，可单独进行处理；较小蛋和较大蛋根据种蛋均重分布的不同可分为 2 个不同的孵化工艺进行孵化，孵化出的雏苗也将被分为较小雏和较大雏。

种蛋经过称重分级后孵化出的雏苗大小均匀，质量可控，对于提高雏苗市场竞争力有很大的帮助。

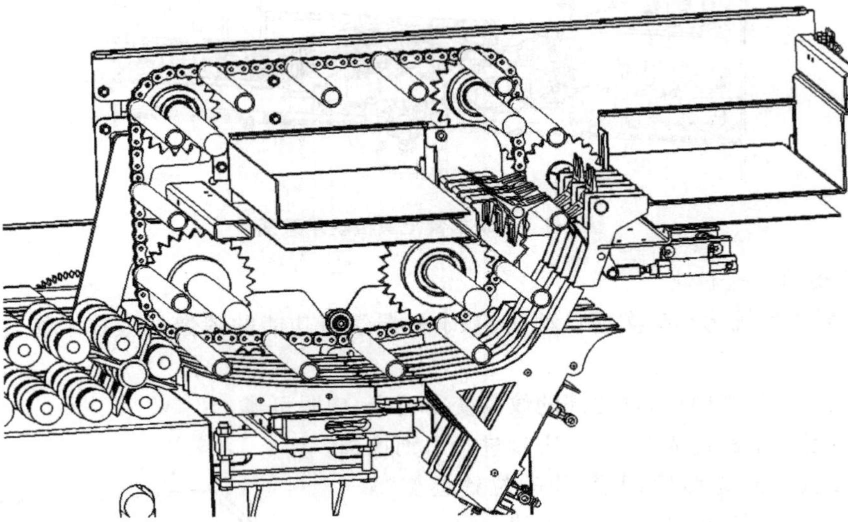

图 4-10　种蛋称重分级模块示意图

5. 自动区分大小头模块

自动区分大小头的设备较多，但其都是根据种蛋大头和小头的曲率不同以及种蛋重心偏移来进行区分的。

如图 4-11 所示，鸡蛋在输送线上前进时，托辊的自转将带动鸡蛋进行自转，由于鸡蛋大头和小头曲率的不同，以及鸡蛋的重心偏移，鸡蛋在自转的过程中将向小头方向进行平移，每个鸡蛋在经过一段距离的输送后，都将靠向每个托辊单元的一侧，并且鸡蛋小头都将伸出托辊单元，此时设备已经将鸡蛋的大小头分辨出来了。接下来，在鸡蛋经过拨片时，相邻两个托辊的自转给鸡蛋以转动的动力，鸡蛋小头位置碰到拨片后由于二者之间的摩擦力，同样提供给鸡蛋进行转向的动力。最后，鸡蛋在共同作用下转动 90°，掉落进蛋杯或蛋盘内，完成种蛋大小头的调整。

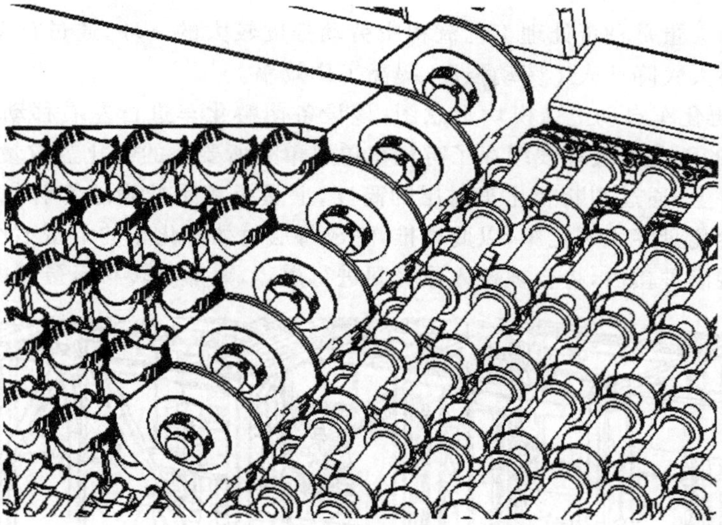

图 4-11 自动区分大小头(拨片类)模块示意图

6. 自动码盘模块

鸡蛋大小头进行调整后,接下来将进行种蛋的自动码盘。根据不同的码盘方式,可以在大小头调整时直接进行码盘,也可以通过种蛋杯作为中间媒介,将种蛋首先码进种蛋杯内,待种蛋集齐一定的数量单元后,通过自动摆臂吸盘将种蛋码进孵化盘。

图 4-12 为 42 枚吸盘自动码盘模块示意图,该模块采用种蛋杯作为中间媒介,每行处理 7 枚种蛋,待 6 行全部完成码蛋后,使用 42 枚换列吸盘将种蛋一次性移载至孵化盘内。该设备须同时搭配空孵化盘自动拆垛设备进行使用。

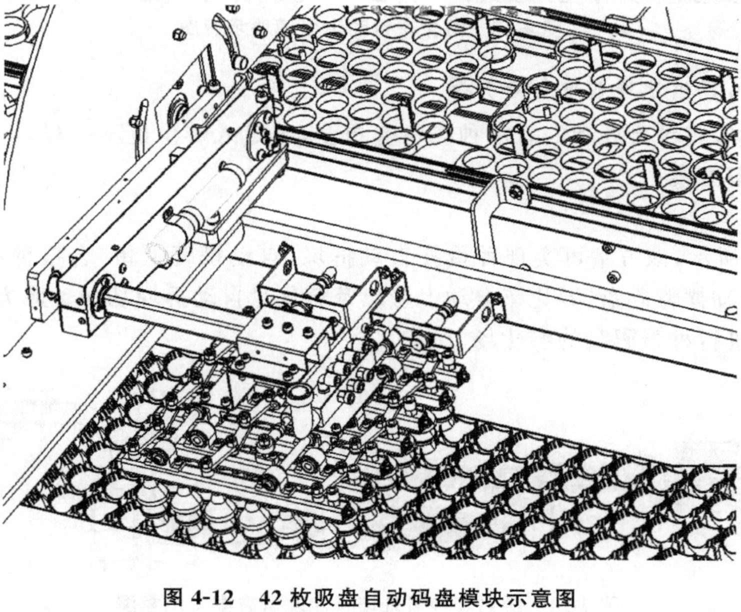

图 4-12 42 枚吸盘自动码盘模块示意图

7. 孵化车自动上蛋模块

孵化车自动上蛋是种蛋处理工艺流程中劳动强度较大的一环，通过自动化设备实现孵化盘自动上车将大大降低人工劳动强度，提高工作效率。

图 4-13 为孵化车自动上蛋模块示意图，该设备使孵化车进行左右移动，机械手进行上下移动，当前面的孵化盘缓存线缓存了孵化车单层单列所要求的孵化盘数量时，孵化盘被运送至上蛋机械手上，通过判断孵化车每层的高度，上蛋机械手准确地将孵化盘运送至该层，并通过皮带将孵化盘穿入孵化车，以此类推，完成每层每列孵化车的上蛋工作。

待孵化车装满种蛋后，将会被拉入熏蒸间进行熏蒸，熏蒸后转移至蛋库内进行储存。

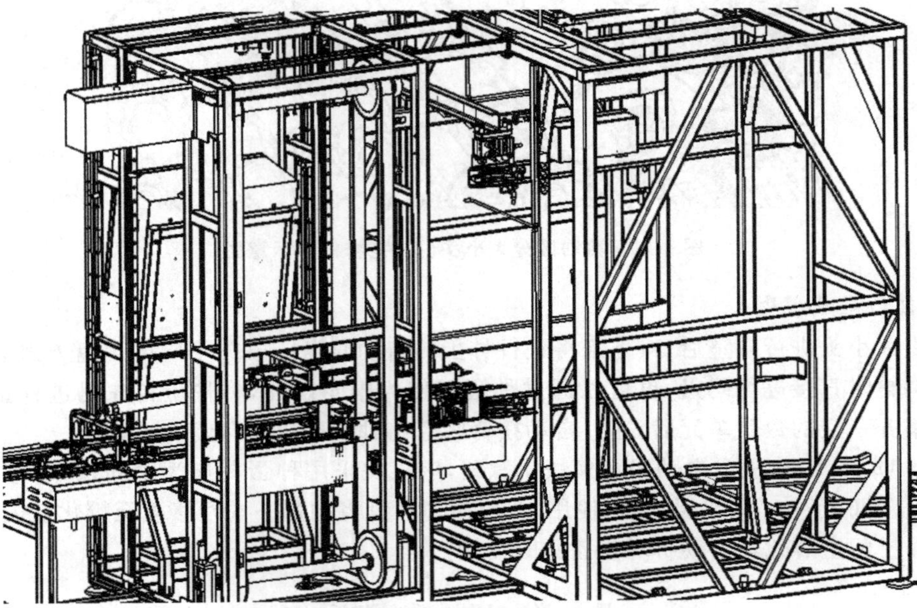

图 4-13　孵化车自动上蛋模块示意图

(二)孵化场种蛋处理智能装备方案

对于孵化场，其种蛋处理的需求种类将会更多，单日入孵量也不一样，因此可以有很多不同的智能装备方案。

1. 方案 1

如图 4-14 所示，该方案可实现种蛋托自动拆垛、自动摆臂上蛋、合格种蛋的光检、自动区分大小头、自动摆臂码盘、孵化车自动上蛋以及孵化盘自动拆垛功能。此方案应用于不进行称重分级仅进行种蛋码盘的孵化场。

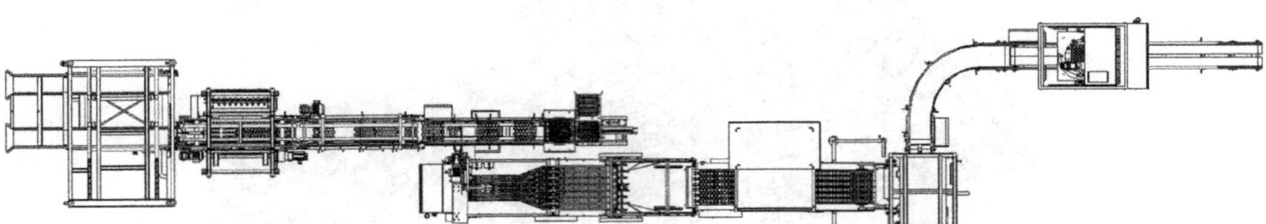

图 4-14　孵化场种蛋处理智能装备方案 1 示意图

2. 方案 2

如图 4-15 所示,该方案可实现种蛋托自动拆垛、自动摆臂上蛋、合格种蛋的光检、种蛋的称重分级、自动区分大小头、自动摆臂码盘、孵化车自动上蛋以及孵化盘自动拆垛功能。此方案称重后仅分为 2 级,一级为合格蛋,另外一级为不合格蛋,合格蛋的一级进行自动码盘,不合格蛋被输送至平台上后进行手动码盘。该方案可应用于日入孵量在 10 万～15 万枚的孵化场。

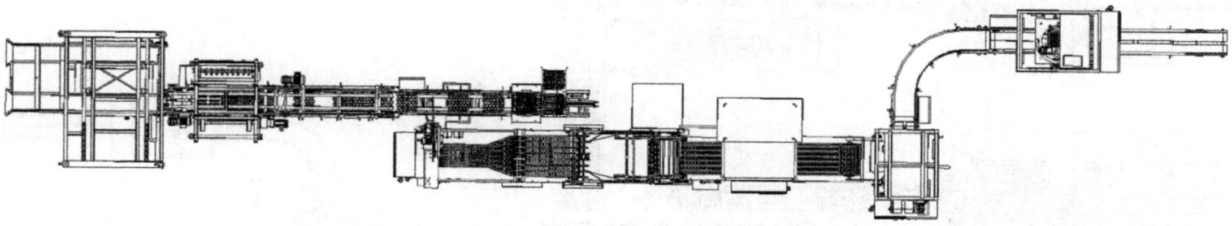

图 4-15　孵化场种蛋处理智能装备方案 2 示意图

3. 方案 3

如图 4-16 所示,该方案可实现种蛋托自动拆垛、自动摆臂上蛋、合格种蛋的光检、种蛋的称重分级、自动区分大小头、自动摆臂码盘、孵化车自动上蛋以及孵化盘自动拆垛功能。此方案称重后可分为 4 级,分别为过小蛋、过大蛋、较小蛋和较大蛋,其中较小蛋和较大蛋进行自动码盘,而过大蛋和过小蛋被输送至平台上后进行手动码盘。该方案可应用于日入孵量在 10 万～15 万枚的孵化场。

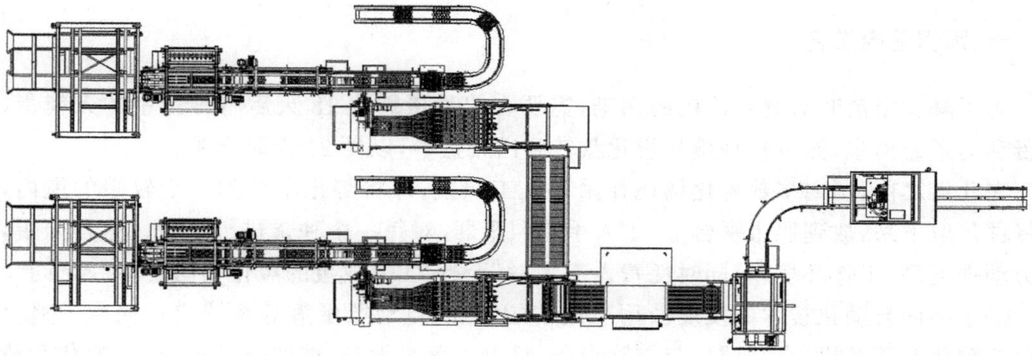

图 4-16　孵化场种蛋处理智能装备方案 3 示意图

4. 方案 4

如图 4-17 所示,该方案可实现种蛋托自动拆垛、自动摆臂上蛋、合格种蛋的光检、种蛋的称重分级、自动区分大小头、自动摆臂码盘、孵化车自动上蛋以及孵化盘自动拆垛功能。此方案称重后可分为 4 级,分别为过小蛋、过大蛋、较小蛋和较大蛋,其中较小蛋和较大蛋进行自动码盘,而过大蛋和过小蛋被输送至平台上后进行手动码盘。该方案可应用于日入孵量在 15 万～40 万枚的孵化场。

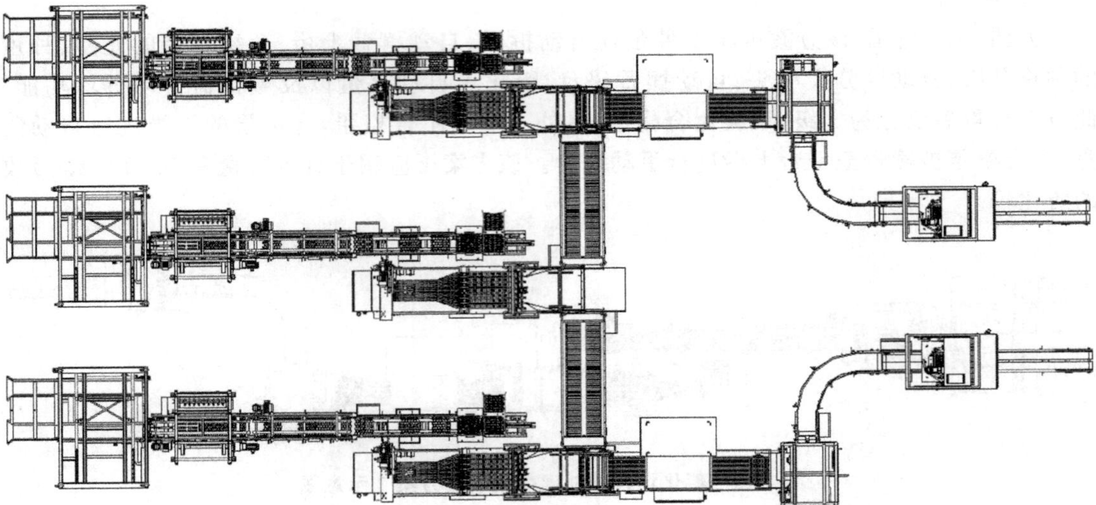

图 4-17　孵化场种蛋处理智能装备方案 4 示意图

第三节　照蛋落盘工艺及智能装备

一、照蛋落盘工艺

为了减少出苗时对鸡苗造成的污染，需要在鸡种蛋孵化 18 天后将种蛋中的无精蛋、死胚蛋和臭蛋挑出来，然后将种蛋从孵化盘转到出雏盘中，以便 21 天时出雏。

在几年之前，国内多数孵化场还在采用人工照蛋，即将孵化车拉到一个较暗的屋内，人工将种蛋取下来，放到照蛋平台上，工人手持照蛋器，对每一个种蛋进行照蛋。这样照蛋，工人劳动强度高，工作环境差，同时耗费人工多，每天孵 24 万枚蛋的孵化场需要 14 人照蛋。

基于国内自动化技术的发展及用工成本的增加，自动照蛋落盘系统应运而生。整个系统包括孵化盘移载机、自动照蛋与剔除设备、机器人落盘设备、遗留蛋处理设备、孵化盘清洗机及孵化盘码垛设备。该系统实现了自动识别活胚蛋、死胚蛋、无精蛋及臭蛋，并自动将种蛋分离，活胚蛋直接落盘。落盘后的空孵化盘经孵化盘清洗机清洗后自动码垛，落盘用的出雏盘自动拆垛，落盘后自动码垛，无须人工参与。整个系统只需 5 人就能代替 14 人工作，且工作强度低。

二、照蛋落盘智能装备

(一)孵化盘移载机

1. 孵化盘移载机的描述

孵化盘移载机是自动从固定的孵化车上铲取孵化盘输送到剪刀手输送线上的输送装

置，能够降低人工的劳动强度，提高劳动生产效率，用于自动照蛋与剔除设备前端处理。

孵化盘移载机由竖直提升机构、铲蛋机械手、剪刀手升降台、孵化车定位装置和电气控制系统等组成。

2. 孵化盘移载机的工作流程

孵化盘移载机实现了自动铲蛋过程，并将种蛋自动放到输送线上，输送到照蛋设备进行照蛋。工人只需要将孵化车拉到孵化盘移载机中，孵化盘移载机将对孵化车进行自动夹紧定位、调平，并使孵化车的其中一列对准升降铲蛋模块；竖直提升机构对孵化车横撑进行定位，以确定孵化车的位置，以此为基准，铲蛋机械手精准、轻柔地将种蛋铲出，保证种蛋无破损，对胚胎无影响；铲蛋机械手每次铲出 2 层(8 盘种蛋)，铲出后升降到与剪刀手升降台平齐的位置，然后将种蛋输送到剪刀手升降台上；剪刀手升降台再将种蛋输送到 2.4 m 积存输送线上，等待进入下一个设备——自动照蛋与剔除设备；当铲完孵化车的一列后，孵化车定位装置会推动孵化车自动换列，然后继续执行上述步骤。

3. 孵化盘移载机的特点

孵化盘移载机自动将孵化车上的种蛋铲下来放到输送线上，整个过程定位精准且模拟人工柔性铲蛋，保证种蛋无破损；大大降低工人的劳动强度，仅须工人将孵化车推入孵化盘移载机即可；大大提高工作效率，能实现铲蛋速度每小时 5 万～6 万枚。

(二)自动照蛋与剔除设备

1. 自动照蛋与剔除设备的描述

自动照蛋与剔除设备是最新推出的孵化厅自动化设备，能够实现自动照蛋并识别无精蛋、13 天前死胚蛋、活胚蛋。作为孵化厅自动化设备中的关键部分，该设备最高处理速度为 5 万枚/h，整机自动化程度高，能够大大降低人工的劳动强度，提高劳动生产效率。

自动照蛋与剔除设备由孵化盘输送流水线、激光照蛋模块、无精蛋死胚蛋剔除机械手、无精蛋死胚蛋输送平台、无精蛋死胚蛋收集平台、照蛋剔除模块控制柜及气路控制柜等组成。

2. 自动照蛋与剔除设备的工作流程

自动照蛋与剔除设备准备好，发出信号给前面孵化盘移载机，孵化盘移载机开始送盘并进入照蛋流水线。

孵化盘进入照蛋模块后，先被照蛋模块检测到，表明第一排孵化盘已经到达照蛋位置，激光开始动作，处理电路开始分析种蛋类型。

当有两盘照蛋结束后，照蛋模块会将信息传输到 PLC 和显示屏幕上，可以在显示屏幕上看到对应位置的种蛋类型。主页面状态见图 4-18。

需要注意的是，在每两盘孵化盘照蛋前，会有一个激光通道的自检，如果自检出错，屏幕上会显示激光模块报警。

当照蛋模块有 2 个孵化盘照完并输送过来，剔除机械手会根据照蛋结果将对应的蛋提取出来，并放到无精蛋死胚蛋输送线上；然后根据下一级设备的工作情况，判断是否将剔除后的 2 个孵化盘输送到下一级单元。如果通信检测发现信号，孵化盘可以放行到下一单元；否则，孵化盘暂停输送。

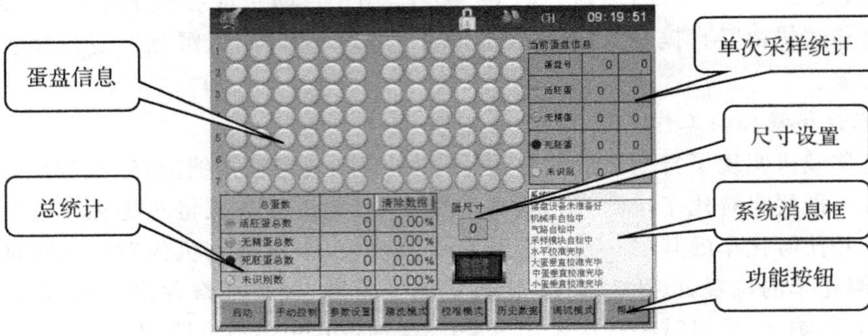

图 4-18 主页面状态

3. 自动照蛋与剔除设备的特点

自动照蛋与剔除设备采用激光技术实现自动识别活胚蛋、死胚蛋及无精蛋，并自动将死胚蛋和无精蛋剔除出来，将活胚留在孵化盘上，进入机器人落盘设备。该设备可以大量节省人工，降低管理成本，减轻工人的劳动强度。

(三)机器人落盘设备

1. 机器人落盘设备的描述

机器人落盘设备能够实现自动照蛋与剔除设备后的智能落盘，整机自动化程度高，最大处理能力为 5 万枚/h(针对 42 枚孵化盘)，大大降低工人的劳动强度，提高劳动生产效率。

本设备主要是配合自动照蛋与剔除设备而研发的落盘设备，每次可处理 4 个 42 枚孵化盘，将剔除后的活胚蛋吸起，然后放到出雏盘，并完成出雏盘的拆码垛，最后人工将码好的出雏盘推入出雏机。该设备正常运行只需 1 人就可以完成全部工作：前期将空出雏车推入到指定位置，待机器人完成种蛋落盘并码好出雏盘后，再将出雏车推走。

2. 机器人落盘设备的工作流程

开机状态，孵化盘阻挡气缸升起，固定孵化盘气缸松开，此时发送信号给前端设备，可以放行孵化盘。等到 4 个孵化盘到位，即前 4 个检测信号有，第 5 个检测信号没有，此时即判断孵化盘到位，固定孵化盘气缸夹紧，输送线停止运行；同时，发送信号给前端设备暂停放行孵化盘，以及发送信号给机器人，孵化盘到位。

机器人吸蛋完毕，上升到孵化盘上方时，发送信号告知控制系统，此时已将阻挡气缸和孵化盘固定气缸同时打开，输送线运行，孵化盘放行。等到孵化盘全部走完，阻挡气缸重新升起并发送信号告知前端设备，可以放行孵化盘，至此 1 个循环完成。

机器人吸蛋后运行到出雏车上方，抓取 1 个空出雏盘，同时将蛋放入出雏盘中，完成落盘，并将有种蛋的出雏盘码到出雏车上，然后机器人回到落盘输送线上方等待。出雏车流水线能够实现出雏车的自动换车，只需要人工提前将 1 辆载有 15 层空出雏盘的出雏车推入待定区域，等出雏车落盘完成，待定出雏车会自动替换，继续落盘工作，人工将落完盘的出雏车推离轨道即可。

3. 机器人落盘设备的操作界面

机器人落盘设备操作主界面如图 4-19 所示，由于蛋大小不同，机器人在取蛋时需要调节机械手的高度，大、中、小代表蛋的尺寸。例如大蛋，则选择“大”按钮。

参数设置按钮下的参数设置界面，只有遗留蛋处理的参数设置，一般情况无须设置此项。

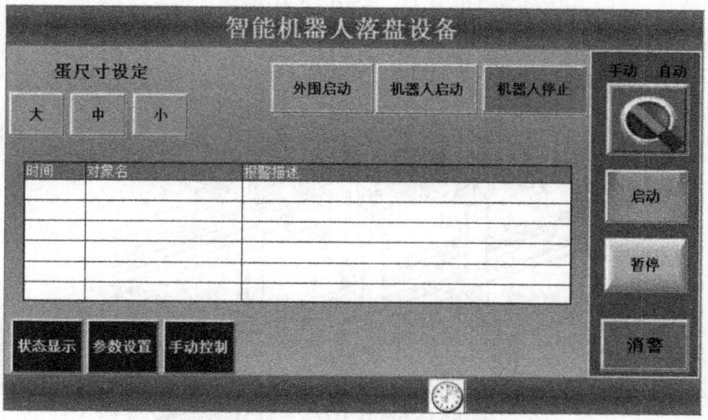

图 4-19 机器人落盘设备操作主界面

手动控制：通过相应的按钮可以控制相应的部件运动。按钮总体分为 4 部分："出雏车轨道""机器人夹具""蛋盘线""遗留蛋处理线"（图 4-20）。

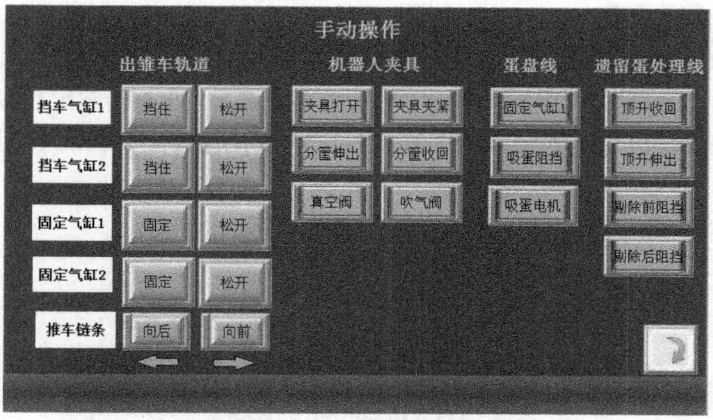

图 4-20 机器人落盘设备手动操作界面

4. 机器人落盘设备的特点

机器人落盘设备完成了出雏盘拆垛、活胚蛋落盘、出雏盘码垛 3 个功能，充分体现了机器人的强大功能；将机器人和设备充分融合，实现孵化盘和出雏车的自动流转功能；降低工人的劳动强度，减少种蛋的破损，对种蛋进行更好的保护。

（四）遗留蛋处理设备

有些臭蛋会粘到孵化盘上，这种臭蛋无法被吸起来，就会留在孵化盘上；而遗留蛋处理设备会把遗留有种蛋的孵化盘剔除出来，防止其进入后面的清洗机。图 4-21 为遗留蛋处理设备。

（五）孵化盘清洗机

孵化盘清洗机的功能是清洗落盘后的空孵化盘，通过高压喷头实现高速、干净的清洗效果。孵化盘清洗机有预洗、主洗和漂洗 3 级组成，循环用水，使孵化盘清洗干净的同时节约用水。

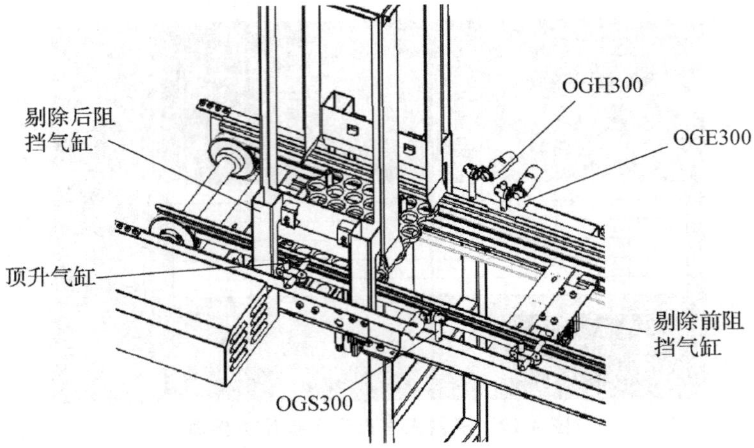

图 4-21 遗留蛋处理设备

（六）孵化盘码垛设备

1. 孵化盘码垛设备的描述

孵化盘码垛设备（图 4-22）是自动码垛孵化盘的设备，它的前端与孵化盘清洗机相连，每一次能够码放 28 层孵化盘，码完后由气缸将码好的孵化盘推出，再由人工将码好的孵化盘拿走。

理论上，该设备每小时最高可码放 1 200 个孵化盘。

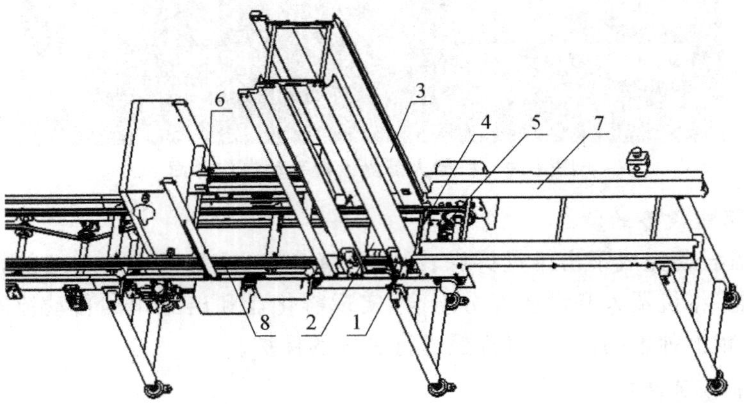

图 4-22 孵化盘码垛设备

1. 盘到位检测 2. 顶升组件 3. 码垛框架组件 4. 端部挡板 A
5. 端部挡板 B 6. 推盘组件 7. 积存架体 8. 输送线

2. 孵化盘码垛设备的特点

孵化盘码垛设备无须人工操作，工人无须与水接触，不伤手，可改善工作条件；无须占用 1 人实时码垛，只须每隔 30 min 左右到设备处，处理一下码好的孵化盘即可。

第四节　禽雏处理工艺及智能装备

近年来，随着国内劳动力成本不断提高，作为劳动密集型的禽类孵化养殖企业面临越来越大的人力成本压力和管理成本压力。由于孵化养殖企业中禽雏处理日常工作劳动强度较高和工作环境较差，一线操作工人流失的情况正逐步加重，同时，由于在企业并购及产业化大背景下的规模养殖产业不断扩容，集团式企业决策者希望用更多的自动化设备来替代人工操作对雏苗进行处理，以减轻企业的人力成本和管理成本压力，并提高企业的劳动效率，增加企业在行业内的核心竞争力，同时也是对企业品牌和声誉的提升。

目前在国内孵化行业中，比较有代表性的品种为白羽肉鸡、黄羽肉鸡、蛋鸡等品种，下文将以白羽肉鸡品种为例，阐述其所对应的禽雏处理工艺以及智能装备。

一、禽雏处理工艺

以平均日产能15万只以上白羽肉鸡鸡苗的中大型孵化场为例。

白羽肉鸡的禽雏处理工艺主要由雏苗处理，出雏盘处理，出雏车处理，毛蛋及蛋壳、绒毛等衍生品处理4个主要工艺流程组成。白羽肉鸡孵化总体方案如图4-23所示。

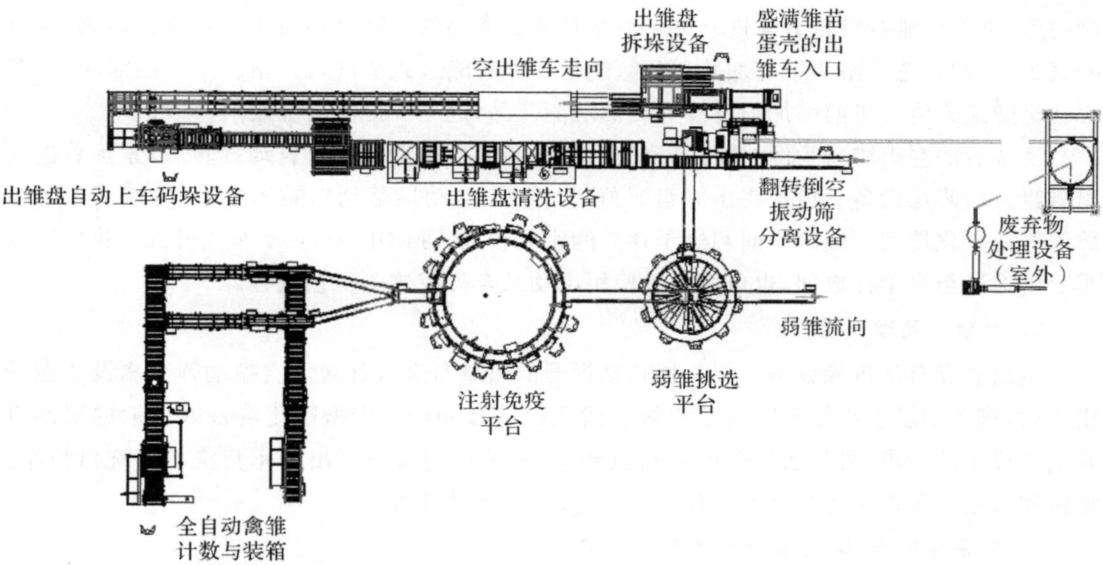

图4-23　白羽肉鸡孵化总体方案

1. 雏苗处理工艺

雏壳分离：在雏苗的生产过程中，从出雏机推出的出雏盘内除了有已经孵化出来的雏苗以外，还具有雏苗破壳孵化之后留下的蛋壳以及没有成功孵化的毛蛋，必须将出雏盘上的雏苗、毛蛋、蛋壳各自分离出来，以进行后续雏苗的运输、毛蛋以及蛋壳的集中处理等。

目前，雏苗生产厂家大都采用人工分离的方式对出雏盘上的雏苗、毛蛋、蛋壳进行分离，这种分离方式效率低，所需劳动力大。

结合孵化场禽雏处理工艺和自动化设备，盛有 1 日龄雏苗和蛋壳的出雏盘利用出雏盘自动拆垛设备将其一层一层自动拆开，拆开的出雏盘进入翻转倒空振动筛分离设备，实现雏苗与毛蛋、毛蛋与蛋壳的自动分离，同时也将较小碎蛋壳和较大蛋壳进行分离，使较小碎蛋壳跟随雏苗下落至振动筛面下方的雏苗运输线而进行后续的细致分离，而较大蛋壳跟随毛蛋留在振动筛面上，并通过振动作用运动至后续的分离机构进行再次分离。

雏苗与碎蛋壳细致分离后，由工序中的输送线源源不断地输送雏苗至下一工序，进行弱雏挑选，可配备圆盘式弱雏挑选平台，或者回转式直线弱雏输送平台，都可以满足该工序的使用要求。

挑选完弱雏的好苗，进入圆盘式注射免疫汇总平台，或回转式直线注射免疫平台，这两种平台都提供注射位，具备雏苗汇总的功能，均可以满足该工序的使用要求。

注射免疫后的雏苗经汇总单元输送至全自动禽雏计数装箱设备，设备由空雏苗筐自动拆垛、自动计数装箱、自动码垛 3 部分组成，目前国内外禽雏计数与装箱设备的计数精度平均为 3‰（每筐 100 只、连续 10 筐的雏苗，误差在±3 只）。

2. 出雏盘处理工艺

由出雏盘自动拆垛设备一层一层自动拆开的出雏盘进入翻转倒空振动筛分离设备翻转倒空后，空的出雏盘沿该方向进入下一清洗环节。肉鸡的出雏盘相对于蛋鸡来说，鸡粪碎蛋壳偏少，因此首选方案为带有加热、消毒、烘干功能的隧道式清洗机。根据用户的需求，可考虑在进隧道式清洗机前增加喷淋浸泡类似功能产品，进一步提高清洗效果。

清洗后的空出雏盘为倒扣输送，清洗后的出雏盘通过设备进行自动翻转后，紧接着进入出雏盘自动码垛设备。设备将出雏盘码好 15 层后，自动堆落到出雏车上，并输送至烘干存放间等待孵化使用。因码垛间和烘干存放间距离较远，可使用 AGV 小车代替人工将出雏盘车自动输送至烘干存放间，也可由人工使用电动叉车完成这一工艺流程。

3. 出雏车处理工艺

由出雏盘自动拆垛设备一层一层自动拆开的出雏盘进入翻转倒空振动筛分离设备翻转倒空后，剩下的脏空出雏车输送至出雏车清洗机进行冲洗。中型孵化场若因场地的限制以及出于成本的考虑，可将出雏车的自动流转减去，单独购买一台出雏车清洗机清洗出雏车，清洗完后由人工推至出雏盘码垛设备中，完成这一工艺流程。

4. 毛蛋及蛋壳、绒毛等衍生品处理工艺

关于毛蛋处理，位于振动筛面末端的分离机构通过弹性滤条的设置，利用大蛋壳和毛蛋自身重量差别来分离大蛋壳和毛蛋。中型及以上孵化场采用蛋壳、毛蛋集中处理的方式，采用气力输送系统，利用负压原理，将毛蛋和蛋壳利用不锈钢管道由室内输送至室外的垃圾料仓中，统一处理。

禽雏处理工艺少不了人工的配合，随着工作人员素质的不断提高，工作人员对于孵化场的禽雏处理环境要求也不断提高，干净、整洁、无明显噪声是当前禽雏处理工艺的基本要求，因此需要解决禽雏处理过程中的绒毛乱飞等问题。绒毛吸附单元用来处理翻转倒空单元把出雏盘进行翻转处理后产生的绒毛。该单元首先采用旋风除尘器作为一级过滤。

二、智能化禽雏处理工艺流程

禽雏处理自动化设备具有智能化、信息化、透明化、大数据化的特点，是孵化场未来的发展趋势。当前孵化车间对于禽雏处理工艺流程有以下难题：

①用户禽苗异常投诉的追溯；

②养殖场的禽苗批次跟踪；

③设备的运行能效分析，排查异常用电或者异常损耗；

④设备运行统计。

禽雏处理自动化设备智能联网后，上述这些问题都将迎刃而解。

智能化禽雏处理生产管理系统，是智慧集团的必然选择。

①多种检测手段(射频识别、条码设备等)，多个监控系统覆盖，可收集海量现场数据；

②创建雏苗跟踪系统；

③创建全面完整的禽苗质量追溯功能；

④生产在制品库存(working in process，WIP)状况，车间能源消耗监视；

⑤准时化生产(just in time，JIT)库存管理与生产看板管理；

⑥多种浏览方式，随时随地都能掌握生产现场实时信息。

禽雏处理自动化设备是底部硬件，将设备智能互联后，可真正使孵化场达到无人化、智能化、透明化，将设备运行数据与生产企业资源计划(enterprise resource planning，ERP)、生产执行系统(manufacturing execution system，MES)进行对接，完成对设备的预维护、雏苗的可追溯、人员的有效管理，使整个孵化场变成一个完整的透明化的生态系统。

三、畅想未来禽雏处理工艺流程

未来的孵化厅禽雏处理工艺流程是怎么样的呢？您脑海中是否会浮现出各种奇思妙想呢？比如：

①孵化机出雏机能一体化运行；

②禽雏处理自动化设备直接延伸到出雏机里面，省去中间环节；

③没有公母鉴别，种蛋胚胎期间就已经区分公母；

④胚胎注射的大范围推广，省去雏苗注射的人工；

⑤智能互联精确追溯到每只雏苗，每只雏苗从出生到宰杀的数据都会被记录；

⑥智能化禽畜处理自动化设备可远程处理设备问题，让机器人在现场对设备进行维护、保养和检修等。

第五节　孵化场物流智能装备

一、概述

AGV(automated guided vehicle)通常称为自动导引小车，是指装配有电磁或光学等自动导引装置，沿着规定的导引路径行驶，具有安全保护以及各种移载功能的运输车。AGV广泛应用于物流仓储行业，常用的导引方式有电磁导引、磁条导引、激光导引、视觉导引、惯性导引以及GPS导引等。AGV按照结构形式的不同，可以分为背负式、潜入式、叉车式等类型。

近年来，新建孵化场基本包含照蛋落盘流水线、禽雏处理流水线以及种蛋处理流水线3条自动化流水线，涵盖孵化场3个主要生产工序的自动化处理，基本上实现了全方位的生产自动化。但3条流水线相对独立，利用AGV将相对独立的自动化流水线衔接起来，组成一个大的孵化场自动化设备网络，实现真正意义上的物流自动化。考虑到现场实际的使用环境，AGV的导引方式多选择磁条导引。

二、AGV系统组成

1. AGV车体

AGV车体由机械部分和电子部分组成。机械部分包括AGV本体、电池仓、控制仓、驱动轮、随动轮、电池和充电连接器等。电子部分包括AGV控制器、伺服驱动器、无线电台、电源和传感器等。

2. AGV控制器

AGV控制器(图4-24)采用嵌入式CAN总线的主控制器MRC，该主控制器使用工业级嵌入式主机作为主从计算机。在控制器内集成了主板、电子盘、网卡、CAN通信端口、串口等高速运算主机所需的部件及通信部件，进行独立封装后制成AGV专用控制器。该控制器内部集成了AGV控制所需的最基本单元，控制器本身无任何扩展插槽。AGV控制器通过对伺服驱动器的调节，来达到对AGV车体运动的精确控制。

图4-24　AGV控制器

3. AGV 驱动系统

AGV 驱动系统采用 2 个独立电机驱动的轮系结构，从而组成双轮差动驱动轮系。驱动轮采用高硬度聚氨酯胶轮。

4. 导航系统

AGV 地面磁导航系统是 AGV 在运行过程中所能达到的路径，主要由运行路径导航线、地标导航线等部分构成。采用磁导航的方法，运行路径导航线由长和宽分别为 30 mm、厚度为 1 mm 的磁性橡胶铺设而成，根据路径的具体要求可以进行适当的裁剪。地标导航线由长 150 mm、宽 30 mm、厚 1 mm 的磁性橡胶铺设而成，在地图上地标是各个站点的标志。在此系统中采用全局导航的方式，直线和转弯路段都是通过铺设的磁条来进行导航的，导航精度高，AGV 不容易偏离导航线。本项目导航磁条采用粘贴在地坪表面的方式。

5. 充电系统

AGV 使用高容量锂电池或铅酸电池作为供电电源，在 AGV 运行路线的充电位置上安装有地面充电连接器，在 AGV 车环线内侧装有与之配套的充电连接器，AGV 运行到充电位置后，AGV 充电连接器与地面充电连接器的充电滑触板连接，从而实现 AGV 在线自动充电。AGV 控制台通过通信实时获取充电站数据（充电信息以及能耗数据），并将充电站的数据信息发送给 AGV 控制系统。

6. 无线局域网通信系统

AGV 控制台与 AGV 间采用无线通信方式，控制台和 AGV 构成无线局域网。控制台依靠无线局域网向 AGV 发出系统控制指令、任务调度指令、避碰调度指令。控制台同时可接收 AGV 发出的通信信号，AGV 依靠无线局域网向控制台报告各类指令的执行情况，包括 AGV 当前的位置和当前的状态。

7. 安全系统

为确保 AGV 在运行过程中的自身安全，特别是现场人员的安全及各类设备的安全，AGV 应采取多级安全措施。

发生故障时，AGV 自动用声光报警，同时通过无线通信系统通知 AGV 监控系统。AGV 监控系统在控制台上显示当前状态和文字提示，监控人员可以根据提示的信息，指挥现场人员排除故障。发生故障的 AGV 可以使用手控操作器，操纵 AGV 离开工作区到安全位置。

将手控操作器直接插入 AGV 本体对应的插口，将 AGV 调为手动操作模式，即可人为控制 AGV 的行驶方向及速度。手动控制 AGV 形式时可进行前进、后退、转弯等操作。

8. AGV 控制台和 AGV 调度管理系统

AGV 控制台由控制柜、工控机、AP 电台、网络交换机及数据采集系统组成，数据采集系统主要用于控制台与总装总控室及其他远程 I/O 的通信。

控制台负责 AGV 运行中的交通管理，保证运行中的 AGV 与 AGV 的安全间距，使其不发生碰撞和追尾等事故。AGV 控制台内有避碰参数设置文件，可对不同的区域设置不同的避碰原则，有效控制各种条件下 AGV 的安全间距。控制台将对进入系统和退出系统的 AGV 进行管理，以保证系统安全运行。

AGV 调度管理系统采用集中调度管理方式，控制台根据生产管理系统下达的运输任务，以及 AGV 的工作状态、运行情况，通过通信系统将命令和任务传递给被选中的 AGV，被选中的 AGV 根据控制台的命令，完成工部件的输送和辅助装配。任务完成后，AGV 通知控制台任务完成情况，并回到待命位置，等待下一次任务。

9. AGV 运行模式

(1)AGV 的全自动功能　AGV 通过中心控制室的监控计算机控制实现全自动的运行。监控计算机将 AGV 作为系统输送机的一部分(移动的输送机)，调度所有 AGV 的运行，完成物料的出库和入库。AGV 的任务来源主要有以下几部分：

①控制中心，系统用户程序集中自动控制；

②主机或操作终端指令控制；

③由监控计算机发出单步调试指令。

(2)AGV 的手动控制　通过连接到 AGV 上的手动控制装置，操作人员可以对 AGV 的所有动作进行控制。例如：

①左转、右转；

②前进、后退和原地自旋；

③行走速度的调节。

(3)AGV 的半自动控制　有 2 种模式：

①沿着运行路径的手动运行。这种操作模式与手动控制类似，只是 AGV 的导航是自动的，沿着铺设好的路径运行，而前进、后退和运行速度是通过手动装置由工作人员操作运行的。这种方式主要应用于 AGV 重新上线或当计算机系统出现故障时，使 AGV 继续完成执行了一半的输送任务。

②运行内部任务。如果计算机系统出现故障，AGV 可以执行车载控制器的内部任务，不需要控制台的调度，用于系统的应急处理。

10. 自诊断系统

AGV 车载控制器软件和硬件的设计提供了 AGV 的自检测、自诊断、自保护能力。在 AGV 车载界面中可完整查询 AGV 中各关键部件的工作状态，且多数信息均可进行动态观察，使用十分方便。在 AGV 控制台内还记录有系统自动运行过程的状态数据，记录文件的数量可以人工进行调整，保证系统运行的可追溯性。

11. 人机界面

AGV 的运行使用全中文的操作界面，AGV 根据当前的状态动态调整屏幕上的显示内容，操作人员可以通过该界面掌握 AGV 的位置、状态、任务信息、传感器状态、附属设备状态、故障信息等多种信息。一旦 AGV 出现故障，操作人员和维修人员能够通过 AGV 的故障诊断系统及时准确地查找故障的原因，便于故障的排除。

三、鸡苗筐及出雏车盘 AGV 物流系统组成

1. 鸡苗筐 AGV 物流系统

鸡苗筐 AGV 物流系统主要由鸡苗筐码垛设备 AGV 接口(图 4-25)、鸡苗筐缓存货架(图 4-26)、鸡苗筐缓存设备 AGV 接口(图 4-27)组成。其主要目的是将经过计数装箱并码垛好的鸡苗自动运送至鸡苗存储间进行缓存；并且，根据信息化平台给予的鸡苗信息，将不同种类或者批次的鸡苗运送至不同的位置。当运苗车到达后，AGV 根据出库鸡苗的信息到指定位置将对应的鸡苗自动搬运至鸡苗筐缓存设备，并由缓存线运送至鸡苗车中。缓存线

的主要目的是匹配装苗的速度，配合库位管理系统，方便管理人员实时查看存苗间的存储信息。系统整体生产节拍按照 75 000 羽/h 设计。

图 4-25 鸡苗筐码垛设备 AGV 接口

图 4-26 鸡苗筐缓存货架

图 4-27 鸡苗筐缓存设备 AGV 接口

2. 出雏车盘 AGV 物流系统

出雏车盘 AGV 物流系统主要目的是实现禽雏处理流水线设备和自动照蛋落盘设备之间出雏车盘的自动流转。出雏盘经过自动拆垛、自动翻转、振动筛分离、清洗机清洗及烘干后自动码垛到出雏车，自动运送至指定位置，由空筐码垛设备通知 AGV 控制系统，AGV 控制系统指定 AGV 按照规定的路径将码垛好的出雏车盘搬运至存储间货架中进行存储晾干。出雏车盘缓存货架见图 4-28。空筐码垛设备 AGV 接口见图 4-29。

图 4-28 出雏车盘缓存货架

图 4-29 空筐码垛设备 AGV 接口

当自动照蛋落盘流水线需要出雏车盘时，由机器人自动落盘设备通知 AGV 控制系统，AGV 控制系统指定 AGV 按照规定的路径到指定位置的货架中取出出雏车盘送至机器人自动落盘 AGV 接口(图 4-30)处，由接口运送至机器人落盘流水线上。系统整体节拍按照 75 000 蛋位/h 设计。

图 4-30　机器人自动落盘 AGV 接口

针对清洗后出雏盘自动物流应用，出雏车及盘的存储区域设置了 84 个存储货位，共计 168 垛出雏盘，相当于 42 万枚蛋的存储量，足够大型孵化场一天的处理量。考虑实际生产过程中出现的只出鸡不照蛋的情况，目前设计的存储量可能不满足 2 天的存储量，这样实际使用的时候需要 AGV 根据空余库位的信息自动调整存储位置。

第六节　孵化场自动化装备与智能物流系统维保指南

自动化设备需要严格按照维保要求进行维保，只有及时规范的维保才能减少自动化设备的停机维修时间，延长设备使用寿命。

一、自动化设备维保用材料清单

自动化设备维保用材料清单见表 4-1。

表 4-1　自动化设备维保用材料清单

序号	材料名称规格	材料使用位置	使用频率	备注
1	自来水	清洗设备使用	每天	1. 冲洗用水的氯离子浓度不得高于 25 mg/L 2. 对设备进行消毒，推荐使用季铵盐类消毒剂，消毒剂使用不当有可能对设备造成损害
2	加压泵，压力小于 2 MPa	清洗设备使用	每天	
3	机械设备维修组套 09516	设备维保用	每月或维修时	设备发货时已配备

续表 4-1

序号	材料名称规格	材料使用位置	使用频率	备注
4	真空吸尘器	所有控制柜内的鸡毛和粉尘必须用吸尘器吸干净,不能用气枪吹	每周	
5	工业用酒精和乙醚混合液,比例 1∶1	1. 设备使用后,激光照蛋模块的 14 个镜片必须用脱脂棉蘸酒精乙醚混合液擦干净 2. 每天开机前,所有光电检测镜片必须用脱脂棉蘸酒精擦干净	每天	
6	脱脂棉	1. 擦激光镜片 2. 擦光电检测镜片	每天	
7	干净软抹布	1. 清洗后,触摸屏和控制柜外表面的水分、鸡毛和灰尘必须擦干净 2. 激光照蛋模块内部空间用气枪吹过后还需要用抹布擦干净 3. 机器人本体外观要擦干净	每天	
8	气枪	1. 激光照蛋模块内部空间须吹干净 2. 设备冲洗后,光电检测上飞溅的水珠须吹干	每天	
9	激光照蛋模块和机器人控制柜专用防水罩	每天清洗时,激光照蛋模块和机器人控制柜上须加罩	每天	设备发货时已配备
10	长城 2 号、3 号锂基润滑脂	1. 每月所有带座轴承、直线导轨滑块须加润滑脂 2. 所有轴承维修后须加润滑脂,量为轴承内部空间的 1/3～1/2	每月或维修时	
11	黄油枪	加注润滑脂用	每月	
12	N320 蜗轮油	每年必须更换有加油孔的蜗轮蜗杆减速电机上的减速箱油,出雏盘拆垛设备上的升降电机减速箱油	每年	
13	VG680 齿轮油	每年必须更换 SEW 品牌电机减速箱油,型号以 S 开头的所有减速电机的润滑油	每年或每周	1. 没有加油孔的减速电机都是免维护的,不需要更换润滑油 2. 每台减速电机每年加油规格必须一致,不能更改
14	VG220 齿轮油	1. 每年必须更换 SEW 品牌电机减速箱油,型号以 W、R、K、R 开头的所有减速电机的润滑油 2. 每周必须给链和链轮加润滑油		

续表 4-1

序号	材料名称规格	材料使用位置	使用频率	备注
15	油壶（带计量刻度）	加注润滑油用	每年或每周	
16	库卡机器人专用齿轮箱油	机器人齿轮箱油每10 000 h必须更换，且必须使用库卡机器人专用齿轮箱油，联系专业售后服务	每2年	第一次必须由专业售后技术人员完成维保，以后可以继续由专业售后服务，也可以购买库卡的润滑油自己完成润滑油更换。不允许从市面上购买润滑油更换，一旦使用非库卡润滑油，机器人出故障，库卡不再提供售后服务
17	库卡机器人专用电池	机器人本体和控制柜内电池，建议每年更换，联系专业售后服务	每年	电池必须从专业售后服务部购买，最迟2年必须更换，以免机器人编码数据丢失，需要重新调整原点（上门收费服务）

二、日常维保内容

（一）维保警示内容

1. 安全警告

每次设备维修、保养、冲洗时，必须先关闭电源空气开关，关闭气源总开关，10 min后才可以进行维保，严禁带电带气维保。清洗机器时一定要锁上控制柜门。

对设备进行维保时，一定要注意设备上的安全警示标签，确保人身安全。

2. 设备冲洗禁忌

①严禁对所有设备的控制柜、报警灯、电磁阀、中央分配器、电机等电器元件冲洗。

②严禁对机器人本体和机器人配套的2个控制柜进行冲洗。

③严禁对激光照蛋模块冲洗，冲洗前必须套上防水罩。

④严禁对光电检测直接冲洗。

3. 免维护警示

①所有气缸和电磁阀都是免维护的，不需要加润滑油或润滑脂，一旦加了润滑油，以后就要定期加油，若停止加油，影响使用寿命。

②没有加油孔的电机减速箱为免维护，不需要加润滑油。

③所有电机轴承和所有深沟球轴承都无加油嘴，都为免维护轴承，无须加润滑脂。

4. 关机提醒

设备每天使用后，不仅要关闭电源总开关，还要及时关闭气源总开关，以免气缸、电磁阀等气路元件长期受压，造成密封圈寿命缩短、漏气。

（二）每日维保内容

1. 可冲洗部位、只能用抹布擦拭部位

(1)可冲洗部位　除了设备冲洗禁忌外，其余部分都能用高压水冲洗。

(2)只能用抹布擦拭部位 所有控制柜外表面、照蛋模块内部、触摸屏、机器人本体只能用干净抹布擦拭。

2. 激光照蛋模块清洗要求

(1)激光照蛋模块内部空间清洗 先用气枪吹过后再用抹布擦干净。

(2)激光头镜片清洗 激光头只能用脱脂棉蘸酒精乙醚混合液轻擦,以防划伤镜片。其他部位用干净抹布擦拭,具体步骤见随机维保手册。

(3)激光照蛋模块吸盘清洗 设备每天使用后必须对 84 个吸盘进行清洗,具体步骤见随机维保手册。

3. 传感器的清洗

冲洗时避开光电检测,冲洗后用气枪吹干光电检测,用脱脂棉蘸酒精擦拭干净光电检测头。

4. 冲洗后的处理

每天冲洗后,必须用气枪吹干光电检测头表面、同步带表面、链轮链条表面的水滴,防止光电检测头进水损坏,同步带长时间浸水开裂,链轮链条生锈。

(三)每周维保内容

1. 控制柜清理

每周用吸尘器清理所有电气控制柜内灰尘和鸡毛。

2. 照蛋吸盘过滤器清洗

每周需要拆下 84 个过滤器清洗 1 次,滤芯为易损件,日常备库量不能少于 40 件,建议及时更换无法清洗干净的滤芯。

3. 电气控制元件的清理

须拆下电机罩、电磁阀罩、中央分配器罩,用干净抹布清理表面。

4. 链和链轮的润滑

每周在设备清洗后,必须用气枪吹干链和链轮上的水分,清除污物,用干净抹布和煤油清洗,然后才可以给链和链轮加润滑油。加油后必须开机运转 10 min,保证油膜均匀,建议用型号 VG220 齿轮油。位置见后文中各设备润滑脂、润滑油加注位置图解。

5. 各转动部位润滑

设备清洗后,用气枪吹干加油部位的水分,给所有旋转部位加润滑油,建议用型号 VG220 齿轮油,位置见后文中各设备润滑脂、润滑油加注位置图解。

6. 气路检查

每周须检查气路系统是否有漏气,在关电未关气的情况下听声音检查。

7. 皮带和同步带跑偏检查

跑偏的皮带或同步带需要重新调整张紧,第二天设备运转后再验证。

(四)每月维保内容

1. 带座轴承和直线导轨滑块的润滑

所有带座轴承、直线导轨滑块必须加长城 2 号锂基润滑脂,位置见后文各设备润滑脂、润滑油加注位置图解。

2. 同步带更换和左右调整

同步带磨损到一定程度时,会导致输送不连贯,确实已经过度磨损的或者已经开裂的需要左右调换或更换。具体操作见随机维保手册。

3. 紧固件检查

检查控制柜内接线是否松动，各光电检测固定螺母是否松动，运动部件的紧固件是否松动。有振动或冲击比较大的部件应该增加检查频次，如移载机蛋铲气缸固定螺丝、蛋铲气缸滑块固定螺丝。

4. 气路检查

检查气路各接头、气管是否漏气或损坏，空气处理过滤器是否积水、积油。如果气缸轻微漏气不影响使用，可以不用更换密封圈，但是必须采购密封圈备库。各气缸密封圈的规格见随机维保手册，部分气缸不能更换密封圈，若损坏，只能更换气缸。

5. 同步带、皮带、链轮张紧检查

发现同步带、皮带打滑或链轮跳齿时，必须重新张紧。张紧不能过紧，过紧可能造成轴承损坏，以不打滑、不跳齿为准。

6. 自动照蛋与剔除设备用储气罐放水

每月储气罐需要放水，位置在剔除机械手下方，见图 4-31。

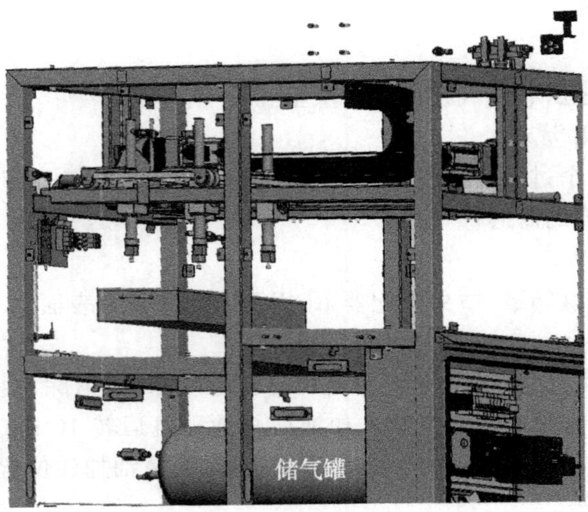

图 4-31　储气罐位置

(五)每季度维保内容

1. 电机制动间隙检查

设备上垂直升降电机、翻转电机都是带制动器电机，制动间隙 0.4～0.6 mm 为合理间隙，超过 0.6 mm 需要调整到 0.4 mm，用塞尺检查，参见随机维保手册。尤其是出雏盘拆垛码垛设备、翻转倒空振动筛分离设备上频繁制动的电机，一定要定时检查，间隙过大极易烧坏制动器。

2. 减速箱润滑油检查

检查所有有检查孔的电机减速箱的油位是否正常，油品是否变质，是否有漏油现象，是否有运转噪声，参考随机维保手册。

（六）每年维保内容

1. 电机减速箱润滑油更换

(1)每年必须更换SEW品牌电机减速箱油，型号以W、R、K、R开头的所有减速电机减速箱润滑油，用VG220齿轮油。

(2)每年必须更换SEW品牌电机减速箱油，型号以S开头的所有减速电机减速箱润滑油，用VG680齿轮油。以S开头的减速电机的减速箱为蜗轮蜗杆减速系统，必须用VG680齿轮油。

(3)每年必须更换出雏盘拆垛设备上的升降电机减速箱油，电机型号为TRVD130-60-B8-YEJ100L2-3KW-4极-B5，用N320蜗轮油。减速箱第1次使用3个月后需要更换润滑油，以后每年更换1次。

2. 机器人电池更换

机器人本体和控制柜内蓄电池，建议每年更换。

机器人蓄电池必须从库卡售后服务部购买，最迟2年必须更换，以免机器人编码数据丢失，需要重新调整原点（上门收费服务）。

（七）每2年维保内容

机器人6个齿轮箱润滑油更换，机器人齿轮箱油每10 000 h必须更换。机器人维保的内容，参见随机维保手册。

第1次必须由专业人员完成维保，以后可以继续依托公司电子服务，也可以购买专用润滑油自己完成更换。不允许从市面上购买润滑油更换，一旦使用非专用润滑油，机器人出故障，公司不再提供售后服务。

三、各设备润滑油、润滑脂加注位置图解

（一）EIDFYZ-50000/EIDFYZ-35000孵化盘移载机润滑油、润滑脂加注位置图

1. 孵化盘移载机每周加VG220齿轮油位置图

孵化盘移载机每周加油位置如下：

①蛋车框架，夹紧蛋车顶部的4个气缸的18个旋转轴[除鸡大箱体孵化设备（简称鸡大箱体）外的其余机型]；

②蛋车框架，夹紧蛋车顶部的2个气缸的6个旋转轴（鸡大箱体机型）；

③蛋盘托架调平的2个气缸的10个旋转轴；

④蛋铲夹具16个链轮和4根链条；

⑤剪刀手2个气缸的20个旋转轴。

图4-32至图4-36分别为上述5张加润滑油位置图：

(1)图4-32　为孵化盘移载机蛋车框架，夹紧蛋车顶部的4个气缸的18个旋转轴，每周加VG220齿轮油位置（除鸡大箱体外的其余机型）。

(2)图4-33　为孵化盘移载机蛋车框架，夹紧蛋车顶部的2个气缸的6个旋转轴，每周加VG220齿轮油位置（鸡大箱体机型）。

(3)图4-34　为孵化盘移载机蛋盘托架调平的2个气缸的10个旋转轴，每周加VG220齿轮油位置。

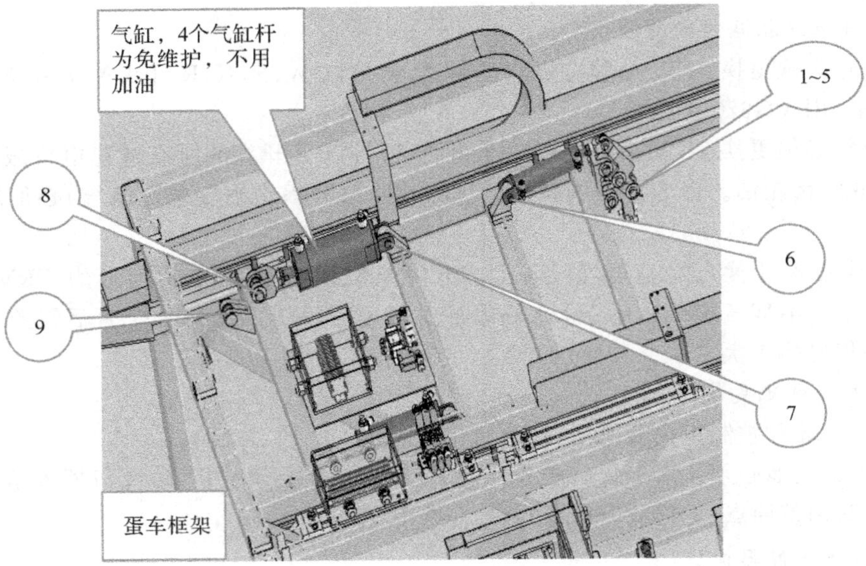

图 4-32　孵化盘移载机蛋车框架，夹紧蛋车顶部的 4 个气缸的 18 个旋转轴(除鸡大箱体外的其余机型)

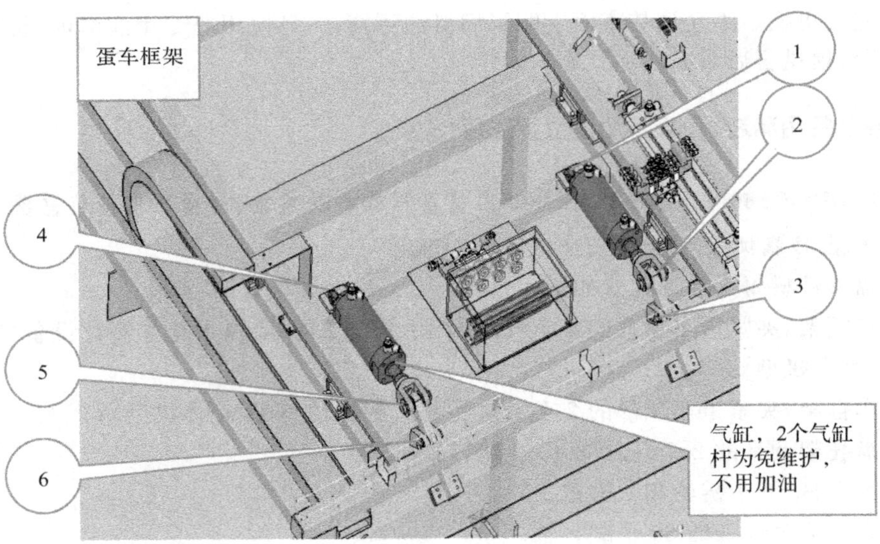

图 4-33　孵化盘移载机蛋车框架，夹紧蛋车顶部的 2 个气缸的 6 个旋转轴(鸡大箱体机型)

(4)图 4-35　为孵化盘移载机夹具组件的 16 个链轮和 4 根链条，每周加 VG220 齿轮油位置。

(5)图 4-36　为孵化盘移载机剪刀手的 2 个气缸的 20 个旋转轴，每周加 VG220 齿轮油位置。

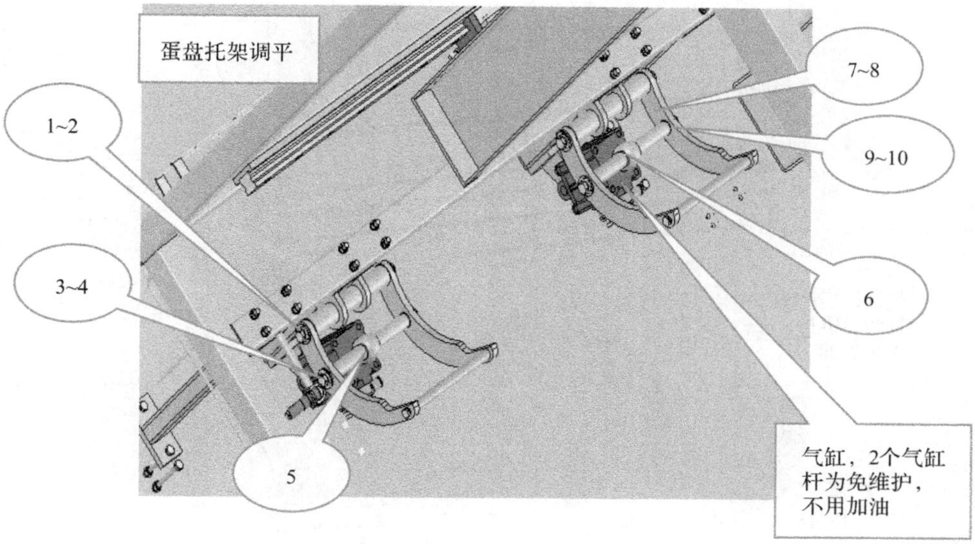

图 4-34 孵化盘移载机蛋盘托架调平的 2 个气缸的 10 个旋转轴

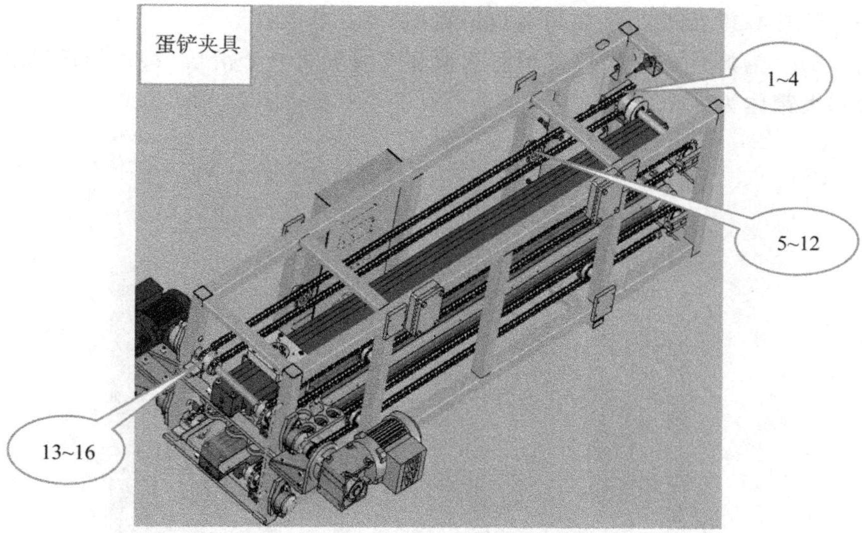

图 4-35 孵化盘移载机夹具组件的 16 个链轮和 4 根链条

2. 孵化盘移载机每月加长城 2 号锂基润滑脂位置图

孵化盘移载机每月加润滑脂位置如下：

①蛋车框架顶部直线导轨 5 个滑块；

②蛋铲夹具框架伺服电机主轴 2 个带座轴承，4 个直线导轨的 8 个滑块；

③蛋铲夹具主动轴上 4 个带座轴承，蛋铲气缸侧边滑轨；

④剪刀手主动轴上 4 个带座轴承；

⑤输送线主动轴上 2 个带座轴承。

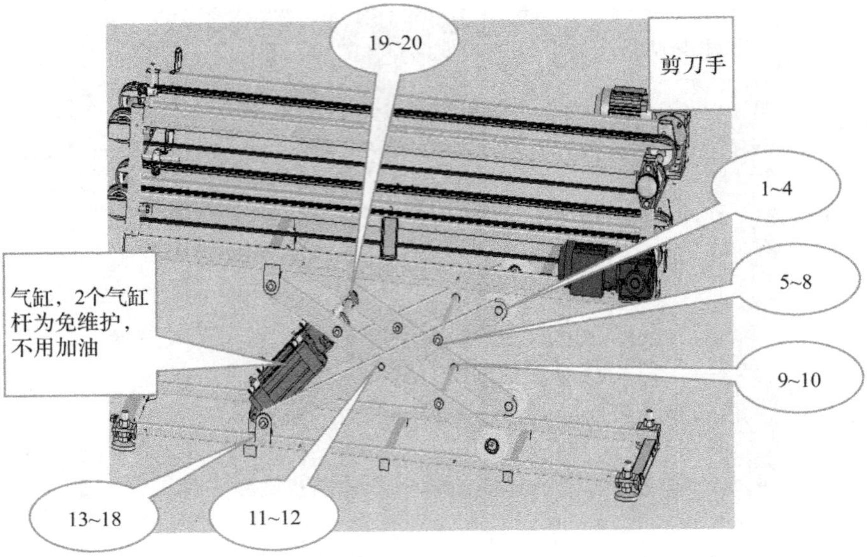

图 4-36　孵化盘移载机剪刀手的 2 个气缸的 20 个旋转轴

图 4-37 至图 4-39 为前 3 张加润滑脂位置图：

(1)图 4-37　为孵化盘移载机蛋车框架顶部直线导轨 5 个滑块，每月加长城 2 号锂基润滑脂位置(鸡大箱体为 4 个滑块)。

图 4-37　孵化盘移载机蛋车框架顶部直线导轨 5 个滑块

(2)图 4-38　为孵化盘移载机蛋铲夹具框架伺服电机主轴 2 个带座轴承，4 个直线导轨的 8 个滑块，每月加长城 2 号锂基润滑脂位置。

(3)图 4-39　为孵化盘移载机蛋铲夹具主动轴上 4 个带座轴承，蛋铲气缸侧边滑轨，每月加长城 2 号锂基润滑脂位置。

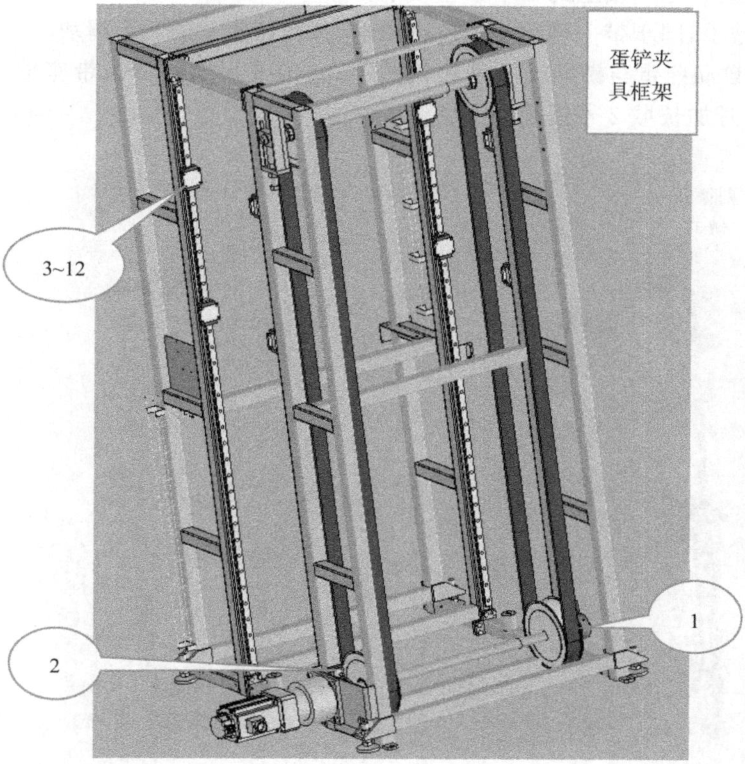

图 4-38 孵化盘移载机蛋铲夹具框架伺服电机主轴 2 个带座轴承,4 个直线导轨的 8 个滑块

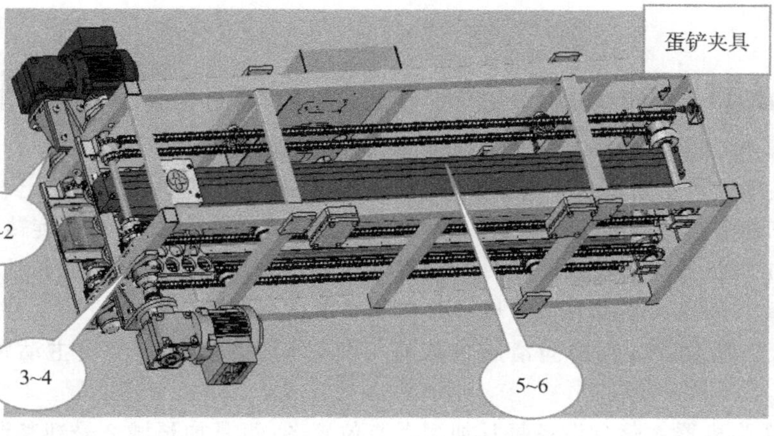

图 4-39 孵化盘移载机蛋铲夹具主动轴上 4 个带座轴承,蛋铲气缸侧边滑轨

(二)EIDZDT-50000 自动照蛋与剔除设备润滑脂、润滑油加注位置图

自动照蛋与剔除设备每月加长城 2 号锂基润滑脂位置如下：

①照蛋输送线,主动轴上的 2 个带座轴承；

②剔除输送线,主动轴上的 2 个带座轴承；

③皮带输送机，主动轴上的2个带座轴承；

④剔除机械手，同步带一端的2个带座轴承，直线导轨上的2个滑块。

图4-40为自动照蛋与剔除设备剔除机械手，同步带一端的2个带座轴承，直线导轨上的2个滑块，每月加长城2号锂基润滑脂位置。

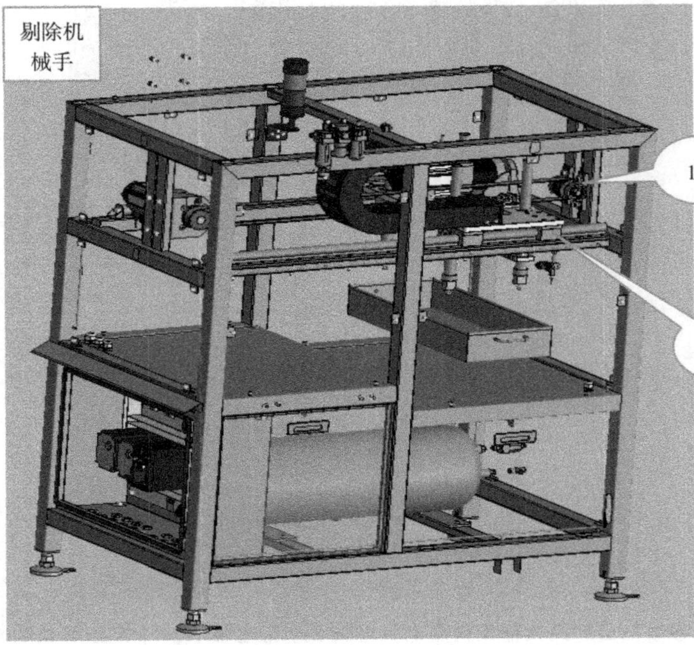

图4-40 自动照蛋与剔除设备剔除机械手，同步带一端的2个带座轴承，直线导轨上的2个滑块

（三）EIDJLP-50000/EIDJLP-35000机器人落盘设备润滑脂、润滑油加注位置图

1. 机器人落盘设备每周加VG220齿轮油位置图

机器人落盘设备每周加油位置如下：

出雏车输送线上的3个链轮和2根链条；3个蛋车定位气缸的9个旋转轴。

图4-41为机器人落盘设备每月加润滑油位置图，每周加VG220齿轮油。

2. 机器人落盘设备每月加长城2号锂基润滑脂位置图

机器人落盘设备每月加润滑脂位置有2处，分别为蛋盘输送线主动轴上的2个带座轴承。

图4-42为机器人落盘设备每月加润滑脂位置图，每月加长城2号锂基润滑脂。

（四）EICCCD-75000/EICCCD-50000出雏盘拆垛设备润滑油、润滑脂加注位置图

1. 出雏盘拆垛设备每周加VG220齿轮油位置图

出雏盘拆垛设备每周加油位置有7处，包括下车装置中的2个链轮和1根链条，以及4个蛋车移动轮。

图4-43为出雏盘拆垛设备每周加润滑油位置图，每周加VG220齿轮油。

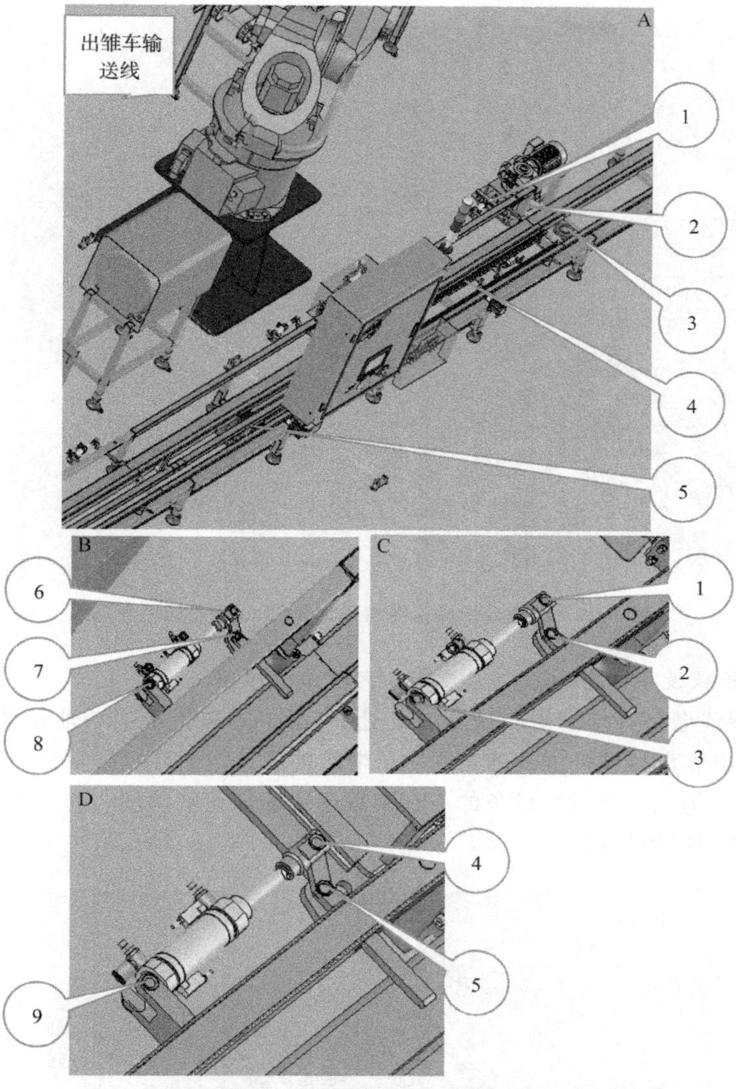

图 4-41 机器人落盘设备每周加 VG220 齿轮油位置图

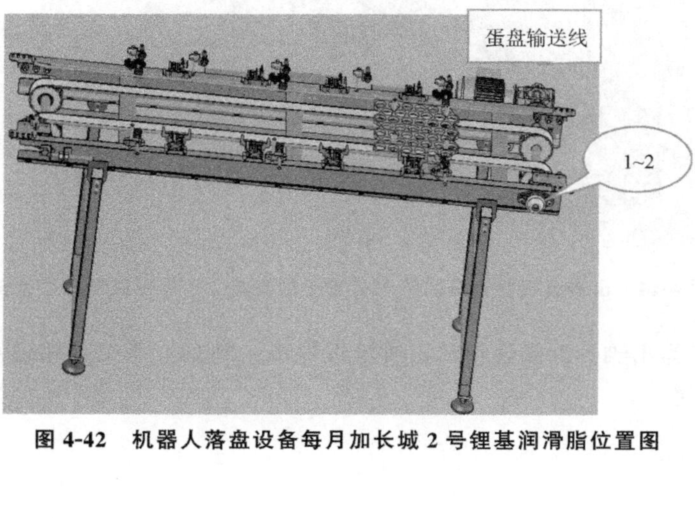

图 4-42 机器人落盘设备每月加长城 2 号锂基润滑脂位置图

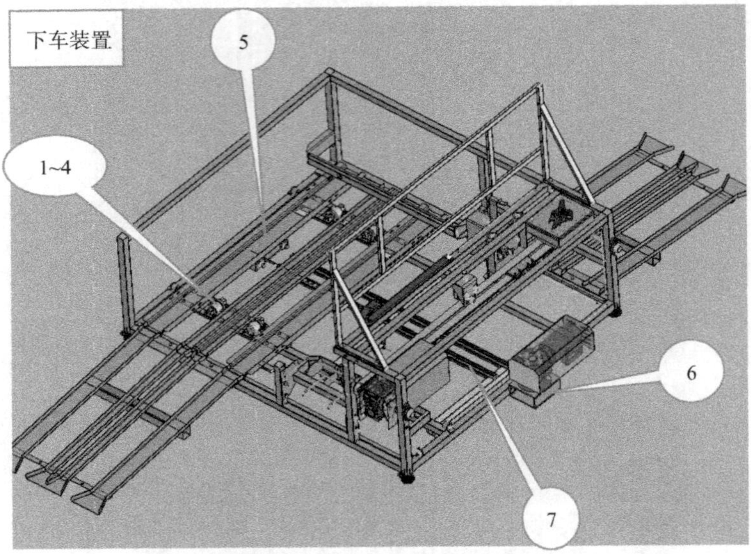

图 4-43　出雏盘拆垛设备每周加 VG220 齿轮油位置图

2. 出雏盘拆垛设备每月加长城 2 号锂基润滑脂位置图

出雏盘拆垛设备每月加润滑脂位置有 6 处，包括下车装置中主动轴和被动轴上的 4 个带座轴承，以及出雏盘拆垛机主动轴上的 2 个带座轴承。

(1)图 4-44　为出雏盘拆垛设备的下车装置中主动轴和被动轴上的 4 个带座轴承，每月加长城 2 号锂基润滑脂位置。

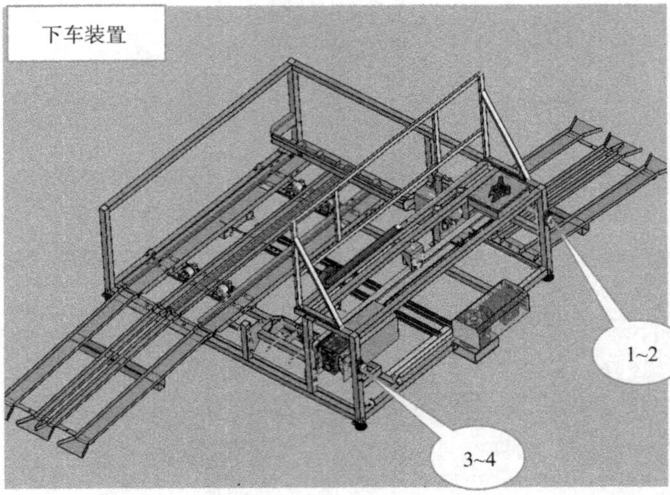

图 4-44　出雏盘拆垛设备的下车装置中加长城 2 号锂基润滑脂位置图

(2)图 4-45　为出雏盘拆垛设备的出雏盘拆垛机主动轴上 2 个带座轴承，每月加长城 2 号锂基润滑脂位置。

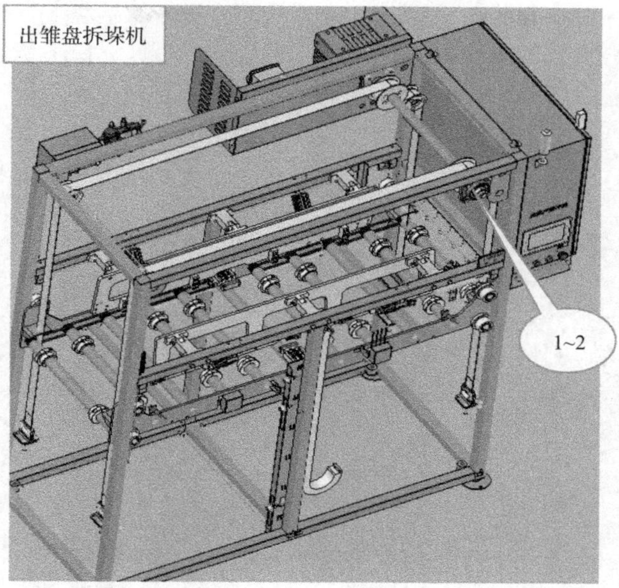

图 4-45 出雏盘拆垛设备的出雏盘拆垛机中加长城 2 号锂基润滑脂位置图

(五)EICCMD-75000/EICCMD-50000 出雏盘码垛设备润滑油、润滑脂加注位置图

1. 出雏盘码垛设备每周加 VG220 齿轮油位置图

出雏盘码垛设备每周加润滑油位置根据机型不同,有 6 或 12 处。图 4-46 和图 4-47 分别为出雏盘码垛设备的上车平台在 2 种机型下的加润滑油位置,巷道式为 4 个链轮和 2 根链条,大箱体为 8 个链轮和 4 根链条,每周加 VG220 齿轮油。

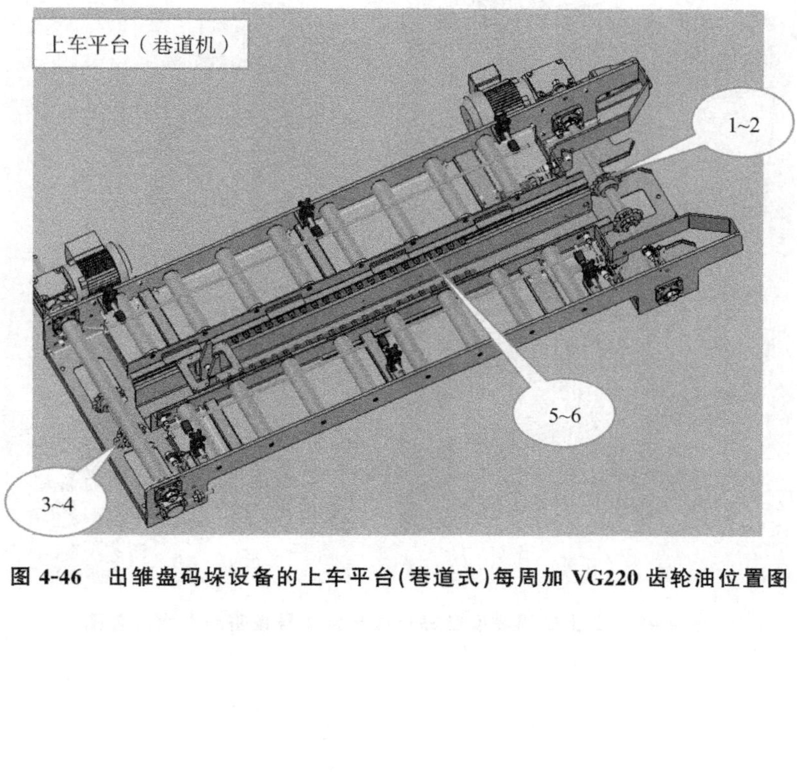

图 4-46 出雏盘码垛设备的上车平台(巷道式)每周加 VG220 齿轮油位置图

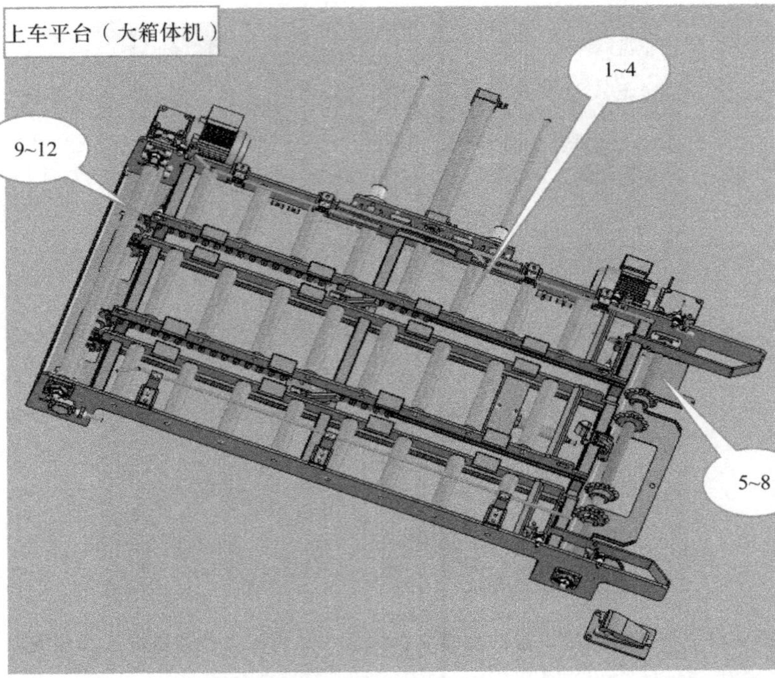

图 4-47　出雏盘码垛设备的上车平台(大箱体)每周加 VG220 齿轮油位置图

2. 出雏盘码垛设备每月加长城 2 号锂基润滑脂位置图

出雏盘码垛设备每月加长城 2 号锂基润滑脂位置有 8 处，包括主动轴和被动轴上 6 个带座轴承，以及大箱体机型配置的上车辅助上的 2 个滑块，如图 4-48 所示。

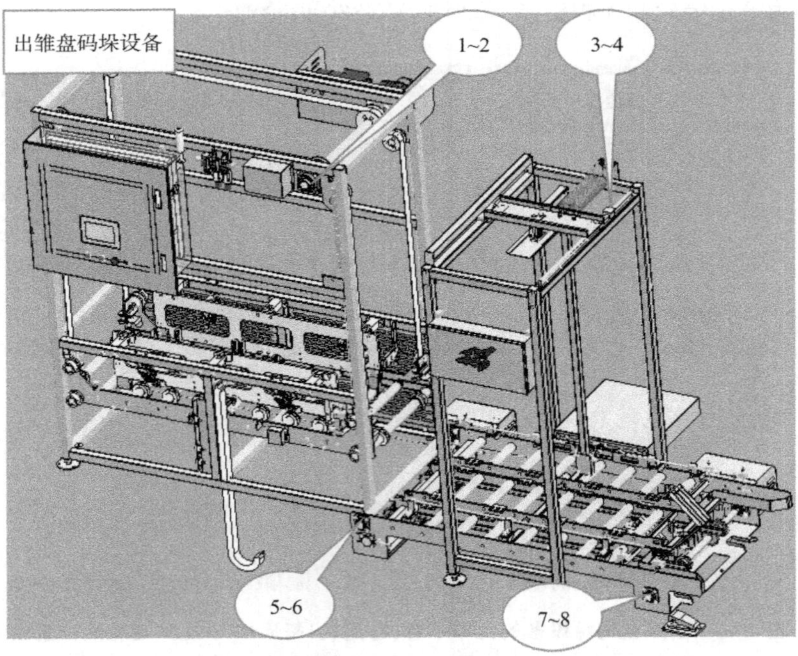

图 4-48　出雏盘码垛设备每月加长城 2 号锂基润滑脂位置图

（六）翻转倒空振动筛分离设备（活络带或升降）EICZDS-75000/EICZDS-50000 润滑脂、润滑油加注位置图

1．翻转倒空振动筛分离设备每周加 VG220 齿轮油位置图

翻转倒空振动筛分离设备每周加润滑油位置有 4 处，以鸡苗输送线为例，包括翻转振动筛主动轴和被动轴上的 4 个链轮和链条，如图 4-49 所示，每周加 VG220 齿轮油。

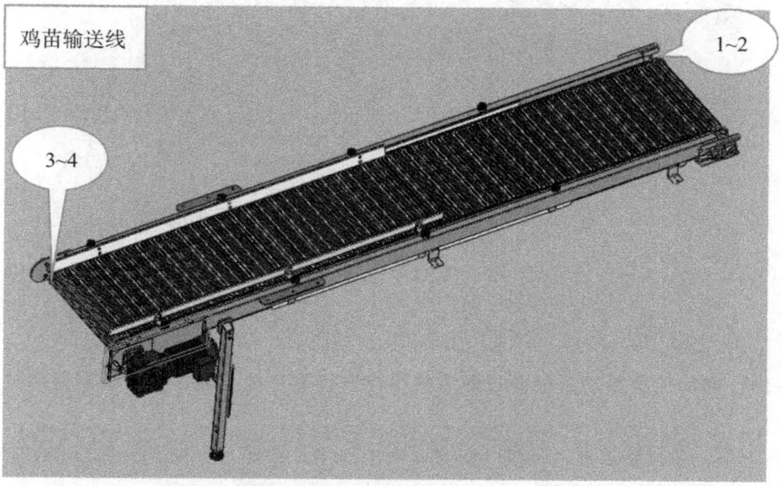

图 4-49 翻转倒空振动筛分离设备每周加 VG220 齿轮油位置图

2．翻转倒空振动筛分离设备每月加长城 2 号锂基润滑脂位置图

翻转倒空振动筛分离设备每周加长城 2 号锂基润滑脂位置如下：

①翻转振动筛单元，主动轴上的 2 个带座轴承（图 4-50）；

②活络带输送线，主动轴和被动轴上的 8 个带座轴承（图 4-51）；

③毛蛋输送线，主动轴上的 2 个带座轴承（图 4-52）；

④鸡苗输送线（图 4-53）。

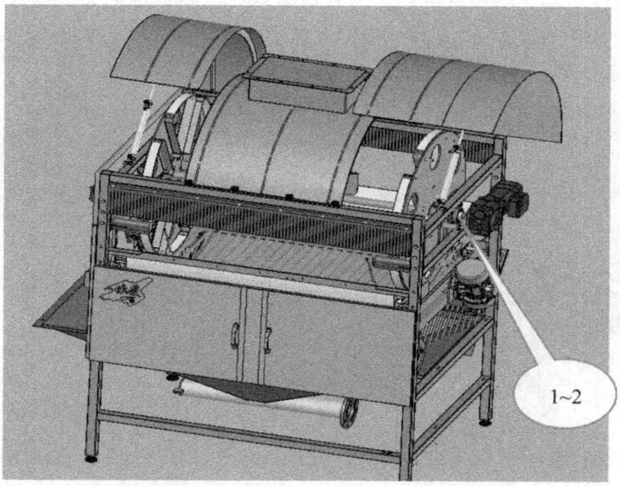

图 4-50 翻转倒空振动筛分离设备翻转振动筛单元每月加长城 2 号锂基润滑脂位置图

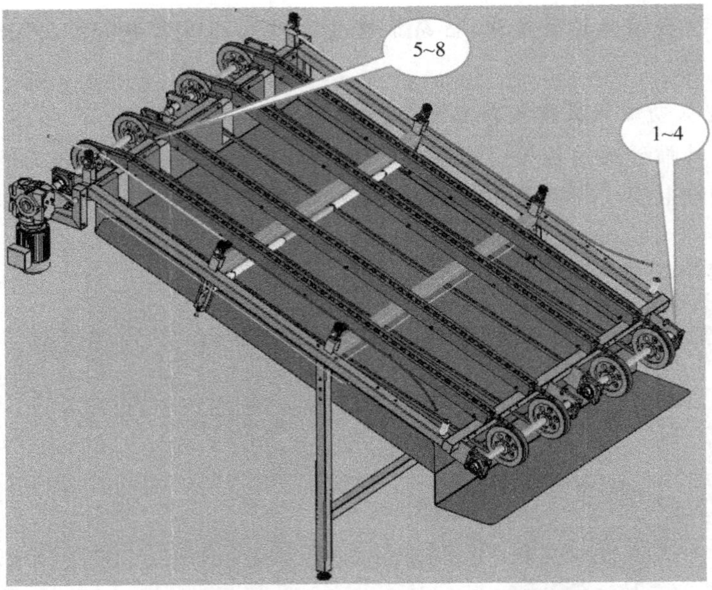

图 4-51　翻转倒空振动筛分离设备活络带输送线每月加长城 2 号锂基润滑脂位置图

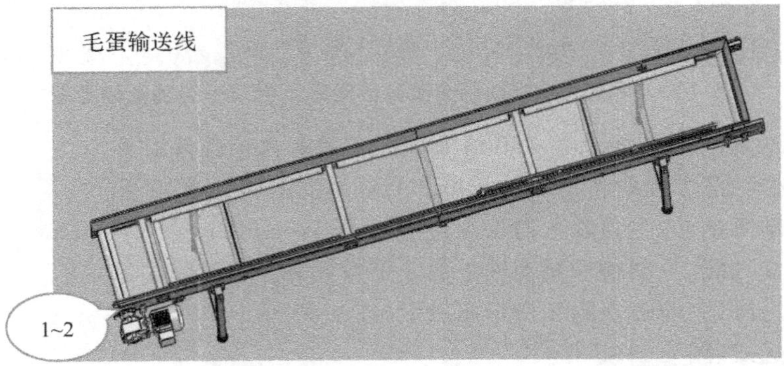

图 4-52　翻转倒空振动筛分离设备毛蛋输送线每月加长城 2 号锂基润滑脂位置图

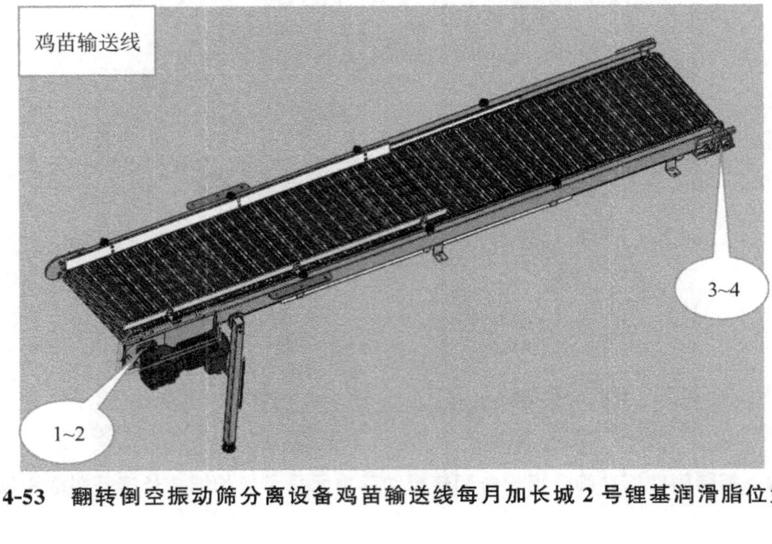

图 4-53　翻转倒空振动筛分离设备鸡苗输送线每月加长城 2 号锂基润滑脂位置图

(七)皮带输送机

皮带输送机每月加长城 2 号锂基润滑脂位置有 2 处,分别为皮带输送机主动轴两端的 2 个带座轴承(图 4-54)。

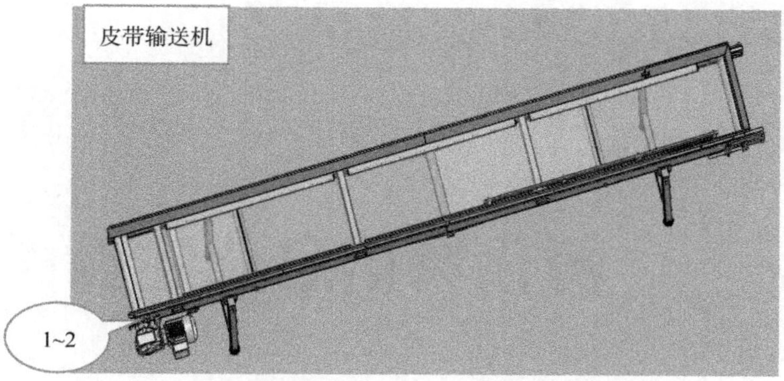

图 4-54 皮带输送机每月加长城 2 号锂基润滑脂位置图

四、自动化设备建议备件和易损件清单

自动化设备建议备件和易损件清单随购买的设备另附。注意以下 2 点:

①为保证设备正常运转,需要备好所需备件,建议每年核对 1 次。

②易损件必须保证随时有足量备件,建议每季度核对 1 次。

第五章

孵化场信息化建设

●导读

本章运用工业 4.0 与智能工厂的思想，结合孵化行业当前信息化现状，提炼了孵化 4.0 的信息化核心发展思路，从智能物联、智能生产、大数据与云计算应用等角度，全面阐述孵化与相关养殖产业的信息化建设思路和举措。

第一节　孵化场信息化概述

一、工业 4.0 与智能工厂

工信部早在 2015 年就提出了“中国制造 2025”，制造业与互联网的融合已经成了新的发展目标，通过充分利用信息通信技术和信息物理系统相结合的手段，将制造业向智能化转型。工业 4.0 最大的进步在于通过网络激活了传统制造过程，使制造业变得更加智能化。

工业 4.0 的实现要素首先就是互联，要把设备、生产线、工厂、供应商、产品和客户紧密地联系在一起。其次是数据，产品数据、设备数据、研发数据、工业链数据、运营数据、管理数据、销售数据、消费者数据。最后就是要实现智能集成，将无处不在的传感器、嵌入式系统、智能控制系统、通信设施通过 CPS 形成一个智能网络。通过智能网络，使人与人、人与机器、机器与机器以及服务与服务之间，能够形成一个互联，从而实现横向、纵向和端到端的高度集成。因此，支撑工业 4.0 的基础就是信息通信技术和物联网。

工业 4.0 概念的提出，就是把制造业智能化，并集成大数据、物联网、机器人、人工智能等前沿技术，推动各个行业的变革和创新转型。因此，工业 4.0 的思想也深深地影响着养殖业的信息化发展。

智能工厂的建立，就是将人、设备、物料、产品、工艺流程连接起来，多维度融合的过程。

在智能工厂的体系架构中，质量管理的五要素也相应地发生变化，因为在未来智能工厂中，人类、设备和资源能够互相通信。智能产品"知道"它们是如何被制造出来的，也知道它们的用途。它们将主动地对接生产流程，回答诸如"我什么时候被生产出来的?""对我进行处理应该使用哪种参数?""我应该被传送到何处?"等问题。

二、当前养殖业信息化现状

近年来，我国养殖业发展迅速，养殖方式正由粗放式经营向集约化、标准化、规模化方向发展，现代养殖业管理也在向精准化、自动化、智能化、网络化方向发展。我国养殖业信息化建设暂时还处于探索和未成型的阶段，信息化发展水平尚未与养殖业发展规模相匹配，远远达不到我国养殖业发展的需求，信息化建设依然存在以下几个问题：

(1)信息化发展滞后　养殖业信息化相对于养殖业的大规模发展存在一定程度的滞后，养殖业信息基础设施还很不充分：在硬件方面，信息传输网络没有完全覆盖；在软件方面，各种养殖数据库、孵化数据库、环境数据库尚不能满足养殖业需求。

(2)意识淡薄　养殖业主体自上而下，包括相关政府部门、养殖业生产经营主体(养殖企业和养殖户)等，对养殖业信息化意识淡薄。养殖业生产经营主体市场意识淡薄，而其根源是信息意识淡薄，信息搜索能力弱。

(3)发展不均衡　我国养殖业信息化水平地区差异较大，由于地区经济发展的不平衡，各地重视程度不一，不同地区发展环境有所差异，造成了地区间发展的不平衡。养殖业信息资源不能充分共享，难以形成一个完整的养殖业信息网络体系，无法发挥整体功能。

(4)法治建设薄弱　养殖业信息化缺乏应有的法律法规，缺乏统一规范的信息化服务共享标准和政策以及数据收集、发布的标准，信息真实性差，信息市场秩序混乱，信息服务质量难以保证，这无疑给养殖业信息化服务带来了一定的难度。

而对于其中重要的生产一环，孵化厅信息化建设更是落后的信息孤岛。大型孵化企业虽然在管理层级上完成了信息化的建设工作，但在孵化厅信息化管理上还比较滞后，随着这几年用人成本的不断增高，岗位人力短缺，企业在应对生产环节的把控与成本控制方面显得更加力不从心。同时，随着信息化的发展，高端制造企业的信息化管理水平正快速提高，处于初级阶段的孵化企业也亟须通过信息化手段管理设备，核算生产成本，得到真实的生产数据，降低用人成本。

孵化厅信息化建设不仅有利于提升孵化厅信息化和自动化水平，而且可以全面掌握孵化厅运行动态，迅速做出分析、判断，制定和选择出最佳的决策和执行方案，并进行及时的控制和发挥孵化厅信息系统的功能，从而提高孵化厅的管理效率。

三、孵化 4.0 之信息化的主要思想

孵化 4.0 的最终目标是基于产业链物流自动化与信息化融合，构架智能孵化工厂，运用大数据、云计算，实现智慧孵化。通过获取孵化生产中的大数据，利用云计算挖掘有利于企业更好运营的流程体系，创建重大决策信息知识库，直指企业的经营目标——利润增长率，最终构建高效、节能、绿色、环保、舒适、透明的智慧孵化工厂。基于企业生产经营数据采

集、延展性数据采集的全面感知功能，挖掘孵化大数据，并进行云计算分析，根据禽蛋种类、蛋龄、胚龄等因素，决策最佳孵化工艺，自动调控孵化环境，取得最佳生产性能，配合终端自动化系统，降低劳动强度和生产成本，降低对生产人员的依赖，直至实现无人值守的智慧孵化。

孵化厅信息化的主要工作是将自动化、网络化和管理信息化相结合：一方面，在孵化厅完善全面的数据采集，在网络环境中形成数字化的运行生产，改善孵化厅各生产环节的信息沟通，实现孵化厅底层的自动化工作；另一方面，在孵化厅完善底层基础自动化、环控和其他智能设备的集中管理系统，以及与上层管理系统通信的控制管理系统，从而实现系统性的孵化厅控制智能化、生产信息集成化、大数据智能分析预判的管控一体化系统。

四、孵化厅信息化的实现

孵化 4.0 的信息化建设（图 5-1）是实现孵化厅智慧孵化的必由之路。首先要求的就是智能物联，设备必须智能化，提供可以收集的数据，这属于物联网阶段；其次在智能生产阶段要求管理流程智能化；最后大数据与云计算阶段必须实现大数据的收集与云计算的处理，并利用人工智能结果实现智慧孵化的目标。

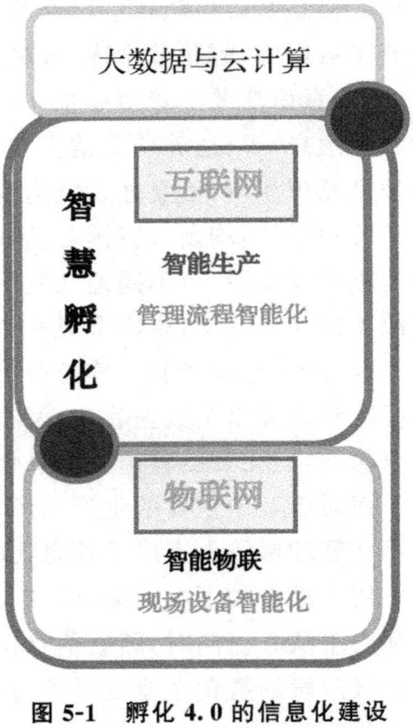

图 5-1　孵化 4.0 的信息化建设

下面对每个阶段的特点和对应的产品进行细分阐述。

1. 智能物联

物联网是指通过各种信息传感设备，实时采集任何需要监控、连接、互动的物体或过程等各种需要的信息，与互联网结合形成的一个巨大网络。其目的是实现物与物、物与人，所有的物品与网络的连接，方便识别、管理和控制。物联网是一个基于互联网、传统电信网等信息承载体，让所有能够被独立寻址的普通物理对象实现互联互通的网络。

这里的“物”要满足以下条件才能够被纳入“物联网”的范围：①要有相应信息的接收器；②要有数据传输通路；③要有一定的存储功能；④要有 CPU；⑤要有操作系统；⑥要有专门的应用程序；⑦要有数据发送器；⑧遵循物联网的通信协议；⑨在网络中有可被识别的编号。

1）智能物联的基本特征

（1）全面感知　通过射频识别、传感器、二维码、摄像头等相对成熟的技术，感知、采集、测量物体信息。

（2）可靠传输　通过传感器网络、无线网络、以太网等信息网络，实现物体信息的分发和共享。

（3）智能处理　通过分析和处理采集到的物体信息，针对具体应用提出新的服务模式，实现决策和控制智能化。

2)智能物联的分类

从技术层面来讲,智能物联具体包括物联网建设、设备物联、数据收集、设备管理和智能分析。

(1)物联网建设 信息化社会离不开网络的建设,物联网是通过射频识别(radio frequency identification,RFID)、红外感应器、全球定位系统、激光扫描器等信息传感设备,按约定的协议,把任何物品与互联网相连接,进行信息交换和通信,以实现对物品的智能化识别、定位、跟踪、监控和管理的一种网络。

(2)设备物联 是物联网收集终端设备数据的基础,通常的组网方式为以太网+近距离线传输,关键性的应用服务器与路由器、交换机等网络设备的连接采用有线方式。终端设备由于数量多,采用近距离传输方式。

(3)数据收集 是数据展示、设备管理、数据分析的必要条件,将不同协议的传感器数据进行初步协议转换,转换成统一的协议后进行数据展示与分析。

(4)设备管理 主要包括对设备层的基础功能管理,如设备数据的显示、设备数据的修改等。

(5)智能分析 是实现设备物联的最终目的,数据分析是指用适当的统计分析方法对收集来的大量数据进行分析,提取有用信息并形成结论的过程。这一过程是质量管理体系的支持过程。在实际应用中,数据分析可帮助人们做出判断,以便采取适当行动。良好的分析系统对设备管理形成有效的反馈调节。

针对孵化厅的特殊环境,在孵化过程中,为了保证生产过程的稳定、高效,须对生产过程中的数据信息进行实时采集。数据采集的关键是接口,包括物理连接方式和数据的逻辑表达形式。数据采集和集成的过程是将设备的所有参数通过总线或者网络上传进行分析和处理的过程。在信息化建设过程中,理想方式是直接通过数字化生产设备或系统的接口集成数据信息,譬如对孵化设备、环控设备,以及其他生产设备的数据采集,可以通过与设备直接联网进行数据交换,实现设备数据的精细化管理。对于不能直接获取数据信息的非数字化设备,可以采用外加传感器的方式进行数据采集。还有一部分数据信息,设备可能无法及时或者准确得到,需要由生产过程中的人员根据生产过程中的情况以人工方式进行采集。监控生产设备可以对生产过程中的设备故障和需求的变化及时制订孵化资源更改和优化的措施,同时进行生产计划的制订、孵化工艺和车间资源配置决策的调整等,调整孵化规划,达到节能和提高生产效率的目的。

2. 智能生产

孵化厅智能生产中涉及生产计划管理、设备管理和生产信息化终端管理等部分。

(1)生产计划管理 主要是根据当前的生产计划和孵化厅自身的生产能力、人员状况、设备状况、任务分配和生产工期等,提供详细的排产计划,同时反馈生产执行情况。

(2)设备管理 主要是生产设备和环控设备管理、故障维修、备件管理等。

(3)生产信息化终端管理 主要指在系统中公示工作进度,让员工了解自己的工作进度和目标,让管理人员清楚自己当天要完成的工作。信息化终端需要按时进行跟踪和调整,及时更新工作进度和修正工作安排。信息化终端的优点是容纳信息量大、更新速度快及实时性强。生产信息化终端管理中涉及的生产管理有调度管理、质量管理、物料管理。

①调度管理。是孵化厅信息化的关键,提高生产调度的准确性是优化生产流程以及提

高生产管理水平的重要手段。采用信息化手段可以在充分采集生产信息的基础上，追溯生产流程，在意外事件发生时，立即重新调度。应用信息化技术实现调度管理，不仅可以根据事前调度状况和当前状态快速生成调度方案，还可以快速响应紧急插单等不可预测的扰动情况。在车间信息化的建设中，由于生产调度部分具有不确定性，这部分内容既是重点又是难点。车间调度可以通过优化排产，减少生产过程中的准备时间和资源浪费。车间接到生产计划后根据生产条件、生产现状、设备使用情况等多方面综合考量，结合孵化资源的实时负荷和目前的计划进度，通过信息化系统中存储的设备信息以及生产状态信息，充分计算每个设备的工作潜力，并根据孵化时间、质量要求、孵化成本以及能源消耗等现场的实际情况随时调整，形成综合的优化方案。在系统自动生成调度指令后，进入计划评估与人工调整。生产调度问题主要还是平衡安排设备的工作，合理安排孵化顺序和孵化开始时间。对车间的资源进行生产调度信息化管理，可以减少生产准备浪费的时间和成本，提高生产效率和能源效率。同时，孵化信息化管理系统存储了大量孵化资源的实时状态信息及资源使用的历史记录，对生产设备提供预维修的相关信息，可提高设备利用率，保障生产正常运行。此外，车间信息化系统的报警功能也十分重要，对设备故障等异常问题进行及时报警和报告处理，可确保生产过程的连续性，避免生产过程中断引起的能源浪费。

②质量管理。主要是质量追溯，对孵化进行全程质量控制管理，对不合格的禽苗进行统计分析，实现对禽苗出场的信息化管理。

③物料管理。针对车间内的所有库存物资进行管理，并对生产过程中的物流进行管理和追踪。查询终端可以查询当前库房存贮物资以及历史记录，在物料出库后跟踪物料在线状态。

3．大数据与云计算

孵化 4.0 的主体是智慧孵化，智慧孵化是以物联网、大数据、移动互联、云计算技术为支撑手段的信息化与孵化行业深度融合的形态，目标是构建高效、节能、绿色、环保、舒适、透明的智慧农场(图 5-2)。

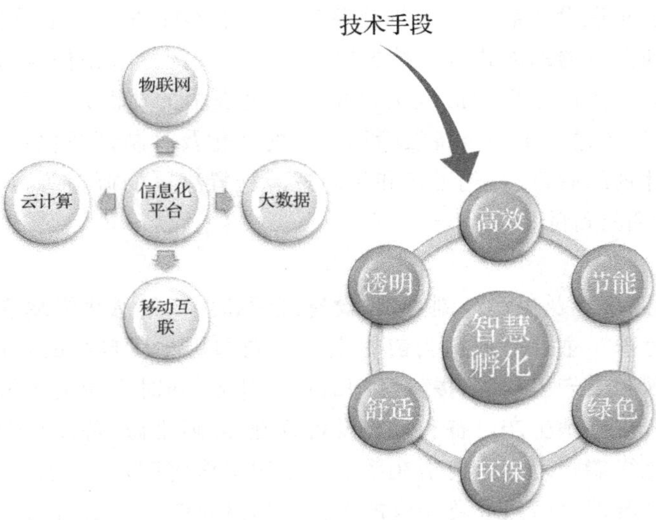

图 5-2 孵化 4.0 技术手段

目前很多企业都实施了先进的 ERP 系统，但 ERP 的服务对象主要是企业管理的上层。对于先进的制造业来说，需要中间层的支撑，即通过实施 MES，实现对车间的高效管理，让管理层更好地把控企业的运行情况，进行高效科学的决策。ERP将企业的业务流程实现了集中统一管理，有利于资源的科学调配。但是，所有的系统都是基于数据展开的，同时还需要可靠高效的计算与服务支撑，没有了大数据，数据流就无法发挥为企业决策者提供决策依据的作用。

未来的孵化行业最重要的一项工作就是大数据的组织、挖掘和利用，大数据的结构体现了孵化企业对于当前孵化利益的需求所在。对于孵化企业来讲，大数据分为延展性数据和生产性数据。延展性数据更多的是非结构数据和经营层面数据。

大数据不在乎数据的体量有多大，关键是取得正确的数据和数据分析结果，达到明显改善企业管理的目的。对于孵化企业来讲，数据的挖掘以及设定科学的标准对于生产成绩的提升至关重要。大数据结合多年养殖孵化经验和国际先进技术，为孵化企业提供一个可以持续改善成绩的基本架构。

第二节　智能物联

物联网是新一代信息化技术的重要产物。设备的智能物联实现了物物之间的互联互通，具有划时代的意义。物联网技术的发展十分迅猛，目前被广泛应用于军事、交通、医疗等多个领域，受到人们的高度关注，为社会带来良好的经济效益，成为当前十分热门的科技热点之一。目前，物联网也被广泛应用于农牧业中，为孵化养殖智能化发展带来了极大的便利。

本节针对智能孵化养殖工程，从技术角度阐述孵化养殖装备智能物联建设方式、数据采集分析方法以及数据分析结果给予设备控制的反馈调节的实现方式等，主要包含物联网建设（有线、无线）、设备物联（孵化、环控、自动化以及辅助设备）、数据采集、设备管理等方面。

一、物联网建设

信息化社会离不开网络的建设。物联网具备3个特征：一是全面感知，即利用RFID、传感器和二维码等随时随地获取物体的信息；二是可靠传递，通过各种电信网络与互联网的融合，将物体的信息实时准确地传递出去；三是智能处理，利用云计算和模糊识别等各种智能计算技术，对海量的数据和信息进行分析和处理，对物体实施智能化控制。

目前，各个行业均在研究物联网各项相关技术在本行业内的应用，孵化养殖业也不例外。当今孵化场和养殖场规模越加庞大，招工难，劳动力短缺，且随着孵化场和养殖场自动化水平的提高，各种环控和自动化设备的类型在不断增加，数量也在不断增加，孵化场和养殖场的管理者亟须将所有的设备集中监控起来，以便了解全场的运行数据和设备状态，这些数据还需要汇总到孵化养殖企业总部的数据服务器，使得生产过程可追溯。随着孵化养殖智能化程度的提高，除用于生产的设备外，还需要将其他的传感器或执行机构加入物联网系统，因此，要求孵化养殖业的物联网系统具有良好的可伸缩性。孵化养殖业的物联网系统和信息化平台的融合，能够显著提升孵化养殖企业的管理水平，为其创造更多的价值。

常用的网络数据的传输方式有 2 种，即无线网络和有线网络。无线网络接入点采用的是共享带宽的方式，其工作效率与集线器的工作效率类似，当客户端数量比较多的时候，每个客户端可以享受到的带宽就会非常的有限；而有线网络则不同，这根网线的带宽就是这个客户端所独占的。因此，在同等条件下，有线网络的性能要比无线网络高得多。

无线网络因其便利和束缚性比较小，日益受到大众欢迎。虽然无线网络有很多优点，但是其跟信号传输稳定的有线网络比起来，仍然有一些先天的缺陷。因此在实际应用中，大多采用无线与有线相结合的方式。

二、设备物联

当今孵化厅逐渐向自动化、数字化和智能化方向发展，不仅仅包含孵化设备，还包含环控设备、自动化设备以及其他辅助设备，正向着构建全自动孵化场的目标快速发展。

1. 关键性的应用服务器与路由器、交换机等网络设备的连接采用有线方式

现在应用服务器的部署，往往是服务器连接到路由器或者交换机，再由路由器或者交换机连接到客户端。目前大多数应用软件都存在并发访问的问题，此时各个客户端就好像一条条小溪，通过路由器汇聚在一起，流向应用服务器。如果应用服务器与路由器之间的河道比较窄，这条河道就有可能容纳不下这些汇聚起来的溪水。也就是说，服务器与路由器之间采用无线连接的话，他们之间的连接很可能会成为应用服务器的性能瓶颈。此时可能会出现网络拥塞，从而影响到应用服务器的性能。在同等条件下，有线网络的传输速度要比无线网络快得多，也要稳定得多。为此，如果把应用服务器与路由器之间的连接换成有线网络的话，就好像是扩大了应用服务器与路由器之间的河道，把河换成了江，那么就可以容纳更多的溪水。在同一段时间内，其传输的数据量要比无线网络多得多，而且服务器一般部署在固定位置，不会经常移动，因此，也没有部署无线网络连接的必要。

2. 无线接入点与路由器之间的连接

如果要部署无线网络的话，那么无线路由器（也称无线接入点）是必不可少的。企业往往需要一个边界路由器，用来连接无线局域网与互联网。也就是说，企业往往是通过光纤或者 ADSL 拨号等手段，通过路由器连接到互联网，然后再在企业内部部署无线接入点，一方面连接无线客户端，另一方面连接路由器。那么无线接入点与路由器之间该如何连接呢？现在大部分的无线网络，在这方面采用的都是有线连接，即无线接入点与路由器之间仍然是通过网线等有线材质进行连接的。其最重要的原因还是出于带宽的考虑，因为如果采用无线网络的话，那么同一个蜂窝内的客户端数量很难控制，有可能一个蜂窝内只有一个客户端，也有可能一个蜂窝内有成百个客户端。虽然通过调整蜂窝的大小，可以适当控制无线客户端的数量，但是其控制的力度远远没有有线网络的那么强。有线网络一个接口就只能够连接一台主机，除非又采用其他的交换机、集线器等扩展设备。而且无线接入点现在采用的还主要是共享带宽的机制。因此，在无线接入点与路由器之间，往往必须要提供足够的带宽以满足大量客户端共同访问的需要。基于以上原因，采用有线网络连接来提高无线接入点与有线网络之间的连接，就显得非常有必要。

3. 客户端与无线接入点之间的连接

如上文所说，目前大多数系统不仅支持一个客户端进行访问，还要求支持多客户端同时进行访问。若采用有线方式，多无线客户端通过接入网络来访问服务器，网络部署较为困

难，最好的方法是实现孵化场无线局域网络全覆盖，在保证数据安全的前提下，为数据的管理提供便利性。孵化场网络部署方案如图 5-3 所示。

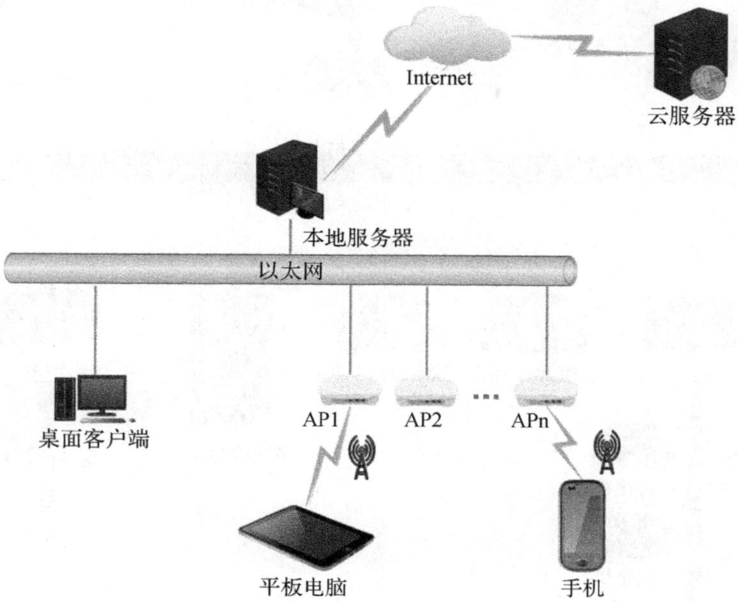

图 5-3 孵化场网络部署方案

孵化和养殖设备首先通过局域网(不支持以太网的设备，通过有线或者无线汇总到支持以太网的网关)连接到本地服务器。针对不同的设备开发相应的驱动。服务器通过驱动程序对设备进行操作。多种形式的客户端通过服务器提供的服务对设备进行操作，服务器将实时故障和设备实时状态推送到客户端。服务器同时还可以将实时数据以一定的格式(JSON)推送到位于互联网上的数据服务器。

4. 整体方案

孵化场系统整体架构如图 5-4 所示，以工业以太网为主干网络，所有的被监控设备直接或者通过网关连接到局域网内。服务器上运行设备驱动程序对设备直接或者通过网关进行监控。客户端通过以太网连接到服务器。同时布置多个无线 AP，供手机 APP 软件接入服务器。客户端同时支持本地和远程 2 种接入方式。

在孵化厅中，一般孵化机数量较多，因此选择合理的组网方式尤为重要，可以选择的有 RS485 总线、RS232 转 CAN 总线。由于不同孵化机厂商具有各自的通信协议，要实现不同孵化机的互联难度较大。在孵化厅中，环控设备与自动化设备数量相对较少，一般采用 PLC 模块，通过 Modbus TCP 协议，实现设备端与服务器的连接。

三、数据采集

1. 协议转换

实现工业 4.0，需要高度的工业化、自动化基础，是漫长的征程。工业大数据是未来工业在全球市场竞争中发挥优势的关键。世界各国制造业创新战略的实施基础都是工业大数据

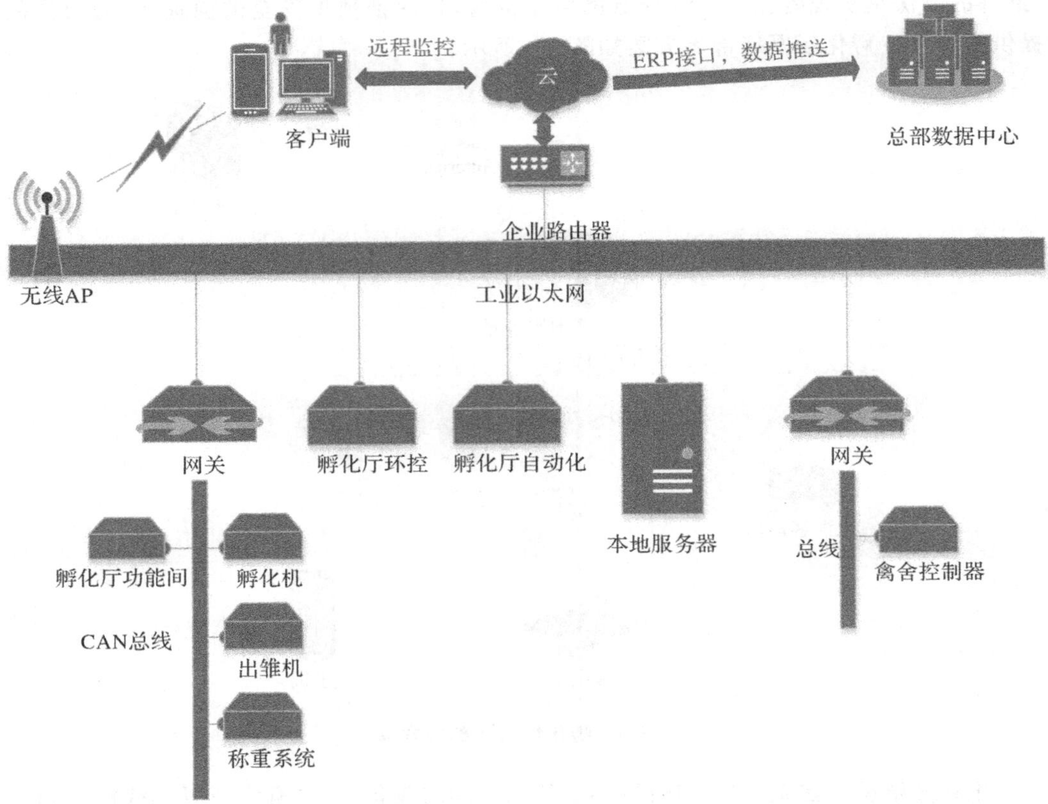

图 5-4　孵化场系统整体架构图

的搜集和特征分析，以此为未来制造系统搭建的无忧环境。不论智能制造发展到何种程度，工业数据采集都是生产中最实际、最高频的需求，也是工业 4.0 的先决条件。

2. 数据收集

数字化工厂不等于无人工厂，产品配置、制造流程越复杂、越多变，越需要人的参与；在数字化工厂当中，工人更多的是处理异常情况和调整设备。但数据采集一直是困扰众多制造工厂的传统痛点——自动化设备品牌类型繁多，厂家和数据接口各异，国外厂家本地支持有限，不同采购时期，即便自动采集了数据，也不等于获得了整个制造过程的全部数据，再加上还有其他人工参与的环节，自动采集的数据仍就不完整。

1)数据类型

工业互联网的数据主要来自互联网用户和服务器等网络设备，数据采集类型主要是大量的文本数据、社交数据以及多媒体数据等，而工业数据主要来源于机器设备数据、工业信息化数据和产业链相关数据。从采集的类型上看，工业数据不仅要涵盖基础的数据，还要逐步包括半结构化的用户行为数据、网状的社交关系数据、文本或音频类型的用户意见和反馈数据、设备和传感器采集的周期性数据、网络爬虫获取的互联网数据，以及未来越来越多有潜在意义的各类数据。数据类型主要包括以下几种：

(1)海量的 key-value 数据　在传感器技术飞速发展的今天，包括光电、热敏、气敏、力敏、磁敏、声敏、湿敏等不同类别的工业传感器在孵化场得到了大量应用，而且很多时候机器设备的数据大概要到 ms 的精度才能分析海量的工业数据，因此，这部分数据的特点是每条数据内容很少，但是频率极高。

(2)文档数据　包括工程图纸、仿真数据、设计的 CAD 图纸等，还有大量的传统工程文档。

(3)信息化数据　由工业信息系统产生的数据，一般是通过数据库形式存储的，这部分数据是最好采集的。

(4)接口数据　由已经建成的工业自动化或信息系统提供的接口类型的数据，包括 TXT 格式、JSON 格式、XML 格式等。

(5)视频数据　工业现场会有大量的视频监控设备，这些设备会产生大量的视频数据。

(6)图像数据　包括工业现场各类图像设备拍摄的图片(例如，巡检人员用手持设备拍摄的设备、环境信息图片)。

(7)音频数据　包括语音及声音信息(例如，操作人员的通话、设备运转的音量等)。

(8)其他数据　如遥感遥测信息、三维高程信息等。

2)工业数据采集方式

传统的工业数据采集方法包括人工录入、调查问卷、电话随访等方式，大数据时代到来后，一个突出的变化是工业数据采集的方法有了质的飞跃，下面所介绍的工业数据采集方式的突破，直接改变了大数据应用的场景。

工业数据采集传感器是一种检测装置，能感受到被测量的信息，并能将检测感受到的信息，按一定规律变换成电信号或其他所需形式的信息输出，以满足信息的传输、处理、存储、显示、记录和控制等要求。在生产车间中一般存在许多的传感器节点，它们 24 h 监控着整个生产过程，当发现异常时迅速反馈至上位机，可以算得上是数据采集的感官接受系统，属于数据采集的底层环节。传感器在采集数据的过程中的主要特性是其输入与输出的关系。其静态特性反映了传感器在被测量各个值处于稳定状态时的输入与输出关系，这意味着当输入为常量或变化极慢时，这一关系就称为静态特性。我们总是希望传感器的输入与输出呈唯一的对照关系，最好是线性关系。一般情况下，输入与输出不会符合所要求的线性关系，同时由于存在迟滞、蠕变等因素的影响，输入与输出关系的唯一性也不能实现。因此，我们不能忽视工厂中的外界影响，其影响程度取决于传感器本身，可通过传感器本身的改善加以抑制，有时也可以对外界条件加以限制。

孵化厅数据采集主要依靠各种传感器，包括温湿度传感器等，这些数据由孵化设备统一采集，然后通过不同设备的不同协议传输给网关，网关可以就近解析数据，也可以透传数据给上位机，由上位机进行数据解析。

四、设备管理

孵化厅智能设备管理系统必须具备远程监控、易操作性、实用性的特点，并且外观形象较以往的监控系统有很大程度的提高。

在理想情况下，设备智能管理系统需同时提供所有孵化、环控、自动化和养殖等设备的支持，使用一套系统来管理所有设备。对于孵化场，设备智能管理系统能够连接所有的孵化设备、出雏设备、空调系统和所有的自动化设备，为用户提供集中的设备监控；对于养殖场，设备智能管理系统在提供场级监控服务的同时，能够把设备的运行数据实时推送到总部数据服务器，便于养殖场总部对设备进行统一监控。为便于孵化场内的工作人员值班，使其能够更快接收设备报警信息，设备智能管理系统配备“实时故障展板”，该展板能够实时显示所有故障设备的报警和异常信息，方便值班人员对所有设备进行统一监视。

（一）孵化厅设备管理实现的目标及具体措施

根据业内对孵化厅智能化建设的需求，孵化厅设备智能管理系统需要实现以下基本功能。

1. 服务器＋客户端模式

设备智能管理系统架构将数据的存储和用户的操作分开，服务器 24 h 开机，记录设备运行数据并提供状态通知服务。客户端根据使用者的需要随时开启，支持多用户同时登录，并且提供移动互联网设备登录功能，增加用户使用的灵活性。

2. 实时故障报警系统

网关采用主动轮询与被动推送的方式，能够实时显示所有故障设备的报警和异常信息（如异常掉电、通信失败），及时准确定位发生报警设备的厅型、厅号、机号，提高值班员设备报警集中监视的便利性。采用国际先进的 CAN 总线连接，创新优先主动推送方式，无论设备有多少，确保故障都能及时推送。

3. 孵化参数曲线分析

设备智能管理系统能够设置灵活的时间间隔记录设备运行数据，更精细地记录设备实时状态的变化，用户也可以设置时间间隔。当显示曲线的时候，同时在曲线上显示出故障点，对故障点附近的数据可以进行放大分析。

4. 故障排查指引

当设备出现故障时，将引起故障的可能原因提示给用户，并且指导用户使用设备上提示的信号进行故障的排查。

5. 连接数量无限制

解决了国内普遍使用的电流环的电流减弱导致的连接数量减少和孵化机内部程序固定的使用 8 个数据位最多连接 255 台孵化设备的限制。

6. 可拓展性强

将孵化养殖服务部署到云端，不仅能为远程用户端提供孵化和养殖指导，设备远程升级维护，以及更丰富和实时的设备维护保养信息，还能为以后孵化养殖大数据分析提供数据支持。

孵化厅与养殖场最佳的本地物联网方案如图 5-5 所示。

（二）故障诊断

目前国内大部分孵化设备不是一直开机工作的，不用的设备会处于断电关机状态，由于通信具有不确定性，若想要确定机器的状态，必须借助于外部电源模块，包括“增强”模块和智能网关。

1.“增强”模块

“增强”模块是为增强现有孵化设备的通信和报警能力而添加到每台孵化机上的功能模块。“增强”模块可以获得每台孵化机的工作状态，包括开机、关机、异常掉电、运行故障和本地消音等。

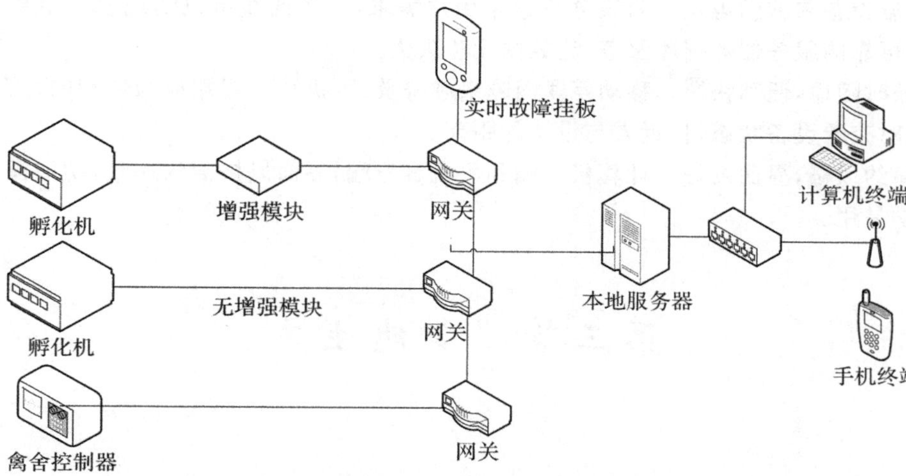

图 5-5 孵化厅与养殖场最佳的本地物联网方案

2. 智能网关

智能网关负责收集设备数据，并与服务器进行数据交互。其具备以下特性：

(1)可靠性 智能网关采用主流的 ARM 芯片系统和稳定的 Linux 操作系统，运行安全可靠，发热量小，可以长时间不间断运行。

(2)兼容性 智能网关共用一个开发平台，兼容主流机型。

(3)实时性 智能网关与“增强”模块间采用世界领先的 CAN 总线结构，100 K 的高速传输速率，最多 2 s 即可覆盖所带的所有“增强”模块。

(三)实时故障挂板

实时故障挂板的特点如下：

(1)及时 最大化地解决用户的痛点，时时刻刻监视设备的故障，无论设备有多少，故障在 2 s 之内均可显示。

(2)智能 包括停电等所有故障信号都能详细地传输至实时故障挂板中，用户既可以单独消音，又可以统一消音。

(3)灵活 实时故障挂板只要接入智能网关搭建的网络，无须设置，即可将所有设备的配置全部自动完成，无须人工录入。

(4)便利 实时故障挂板采用 10 寸触摸屏以及先进的声光报警器配置，可以提高值班人员设备报警集中监视的便利性。

(四)服务器

服务器是终端的访问端口，同时也是后期云服务器的上传通道，采用主流 SQL Server 数据库或者 MySQL 数控作为后台数据开发平台，存储读取速度快、容量大、稳定可靠，为各种请求提供快速、稳定的数据流。

(五)计算机与手机终端

计算机与手机终端的特点如下：

(1)功能强大，稳定可靠 功能主要分状态监控、故障纵览、历史记录、配方功能、曲线对比分析等，设备智能管理系统能够实时监控各类参数，查看故障和故障指引，该系统还可加入多组变温设备来辅助孵化。曲线分析紧跟用户需求，一条曲线可以实现多种参数对比查看。稳定可靠的服务器数据库服务，让数据无法丢失。

(2)随时随地，便利快捷　移动互联网越来越普及，手机移动终端成为便利的存在，在远端可以随时查看设备状态，拉近人与设备的距离。

(3)简约风格，界面友好　计算机终端和手机客户端，界面风格简约一致，功能模块分布规整，易学易用。

第三节　智能生产

一、孵化场当前困境

很多企业配置了 ERP 系统，但是它的服务对象是企业管理的上层，一般对车间层的管理流程不提供直接和详细的支持。现场自动化系统的功能主要在于现场设备和工艺参数的监控，它可以向管理人员提供现场检测和统计数据，但是本身并非真正意义上的智能化管理系统。比如面对以下孵化车间管理的典型问题，它们就难以给出完善的解决手段。

①出现用户禽苗异常投诉的时候，能否根据这批禽苗的所有生产过程信息追溯到养殖上一级？能否立即查明它的种蛋养殖场、养殖批次、养殖人员、经过的工序、孵化车间的蛋苗经过的设备、生产日期和关键的工艺参数？

②一段时间内孵化车间出现最多的禽苗缺陷是什么？数量有多少？

③能否通过过程曲线，查看设备的运行能效，用来排查异常用电或者异常损耗？

④孵化车间的所有设备有多少时间在运行？有多少时间在停转和空转？影响设备生产潜能的最主要原因是设备故障？调度失误？种蛋供应不及时？工人培训不够？还是工艺参数不合理？

⑤能否对最终禽苗的质量检测数据自动进行统计和分析，精确区分禽苗质量的随机波动与异常波动，将质量隐患消灭于萌芽之中？

⑥能否废除人工报表，自动统计每个生产过程的蛋与禽苗数量、合格率等信息？

二、构建智能化生产管理系统

智能化生产管理系统，主要负责车间生产管理和调度执行。该系统可以在统一平台上集成诸如生产调度、禽苗跟踪、质量控制、设备故障分析、网络报表等管理功能，使用统一的数据库和通过网络联接，可以同时为生产部门、质量部门、工艺部门、物流部门等提供车间管理信息服务。

因此，要实现智能生产必须要建立一体化和实时化的智能化生产管理系统，通过强调生产过程的整体优化，来助力企业实施完整的透明化闭环生产。智能化生产管理系统前期需要实现下述通用功能：

①采用多种检测手段(传感器、条码设备等)，多个监控系统覆盖整个孵化现场，保证海

量现场数据的实时、准确、全面的采集。

②采用先进的 RFID 等检测技术,创建从种蛋进入、生产到销售物流闭环的跟踪系统。

③运用跟踪系统与智能设备监控系统,创建全面完整的禽苗质量追踪追溯功能。

④生产 WIP 状况监视。

⑤Just-In-Time 库存管理与信息化看板管理。

⑥实时、全面、准确的性能分析。

⑦通过各个信息化终端,随时随地都能掌握生产现场实时信息。

三、智能化生产管理系统的基本架构

智能化生产管理系统主要包含以下功能模块,如图 5-6 所示。

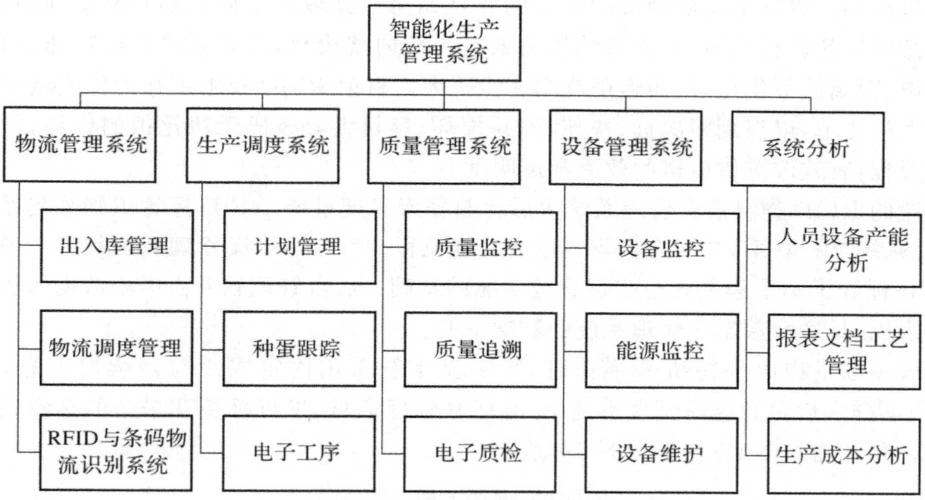

图 5-6 智能化生产管理系统架构图

四、物流跟踪追溯系统

(一)系统总体描述

从智能化生产管理系统的总体功能可以看出,该系统基本可以实现生产过程的全透明,并且实现禽苗的实时追踪。特别是物流跟踪追溯系统,将是实现智能化生产管理系统的第一步。

物流跟踪追溯系统主要由 RFID(条码)识别跟踪系统(识别跟踪)、物流调度信息处理系统(总调度)、设备监控系统(信息集成)组成,如图 5-7 所示。

(二)RFID 技术

RFID 技术,又称无线射频识别技术,是一种通信技术,可通过无线电信号识别特定目标并读写相关数据,而无须识别系统与特定目标之间建立机械或光学接触。它相当于物联网的"嘴巴",负责让物体说话。RFID 技术主要的表现形式是 RFID 标签,它具有抗干扰性强(不受恶劣环境的影响)、识别速度快(一般情况下$<$100 ms 即可完成识别)、安全性高(所有标签数据都会有密码加密)、数据容量大(可扩充到 10 K)等优点。主要工作频率有低频、高频以及超高频。

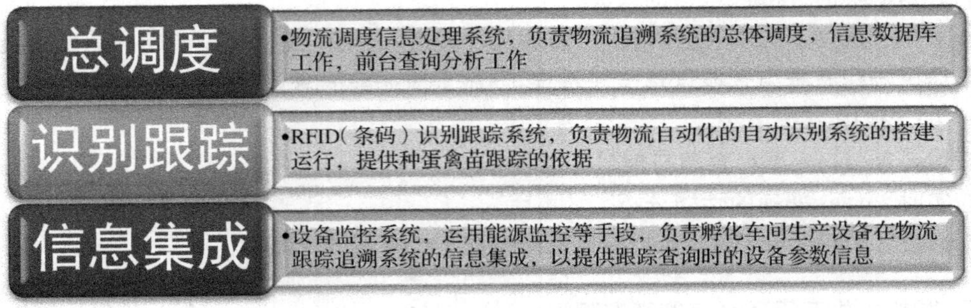

图 5-7　物流跟踪追溯系统分解图

RFID 技术目前在许多方面都有应用，如仓库物资/物流信息的追踪、医疗信息追踪、固定资产追踪等。该技术发展涉及的难点问题是如何选择最佳工作频率和机密性的保护等。目前超高频标签比较成熟，一体式的读写器技术趋向规模化，超高频以其读写速度快、可以批量读取、距离远等优点，从而运用范围逐步扩大。目前 RFID 技术正在为供应链领域带来一场巨大的变革，以识别距离远、快速、不易损坏、容量大等条码无法比拟的优势，简化繁杂的工作流程，有效改善供应链的效率和透明度。

一般的 RFID 物料追溯管理系统由后台数据库管理系统、RFID 标签识别采集系统等组成，各个系统互相联系，共同完成物料追溯管理流程。后台数据库管理系统是整个系统的核心，RFID 标签识别采集系统是实现管理功能的基础。后台管理软件由中心数据服务器和管理终端组成，是后台数据库管理系统的数据中心。

一般零散货物由手持机采集信息，很多流水线采用固定式读写器读取信息，然后将 RFID 数据插入后台数据库管理系统中，对标签管理信息、发行标签和采集的标签信息集中进行储存和处理。RFID 技术如图 5-8 所示。

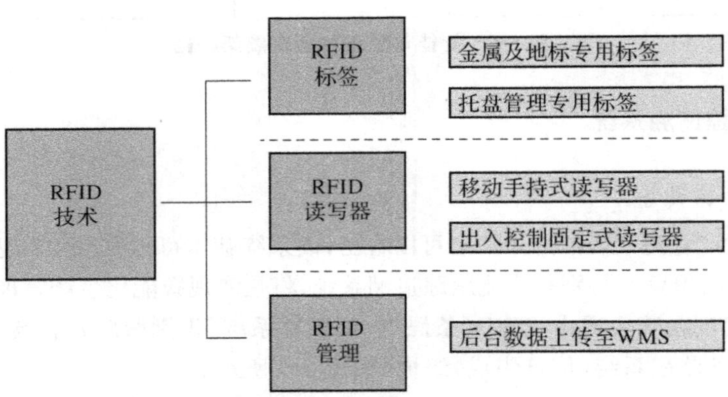

图 5-8　RFID 技术

RFID 四层架构如图 5-9 所示。

（1）第一层数据采集层　RFID 标签、手持终端、固定终端及天线等。

（2）第二层通信层　有线通信或者各种无线通信技术，如 WiFi、蓝牙、GPRS、4G 等。

（3）第三层应用层　完成对采集数据的处理，包括入库管理、出库管理以及库位管理等功能。

（4）第四层数据集成层　完成企业内与其他系统的互连，实现数据共享和透明。

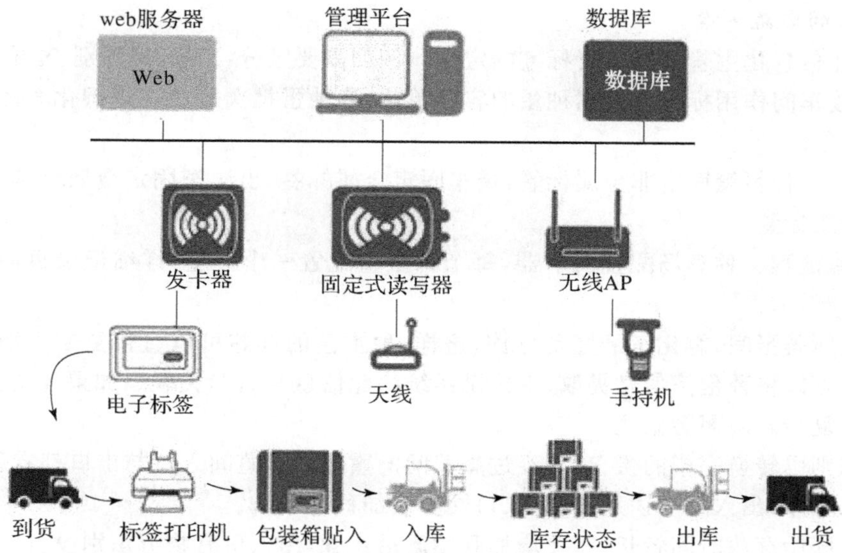

图 5-9 RFID 四层架构

（三）构建孵化厅物流追溯管理系统

因为无法精确到种蛋或者禽苗，物流信息都是通过种蛋或禽苗的载体进行信息传递的，所以信息的传递将非常重要，首先是种蛋筐到蛋车的标签信息匹配，其次是蛋车到出雏车，出雏车到禽苗筐。种蛋处理设备、孵化设备、照蛋设备、出雏设备等自动化设备的处理信息会利用设备监控系统，由信息处理系统与 RFID 信息进行对接。孵化厅物流追溯管理系统如图 5-10 所示。

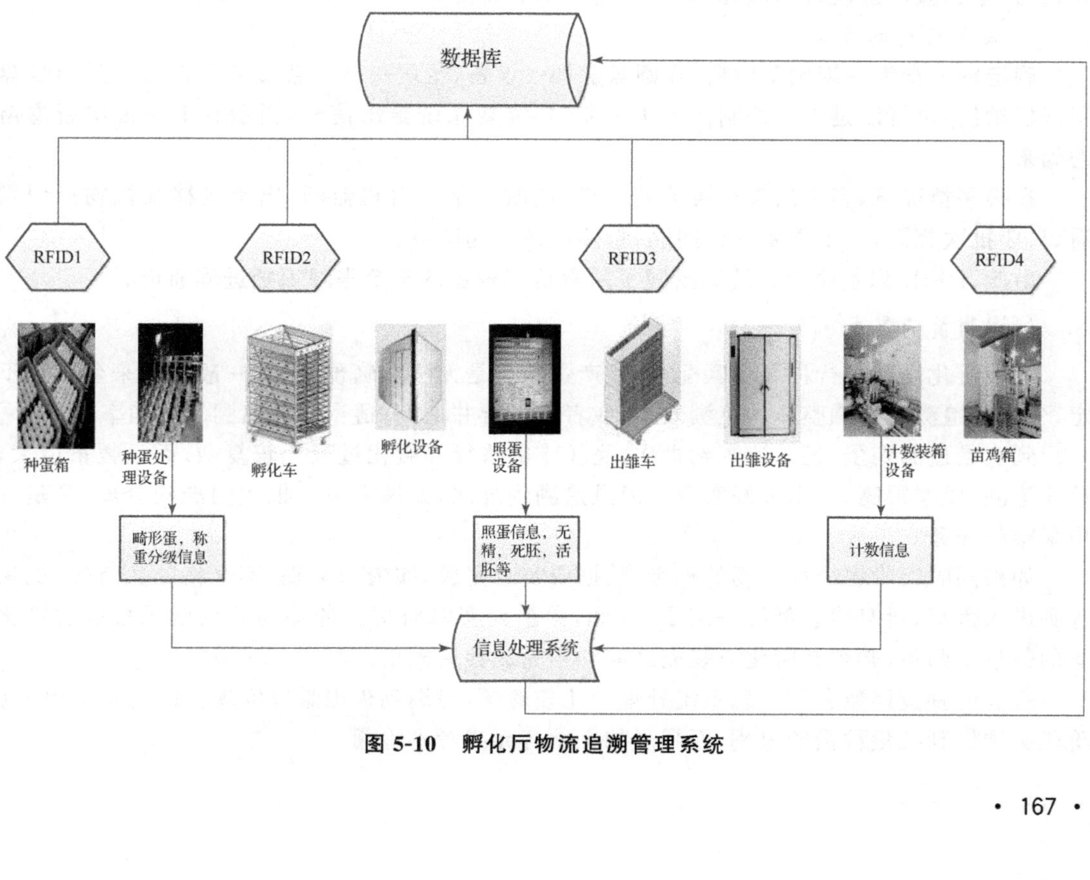

图 5-10 孵化厅物流追溯管理系统

1. 具体的实施方案

(1)企业信息化主管部门负责标签的定义　例如需要区分:X场、X种别、X栋、X时。

(2)更改车间作用标准　根据种蛋的容器单位,将种蛋批次按照正规孵化车的单列数量单位进行收集。

(3)标签　种蛋筐固定非金属标签,蛋车固定金属标签,出雏车固定金属标签,禽苗筐固定一次性纸质标签。

(4)实施流程　种鸡场配置发卡器,每个种蛋筐配置一个标签,详细记录目前每一筐的详细信息。

在孵化厅码蛋间,孵化车最好是分栋,这样,种蛋筐的标签可以直接复制到孵化车。种蛋处理设备可以将种蛋筐信息提取,由信息系统将此信息与蛋车关联。如果还要拼栋,信息系统会比较复杂。后面会论述。

经过识别码转换完毕的蛋车,再经过熏蒸间的熏蒸。熏蒸间入口与出口都有识别设备。

蛋车入蛋库,出入口有识别设备,入口同步增加称重设备。

如果有胚胎存放时间较长,需要增加胚胎激活步骤,出入口有物流识别设备。

入孵时,扫描设备PDA依次扫描蛋车三列与孵化机,这样,种蛋批次就与孵化机关联。

在照蛋过程中,孵化车每一列的标签信息通过孵化盘移载机提取,孵化盘移载机同步提取称重信息,再到机器人落盘,由信息系统将孵化车标签信息与列对应的出雏车标签匹配,这中间需要RFID识别跟踪系统进行两方对接。

出雏时,由固定的作业标准,将出雏车的信息复制到禽苗筐的信息,这中间需要RFID识别跟踪系统进行两方对接。此部分比较困难,涉及禽苗数量众多,出雏车无法与禽苗筐关联,特别是圆盘捡苗设备,难以区分每一出雏车的禽苗。

2. 目前可行的方案

确定每一车为一识别单位后,在圆盘前加一设备,暂缓一下。暂缓的条件可以是出雏盘移载机给出,也可以是人工控制。人工控制时,需要系统给出信号,提示有下一批次新禽苗的到来。

在很多情况下,多个出雏车属于同一批,同时也是一台机器的,出雏盘移载机物流识别后,只要批次相同,可不需要进行间隔,直接混在一起即可。

由此,RFID识别跟踪系统就搭建了从禽苗到种蛋的整个跟踪识别进程通道。

(四)物流的难点

一般孵化场会进行种源场匹配,但是产蛋数量是无法准确预估的,一般每天来蛋数量不定,少数的追溯会影响整体的追溯效率,或者进行合并追溯,适当降低追溯的准确率。

到底是追溯到蛋,还是追溯到批次,是较难的抉择。孵化过程比较复杂,而且数量庞大,单只追溯,成本很高,也不太好实现。但是追溯到批次,如果实现一批次的准确分离,又是一项艰难的任务。

如果同时接收多个种蛋场的种蛋,数据要实时完成,如蛋的类别、不合格的数量等,如果等到进入蛋车,所有信息都混一起了,因此,数据要实时对比。种鸡场的数据无法通过孵化车的信息来归集,必须在孵化车装完之前利用完成数据采集。

每天的种蛋尾数利用信息系统处理会比较麻烦,追溯到栋也难以实现。因此在孵化4.0阶段必须做到批量种蛋的追溯,而零星的必须舍弃或者不追溯。

总体来看,孵化场物流追溯是比较困难的,并且数据并不能保证全部准确。

(五)质量跟踪信息集成

设备监控系统实现了车间的全面监控,最关键的服务对象就是跟踪过程中的信息集成,从而在跟踪过程中可以实时查看全方位的信息。

(1)种蛋处理设备　读取种蛋的来源、周龄、大中小信息,种蛋输送模式,种蛋存储方式信息,种蛋的用户信息,种蛋的重量级别信息等。

(2)熏蒸间　入出口计算熏蒸时间。

(3)蛋库　读取种蛋翻蛋时间和次数、蛋库温湿度、蛋库存放时间、蛋车称重等信息。

(4)孵化机　读取种蛋的入孵时间、温度、湿度、风门、二氧化碳等参数。

(5)孵化盘移载机　读取蛋车的重量信息、蛋车的物流信息。

(6)照蛋剔除设备　读取蛋盘上的无精蛋、死胚蛋、活胚蛋、臭蛋、空缺蛋信息。

(7)胚内注射设备　读取每一盘的疫苗量、疫苗日期、厂家、注射时间、注射数量等信息。

(8)落盘设备　物流信息复制到出雏车。

(9)出雏机　集成出雏阶段的温湿度等参数。

(10)出雏盘移载机　读取出雏车物流信息。

(11)计数包装设备　提供技术包装的数量等,并将物流信息复制到禽苗筐标签上。

(12)环控系统　提供环境检测数据,特别是禽苗存储间的温湿度等。

(六)信息流图

孵化 4.0 框架内集成在物流质量跟踪系统上的信息流的走向如图 5-11 所示。

五、构建孵化厅信息看板系统

(一)看板管理的起源

看板最初是作为一种生产、运送指令的传递工具而被创造出来的。经过多年不断发展和完善,看板目前在很多方面都发挥着重要的作用,是推动精益生产和持续生产的有效工具。

准时化生产方式是通过看板管理,成功制止过量生产,实现“在必要的时刻生产必要数量的必要产品(或零部件)”,从而彻底消除在制品过量的浪费,以及由之衍生出来的种种间接浪费。看板的信息包括零件号码、品名、制造编号、容器形式、容器容量、发出看板编号、移往地点、零件外观等。准时化生产方式的看板在生产线上分为 2 类,即领取看板和生产看板。

(二)看板的主要作用

在一般的 MES 系统中,看板包括 4 部分:生产任务看板、各生产单位生产情况看板、质量看板和物料看板。其中,生产任务看板包括生产任务号、班组、线体等。通过看板,可以及时了解生产任务的投入、产出等情况。看板也为生产前期准备提供了信息,如当天需要生产什么。

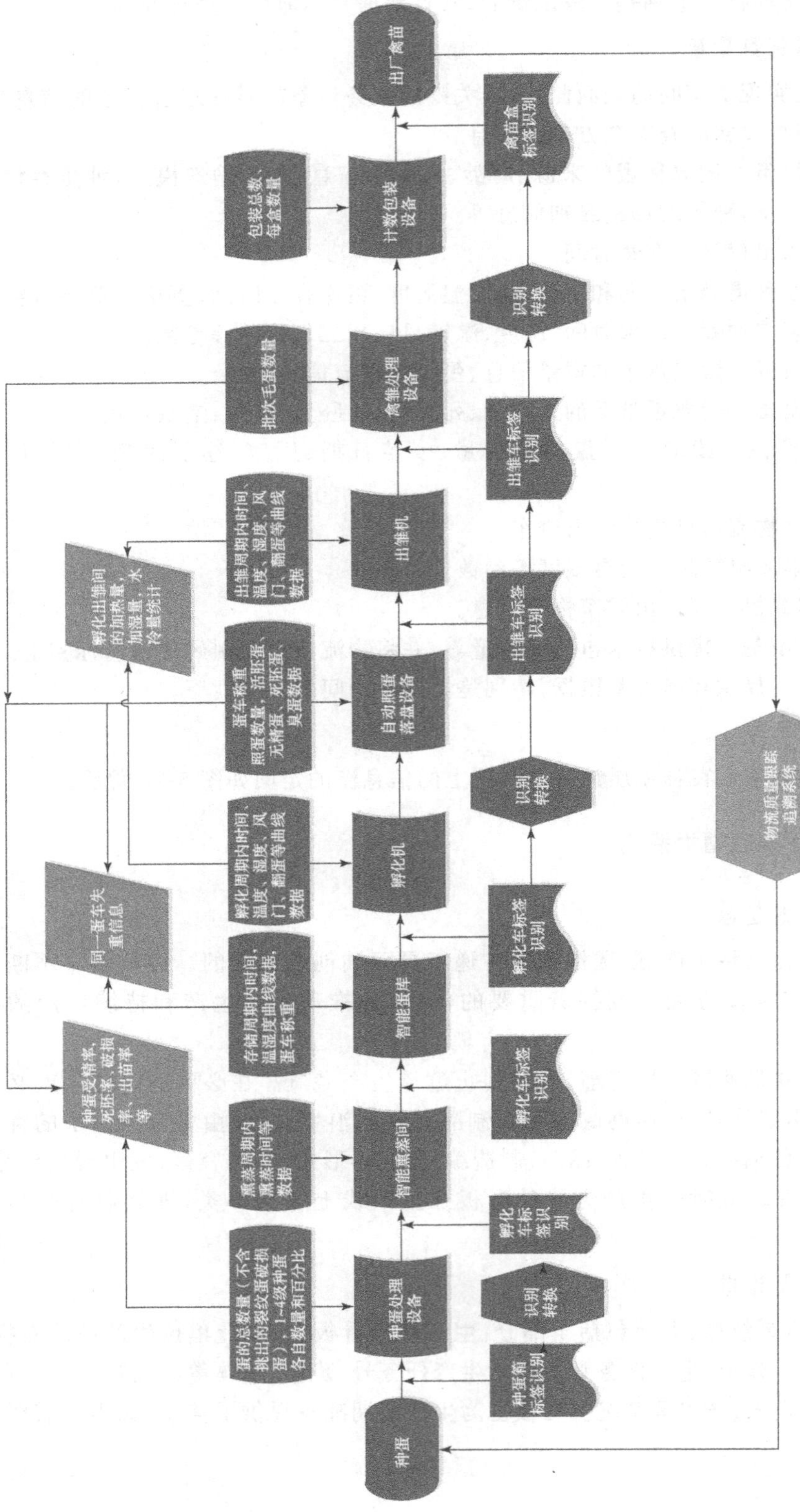

图 5-11　物流质量跟踪追溯系统信息流

在MES系统中，看板管理作为核心内容，其作用相当于联络神经，在工序之间、部门之间以及物流之间发挥着重要作用，是为实现准时化生产方式而控制现场生产流程的工具。如果缺少了看板，准时化生产就无法正常运转，也就谈不上准时化生产管理了。

1. 看板管理的八大作用

①传递作业指令和生产信息；

②生产活动的信息反馈及时、高效，具有"自律"能力；

③保证现场的标准操作程序；

④随物流而动，使信息流融于物流之中；

⑤暴露生产中的许多问题，促使企业不断地改善；

⑥起到目视化管理的作用；

⑦是一种改善工具；

⑧降低成本。

2. 看板管理的3种类型

看板管理的本质是在需要的时间，按需要的量对所需零部件发出生产指令的一种信息媒介体。它整体分为3类：在制品看板、领取看板和临时看板。

(1)在制品看板　包括工序内看板、信息看板，记载后续工序必须生产和定购的零件、组件的种类和数量。

(2)领取看板　包括工序间看板、对外订货看板，记载后续工序应该向之前工序领取的零件、组件种类和数量。

(3)临时看板　主要是为了完成非计划内的生产或设备维护等任务，灵活性比较大。

对于目前多数生产企业而言，它们必然想要做到精益生产，以避免造成生产浪费。同时，随着业内需求的不断增加，生产流程更加个性化和多样化，导致车间作业的管理更加复杂多变，此时亟须一种先进有效的管理方法和系统来进行改善和优化。MES是面向车间层的实时信息系统，是连接企业计划管理层与生产控制层之间的桥梁，其强调整个生产过程的优化。而看板管理又作为MES的核心模块，对MES的构建以及整个车间作业流程的优化具有极大的作用。因此，看板管理作为整个生产的核心内容，是实现准时化生产的最重要途径。

(三)工业平板电脑

工业平板电脑是专供工业界使用的工业控制计算机，其基本性能及相容性与商用电脑相差无几。但工业平板电脑更多的是注重在不同环境下的稳定性，如饮料生产线控制、汽车生产线控制等，在恶劣的环境下要求稳定，如防尘、防水、防静电等。工业平板电脑并不要求当前最高效能，只求达到符合系统的要求，符合工业环境中的可靠性要求与稳定，否则用于生产线时万一遇到电脑死机，则可能造成严重损失。因此，工业平板电脑所要求的标准值都必须符合严格的规范与扩充性。

目前基于MES系统的总体架构，看板基本上倾向于被工业电脑所替代。

(四)智能生产系统看板

孵化厅的入口是种蛋输入口，种蛋运输车进场之后，在厅外，司机通过看板终端触摸屏，录入司机工号、手机号、车号、种蛋来源、种蛋数量等信息。

孵化厅内的种蛋接收人员将种蛋运输到种蛋暂存间，待检查完种蛋无误后，通过种蛋接收人员位置的看板终端确认，厅外的司机得到确认的结果后，方可离开。此时即可证明种蛋接收人员与司机工作交接完毕。

种蛋处理时，种蛋处理设备分前端、中间、后端，种蛋接收人员在看板终端输入信息，将种蛋放入流水线进行处理，中间段不合格蛋处理人员配置看板终端，等待处理完毕，实时将对应栋的各种不合格蛋进行数据录入操作。

种蛋处理后端待蛋车运输人员在看板终端确认信息后，将蛋车拉入自动熏蒸间，启动熏蒸按钮，熏蒸间红色指示灯亮，进入种蛋熏蒸阶段。

待熏蒸完毕后，熏蒸间绿色指示灯亮，系统会通过看板终端通知入库人员，入库人员在自己的岗位上得到入库通知后，到达指定的熏蒸间将蛋车拉出。

入库人员将蛋车拉出熏蒸间时，有蛋车称重装置，拉入称重系统，称重完毕后，系统会提示此蛋车的详细来源，指导入库人员将此蛋车拉入已经规划好的指定区域。

入孵人员每天一上班，来到蛋库看板终端面前，将显示详细的入孵计划，系统会详细列出种蛋来源(指定区域、蛋车号和入孵的设备)，入孵人员按照指定的区域和蛋车号，将指定蛋车进行入孵，同时智能生产系统也很详细地列出下一台的蛋车号，因为在孵化厅过道会读取蛋车信息，智能生产系统会提前规划下一台的计划。

同时，蛋库看板终端会详细列出目前蛋库的库存情况，包含总蛋数，针对每一来源的按照入库日期排列的入库标蛋数量和对应的蛋车号。

当入孵人员拉蛋车经过孵化厅统一过道时，系统会再次检测到蛋车并提示要拉入的孵化机号，此阶段标识种蛋出库。

照蛋落盘工作人员上班时打开照蛋间的看板终端，检查一天的照蛋计划。照蛋间的信息化主要包括落盘计划列表、照蛋落盘状态、照蛋落盘实时数据、出雏车实时状态。照蛋落盘工作人员会根据落盘计划，去指定孵化机拉指定蛋车，拉到照蛋间后可以及时地进行称重，称重完毕后，将蛋车拉入孵化盘移载设备，系统标识种蛋孵化阶段完成。同时，根据照蛋落盘的实时进度，提示照蛋落盘工作人员下一辆蛋车在哪台照蛋设备。

在照蛋过程中，智能生产系统会记录照蛋总数、无精蛋数、死胚蛋数、空缺数等，这样就可以得出落入出雏车的活胚数。一辆统一来源的蛋车的活胚数会分散到同属共同来源的出雏车上，由此得出每个来源的出苗总数。

同步落盘处理完后，系统会指示拉出雏车人员将刚落完的出雏车拉入哪台出雏设备。此时，标识出雏阶段开始。

出苗工作人员在出雏盘移载机处打开看板，看板内容包含出苗计划。当每天出苗工作开始时，工作人员按照出苗计划列表进行拉出雏车的工作，当拉入出雏盘移载设备，标识出雏阶段完成，同时智能生产系统会提示出苗工作人员下一个的具体出雏机号和出雏车号。

禽苗经过禽蛋分离后进行人工挑选，免疫之后，进入自动计数器，末端信息化接口包含禽苗来源信息和数量信息，并通知其他自动化物流系统进行存苗处理。

孵化厅禽苗输出门口会配置看板终端，禽苗运输车司机到位后，输入相关信息，发苗工人通过计数器末端的信息化终端得知司机已到位，系统提示车号、养殖场名称，然后发苗人员根据实际生产出来的禽苗，在看板终端输入信息，通知自动化物流系统将所需的禽苗运输出来。

禽苗运输车司机在司机看板终端界面上输入工号、手机号、车号，以确认工作信息，然后输入养殖场名称，完成确认。此时，智能生产系统通知厅内的发苗人员。

待发苗人员将计划好的禽苗装入运输车后，司机界面会同步显示禽苗的来源、箱数和禽苗羽数，并提示司机已装车完毕，请按发苗表格进行清点。清点无误后，司机进行确认并离开，以完成与发苗人员的工作交接。

物联中心有场长信息化管理计算机，此计算机终端管理的项目分为生产状态查看、排产计划、数据管理、设备管理四大功能。

①生产状态查看。主要是方便场长掌握生产的实时状态，如种蛋接收的状态、种蛋处理进度、熏蒸状态、入库状态、蛋库库存状态、照蛋落盘状态、出苗状态、发苗状态等。

②排产计划。主要是场长根据来蛋数量进行生产各个阶段的计划安排。

③数据管理。包括孵化数据的补充录入，养殖场补充数据的录入，还包括种禽孵化交接的报表、孵化场日报表、发苗报表、设备报表等各种报表的查看与打印。

④设备管理。更多的是对各种生产设备、环控设备的实时状态和实时报警的查询，对工艺参数的统一维护，查看历史曲线和设备的报表，进行设备的维护等。

第四节 大数据与云服务

一、大数据与云服务的结合

大数据里面的数据，一般分 3 种类型：一种叫结构化数据，一种叫非结构化数据，还有一种叫半结构化数据。数据本身不一定有用，必须要经过一定的处理。数据的应用分 4 个步骤：数据—信息—知识—智慧，如图 5-12 所示。

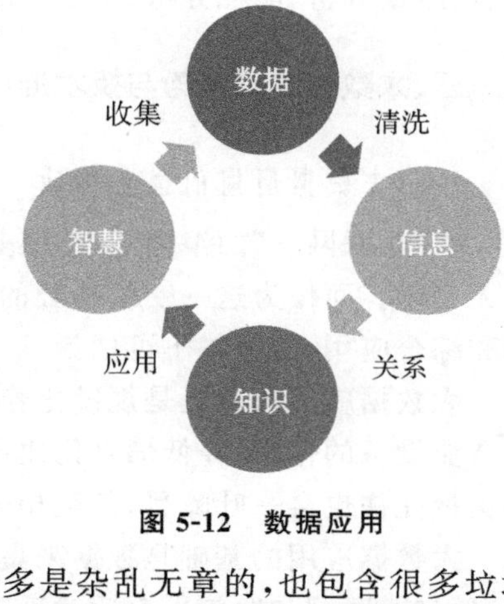

图 5-12 数据应用

数据的处理分步骤实现。

(1)收集 首先得有数据，数据的收集有 2 种方式，一是拿，二是推送。

(2)传输 一般会通过队列方式进行，因为数据量太大，必须经过处理才会有用，可是系统处理速率无法跟上，需要排队处理。

(3)存储 数据的价值等同于金钱，掌握了数据就相当于掌握了金钱。

(4)处理和分析 存储的数据是原始数据，原始数据多是杂乱无章的，也包含很多垃圾数据，因而需要清洗和过滤，得到一些高质量数据。对于高质量数据，可以进行数据分析，从而对其分类，或者发现数据之间的相互关系，得到知识，进而获得智慧。

(5)检索和挖掘 检索就是搜索。不能仅局限于搜索出来，还需要从信息中挖掘出相互的关系。例如，通过各种算法挖掘数据中的关系，形成知识库。

大数据需要云计算，云计算需要大数据。只有云计算，可以为大数据的运算提供资源层的灵活性。而云计算也会部署大数据放到它的 PaaS 平台上，作为一个非常重要的通用应用。因为，大数据平台能够使多台设备一起实现某一个目标。

二、大数据的智能分析与应用

数据分析是指用适当的统计分析方法对收集来的大量数据进行分析，提取有用信息和形成结论，并对数据加以详细研究和概括总结的过程。这一过程也是质量管理体系的支持过程。在实际中，数据分析可帮助人们做出判断，以便采取适当行动。

数据分析的数学基础在 20 世纪早期就已确立，但直到计算机的出现才使得实际操作成为可能，并将数据分析得到大范围推广。数据分析是数学与计算机科学相结合的产物。

随着信息化与工业化的深度融合，信息技术渗透到工业企业产业链的各个环节，条形码、二维码、RFID、工业传感器、工业自动控制系统、工业物联网、ERP、CAD/CAM/CAE/CAI 等技术在工业企业中得到广泛应用，尤其是互联网、移动互联网、物联网等新一代信息技术在工业领域的应用，工业企业也进入互联网工业的新的发展阶段，工业企业所拥有的数据也日益丰富。因此，工业大数据应用所面临的问题和挑战并不比互联网行业的大数据应用少，某些情况下甚至更为复杂。

工业大数据应用将带来工业企业创新和变革的新时代。通过互联网、移动物联网等带来的低成本感知、高速移动连接、分布式计算和高级分析，信息技术和全球工业系统正在深入融合，给全球工业带来深刻的变革，创新企业的研发、生产、运营、营销和管理方式。这些创新给不同行业的工业企业带来了更快的速度、更高的效率和更高的洞察力。

现代化工业制造生产线安装有数以千计的小型传感器，来探测温度、压力、热能、振动和噪声。因为每隔几秒就收集一次数据，利用这些数据可以实现很多形式的分析，包括设备诊断、用电量分析、能耗分析、质量事故分析等。

三、大数据发展趋势与技术推广应用

(一)大数据应用的因素构成

在“互联网＋”的浪潮下，养殖业正在经历一场从传统人工养殖向信息化、精准化养殖的巨大变革。而作为这一变革基础的养殖大数据，则是业内未来竞争力的核心。如果深度挖掘和综合应用，价值将不可估量。

大数据应用的前提是规模化养殖。只有具备了足量规模，才能累积一定的数据，充分发挥智能设备的作用，降低信息化建设的单位成本。如果没有海量的数据作为样本，以此做出的决策往往也会一叶障目，甚至相去甚远。

大数据应用的基础是数据采集。在信息化养殖场，养殖管理、运动管理、健康管理等信息，通过互联网和短信平台适时反馈，让大数据告诉管理者和决策者养殖的每个畜禽每天处于怎样的状态，以便及时做出相应决策。

大数据是指在社会生产生活及管理服务过程中，依托现代信息技术采集、传输、汇总而形成的超过传统数据系统处理能力的数据。传统意义上的信息时代，人们用 GB 来计算数据的存储量；大数据时代，信息的存储则用 PB(拍字节，等于 1 024×1 024 GB)，EB(艾字节，相当于 10 亿 GB)，ZB(泽字节，等于 1 024 艾字节)。与传统数据不同的是，大数据具有数据量大、速度快、类型多等特点。

大数据时代，孵化养殖业在产前、产中、产后各链条、各环节大量数据的采集后，如何分析、挖掘、开发和利用大数据技术对海量数据进行相关分析，对孵化养殖业发展做出准确预测，指导孵化养殖业生产经营管理者进行正确决策和选择合适的技术行为，是孵化养殖技术推广服务工作面临的挑战。

我国孵化养殖业所产生的数据量巨大，而且类型丰富，如果能够通过深度数据挖掘，产生的价值将不可估量。孵化养殖业生产方式向以数据驱动智能化生产转变，正是在这个由传统向现代转变的关键阶段，运用大数据平台促进行业发展、提高行业技术水平非常必要。

(二)孵化养殖业大数据的来源与类型

孵化养殖业大数据涉及各种禽类养殖(鸡、鸭等)的种蛋数据、孵化数据、出栏数据、存栏数据、饲养量数据、防疫数据、疫病治疗数据、运输数据、销售数据和零售数据，以及孵化养殖从业人员的各种数据、政府机构情况、物资管理数据、饲料投放数据、疫苗投放接种数据、孵化养殖保险数据、农业贷款数据、养殖户行为数据、饲养种类数据等。孵化养殖业更多的数据在于千变万化的市场行情和交易数据，以及从业人员围绕产业发展的研究、交流的成果数据。归纳起来，孵化养殖业大数据可以包括以下几类：

1. 禽类品种信息数据

影响禽产品质量与效益的最关键因素是禽类品种。因此，禽类品种信息数据是孵化养殖业大数据的重要组成部分。中国养殖业信息网等大型网站都设有“畜禽品种”栏目，主要包括猪、牛、羊、禽类等的地方品种、引入品种、培育品种的信息。各技术体系、大专院校和地方养殖信息网都载有培育品种和地方品种的信息数据。

2. 生产经营信息

在大数据时代，养殖环境监测信息、育种信息、疾病诊断与防控信息、养殖场管理信息、质量追溯管理信息等，在孵化养殖企业生产经营过程中越来越重要，直接影响孵化养殖企业的经济效益和社会效益。一些孵化养殖业龙头企业对于这些生产经营信息配备有专门的数据采集员、数据分析师，直接为生产经营决策提供参考。同时，这些孵化养殖业龙头企业的部门生产经营信息数据也可以被业内共享。

3. 孵化养殖生态监测预警信息

孵化养殖生态监测预警信息数据目前正在形成之中。

4. 养殖产品质量安全监管信息

养殖产品生产过程中的质量安全监管重在饲料生产环节。近几年，我国先后建设了饲料监测工作平台网站和饲料监测结果上报系统，为养殖产品质量安全监管提供了重要信息源。动物卫生监督系统也建立了跨省调运的产地和销地检疫出票出证系统，为动物的流动追踪提供了大量的数据来源。

5. 产品市场信息

大型国家级孵化养殖业网站、省级孵化养殖业信息网站、大型孵化养殖业企业网站等不同级别、不同层次的孵化养殖业信息网站上，设置有孵化养殖业生产及市场实时状态信息，国内外市场最新动态，孵化养殖业成品、半成品、深加工产品等供求市场信息，孵化养殖业企业信息栏目等，这方面的数据资源比较丰富。

6. 孵化养殖业科技信息

不同级别、不同层次的孵化养殖业信息网站上都建有科学技术、科技推广等栏目，主要包括禽苗优良品种的研发信息、疾病防治研发成果、医药研制信息以及禽产品生产加工技术信息、孵化养殖业最新实用技术信息等。

7. 孵化养殖业专家和人才信息

国家未来可以建立全国统一的科技服务支撑专家平台，为全国范围内的农业用户提供检索服务。用户可以在该平台上按照参与单位的名称或学科性质进行浏览检索，也可以根据需要，通过姓名、导师类型、研究方向、学校名称等途径进行个性化检索。其他科研院所和企业的专家人才库，可以通过该平台与孵化养殖业猎头公司等建立起来。

8. 孵化养殖业服务信息

不同级别、不同层次的孵化养殖业网站上，几乎都设置有孵化养殖业中的展览会、交流会，孵化养殖业人才交流等信息。当前国内专业社交群发展迅猛，通过网络通信进行技术和市场等方面的交流可以形成海量的数据源。

（三）运用大数据做好孵化养殖技术推广服务的思路与举措

孵化养殖业是市场化程度较高的产业，孵化养殖业信息化程度在农业中始终处于领先水平。随着互联网时代的到来，孵化养殖业从业人员的信息和数据产生量每天以亿字节的速度递增。海量的数据既为孵化养殖业的发展提供了技术支撑，又为从业人员利用数据进行行业发展预测、解决产业发展问题提供了可能。孵化养殖技术推广服务工作如何利用好大数据，提高技术推广服务水平是一项重要课题。

1. 树立大数据作为重要技术资源的思想

运用大数据，做好孵化养殖技术推广工作，首先必须要有大数据资源。资源只有被利用才被认为是资源，从事技术推广服务的人员，必须要树立信息数据就是一种非常优质宝贵的资源，可以通过挖掘分析为己所用，可以为行业科技进步所用的思想。孵化养殖技术推广工作者一方面是资源的消费者，一方面也是资源的生产者，因此在孵化养殖技术推广过程中产生的技术信息也要被视为资源，同样要注意收集发布，甚至引导，并主动将资源整合利用。

2. 树立以问题为导向的意识

大数据作为一种解决方案，提供了一种全新的思维方式和类似科学的解决方案。认为其是全新的思维方式，是因为它作为一种在信息时代和互联网时代才出现的工作方式，与以往解决问题的方法显著不同。以往的方案一般来源于人们在局部范例基础上设计出的模型；而大数据则是占有大量的数据，通过云计算的方式找出解决问题的方法，是在从毫无关联的结果中寻找结果。认为其类似科学，是因为它不讲求内在的科学道理，而获得的方案具有很强的科学性。其作为一种全新的方法论，为人们解决问题提供了一种新方法。因此，大数据更多的时候只是一种手段，它为解决问题而存在。

3. 摸清大数据解决问题的范围

当前孵化养殖技术推广工作面临的问题很多，集中起来，就是技术推广的重点和方向，推广队伍构建，推广能力和条件建设，推广与科研之间的衔接，推广成效的考核与激励等问题。这些问题均与大数据息息相关，但并非所有的问题均需要或者通过大数据解决。从与大数据关联度看，当前孵化养殖技术的应用水平、养殖户的科技需求等问题，迫切需要运用大数据来解决，以更好地提高生产效率。但是，队伍建设、人员素质提高等问题，有些需要利用大数据来解决，有些则是需要调动社会和政府的力量。

(四)大数据在孵化养殖技术推广服务中的具体运用

大数据在系统解决问题中具有 3 个最突出的特点：一是全面性，二是效率优先，三是挖掘相关性。这与孵化养殖技术服务中需要全面、高效、准确地解决一些突出问题有异曲同工之处。

1. 以问题为导向，大数据运用要有的放矢

孵化养殖技术推广服务的针对性、实用性需要提高，防止出现推广与需求“两张皮”的矛盾。抽样式的调查虽解决了短期的问题，但是所有孵化养殖品种和以年度为计量单位的科技应用情况评估及需求情况调查却无法得到满足，而大数据为解决上述问题提供了新的方法和手段。通过网络和相关互联网媒体搜索与养殖相关的问题，全面分析整理问题的集中度，就可以发现孵化养殖企业需要解决的是何种问题了。这种方法简单而高效，既不是抽样调查，防止了以偏概全，又可以根据不同禽种进行搜索统计，全面准确，还可以通过企业自身的发问，从生产实际中了解科技需求，为技术推广工作提供方向。同时，根据行业科技需求情况，科研单位或部门可以有的放矢地进行科技立项，以解决终端企业的科技难题。

2. 运用大数据指导孵化养殖户合理规划生产销售行为，最大限度地降低风险和损失

市场行情信息是孵化养殖技术推广服务的重要内容。市场行情的变化对孵化养殖而言是决定其效益好坏的最重要的因素。市场行情的变化与各种因素息息相关：既有存出栏情况的变化对市场的影响，又有产品质量安全风险对消费信心的冲击；既有国内市场的供求变化，又有国际市场变化而带来的市场波动；既有产品蛛网效应的影响，又有动物疫病带来的产供动荡；等等。通常养殖户在市场行情面前束手无策，市场的大起大落，既会造成社会财富的巨大浪费，又使一些从业者倾家荡产。

如何运用信息数据提高预警预测水平，指导孵化养殖户调整生产行为和销售行为，最大限度地避免风险和损失，是技术推广服务的棘手问题。大数据为解决这一难题提供了新的方法和手段。大数据最重要的职能是预测，而能准确地预测发展走势，非大数据莫属。目前，孵化养殖业信息中，生产数据、市场行情、疫病信息等数据形式多样，充分利用好这些数据，通过云计算方法进行预测分析，及时发布相关信息，能有效帮助孵化养殖户规避市场风险，提高生产收益。

3. 运用大数据建立专家平台，全面提高技术推广人员的服务能力

大数据的建立为搭建科技服务支撑专家平台提供了可能，能够快速高效地将全国孵化养殖技术服务人员集成到一个平台中，提供全面、系统、权威和互动式的技术支持系统，变单个服务人员为全系统和大数据支撑的技术推广体系，提高服务能力和服务效果。通过移动终端，将海量数据存储于系统中，通过搜索和远程专家支持系统，让亲临生产一线的技术人员，在提供科技服务的过程中，同步掌握行业新技术、新信息、新动态，提供优化分析结果，并与养殖户共同分享。同时，还可以通过互动系统，释疑解惑。

4. 运用大数据评估预测疫病流行趋势，为防治疫病提供坚实基础

疫病的发生与流行与各种气候因子息息相关，也与养殖环境和养殖行为有直接关联。

大数据时代,使得运用信息技术手段,评估养殖场疫病流行现状与趋势成为可能。综合各种因素预测局部或者区域性动物疫病的发生,并提供预警信息,能够进一步增强疫病防控工作的积极性和主动性。同时,通过集成与防疫相关的政策、技术、物资储备、专家等信息,能够快速判明疫情性质,合理采取相关应急措施,提高疫情处理的效率和准确性。

当然,随着数据的增加和完整,大数据的应用空间还将不断扩充,使其成为行业技术服务重要的工具和手段。

(五)孵化养殖技术推广服务中运用大数据应当注意的问题

运用大数据做好当前孵化养殖技术推广服务工作已经成为可能,目前很多省份已经主动适应这种变化,提出了孵化养殖技术推广工作注重由单一技术向集成技术推广转变,通过推广工作实现养殖方式由粗放孵化养殖向规模化、标准化孵化养殖转变。但要想真正实现大数据云计算,来促进现代孵化养殖业发展,当前还迫切需要解决几个问题。

1. 要切实贯彻党和国家的各项会议精神,推进信息数据的公开

按照“公开是原则,不公开是例外”的要求,尽量将不属于国家秘密范围的数据信息主动公开,全面公开,及时公开。要将信息公开作为公立机关或者具有公共服务性质的部门一项应尽的义务,并进行相应的监督和考核。

2. 要提高硬件建设水平

在信息化不断发达的今天,信息化产品的价格不断下降,用信息化的方式提高工作效率是最经济的一种方式。但是必要的硬件投入是运用大数据的重要保证。

3. 加强软件建设的统筹水平

开发必要的软件是提高数据利用水平的重要内容。当前,各地都在陆续开发数据利用工具软件,造成浪费和数据的无序利用,因此,国家和省级技术推广主管部门要加强这类软件的统筹开发,寻找共性,联合招标,以降低开发成本。

4. 培育大数据服务商

依托社会力量,运用市场化手段,通过购买服务的方式来寻获以大数据为基础的解决方案。加快培育大数据云计算方面的服务供应商,营造合理竞争环境。

四、云计算技术与大数据的结合

随着现代化信息技术的发展,我国迎来了大数据时代,数字化模式所产生的海量数据,使各个领域的发展越来越需要海量数据的支撑。在大数据时代下,云计算的出现为数据效益的产生提供了可靠的工具。在孵化养殖业的发展进程中,对资源进行有效处理对于推动现代孵化养殖业发展具有重要意义。为了使孵化养殖资源在使用时遇到的共享、交互及统筹问题得以有效解决,有必要通过云计算技术来构建一个完善的孵化养殖云计算系统,使系统能够实现对信息的自动化采集、处理和共享。这需要从多个环节入手,以此确保现代孵化养殖信息化建设的全面实现。

(一)云计算技术简介

自云计算技术出现以来,该技术便得到了人们的广泛关注,称之为继计算机与互联网出现后的第三次技术革命。云计算的宗旨是把应用、计算与服务当作一种资源提供给社会大众,进而使人们在使用该资源时,能够与使用水、煤气、电等资源一样便利。云计算模式能够

大大降低用户计算机的复杂程度，当用户需要使用计算机资源时，可利用浏览器来访问云，并从中获取到所需的计算资源，而这些计算资源都是由云服务商提供的。

（二）云计算技术的应用意义

近年来，云计算技术成为我国打造自主可控产业链的核心技术手段，并进一步推动了我国从现有的中国制造向中国创造方向转变。数据的几何倍数增长，使孵化养殖以及生产流程系统所产生的数据越来越多，也使其在对数据进行存储与维护时需要花费更高的成本。对于计算机专业人士来说，如果不对成本进行考虑，是很容易解决数据存储与维护问题的。但对于孵化养殖行业管理者来说，孵化养殖行业的基层使用者或管理者大部分都是农民或普通技术人员，其在解决数据存储与维护问题时并不具备较强的能力，这也在一定程度上阻碍了孵化养殖信息化的发展。最佳解决方案便是通过专业机构来为这些基层管理者提供软硬件支持，并对系统进行维护、功能扩展和升级，完成复杂的数据处理工作。在数据处理过程中，需要通过海量的计算机来共同协作完成，这些计算机共同组建了一个云集群，用户可随时通过该云集群来完成数据存储、处理和维护工作。在此过程中，用户不需要关注哪个计算机为其提供服务，数据的存储过程是怎样的，只需要通过简单指令的输入，即可获得数据的最终处理结果。整个过程只需要花费少量的成本即可实现，相比于自行购买软硬件来升级系统，并对数据进行存储与维护来说，前者所花费的成本要小得多。云技术的出现，使不熟悉计算机操作的人也可以轻松地使用计算机，从而大大推动了我国孵化养殖业的进步。

（三）云计算技术的应用可行性

为了分析孵化养殖相关系统的云计算技术的应用可行性，以下从技术条件、经济成本、实践环境3个角度进行探讨。从技术条件来说，云计算技术的出现，引起了国内外诸多专家与学者的关注与重视，并对其进行了大量的研究。时至今日，国内外已经产生许多颇具典型性的经典技术方案，比如国外IBM公司的云计算解决方案、亚马逊网络服务方案，国内的阿里巴巴、腾讯、京东、用友集团的一体化管控解决方案等。上述研究成果均为孵化养殖系统的科学构建提供了可靠的技术支撑平台。从经济成本来说，在孵化养殖云系统中应用云计算技术是非常可行的，因为云计算是利用服务器集群来完成用户指定的工作的，其不需要对用户的计算机有较高的要求。此外，用户所获得的云计算服务是云服务供应商提供的，这能够大大降低用户对服务平台进行维护与管理时所花费的成本，并且云服务供应商还能集中更多的精力来进行信息服务。从实践环境分析，目前云计算技术在孵化养殖系统中的应用，为孵化养殖的管理与基层工作人员积累了更多的实践经验。

（四）云计算技术的应用

应用云计算技术建立孵化养殖云系统，将为广大农民带来直接的利益，不需要花费更多成本来进行数据管理与维护，更不需要熟练地操作计算机，即可享受专业级别的服务。同时，孵化养殖云系统还能帮助国家相关部门来科学、准确地指导孵化养殖生产。在孵化养殖云系统中应用云计算技术时，需要关注以下问题。

1. 信息化标准的建立

在孵化养殖云系统中，其信息化标准的实现是利用云计算技术来完成的，建立能够与我国国情相符的信息化标准，能够促进我国孵化养殖业的长远发展。信息化标准应与孵化养殖生产的内在规律相符，并对孵化养殖的发展情况及其未来趋势变化进行充分考虑，使该标准能够对孵化养殖云系统中的组成要素进行全方位衡量，确保孵化养殖云系统的开发能够具备实用性、易扩展性和安全性。云计算技术是一种新兴的现代化技术手段，目前我国还尚未形成以云计算技术为核心的信息化标准。不过就长远而言，在我国现代化孵化养殖业的信息化发展中，云计算技术必将起到至关重要的作用，从而使现有信息化发展模式发生彻底的改变。因此，应从长远出发，遵循科学合理的原则，积极制定出和云计算技术有关的信息化标准，必将进一步推动我国的信息化发展进程。

2. 孵化养殖云系统的运作

孵化养殖云系统的服务对象为养殖从业者，他们的文化水平参差不齐，因此在建设孵化养殖云系统时，必须要由相关部门实施统一的规划与设计，需要对现有的信息资源进行充分考虑，实现信息数据的有效整合，使信息资源的利用率更高。孵化养殖云系统的技术实现则由具备丰富经验的大型企业来完成，确保孵化养殖云系统的市场化运作目标得以实现。

3. 孵化养殖云系统的设计需求

我国土地面积辽阔，品种资源丰富，在孵化养殖生产中，既要考虑到地区特点，又要对鸡品种进行统一的安排。在孵化养殖云系统运行以后，其对信息的获取是由各级部门发布的，并且各级部门还能将本级部门的相关信息向上级部门进行反馈。本级部门根据自己对孵化养殖信息的实际需求来进行科学的获取，以此实现对本级部门工作内容的科学安排，并向下级单位准确而及时地传达关于孵化养殖生产的各类数据及指导建议。

4. 孵化养殖云系统的参考模型

对于孵化养殖云系统来说，云计算技术在该系统中的应用，可划分为五级应用与一个单独的云系统。孵化养殖管理系统的中央数据库能够为该云系统提供海量的信息数据，并能对全国所有与孵化养殖有关的信息进行存储。而五级应用则是按照国家、省、市、县和协会这 5 个应用层次来进行等级划分的。并且，孵化养殖云系统还实现了与网络的有效连接，系统用户可访问网站来获得由上级部门所发布的相关信息及服务信息。为了使孵化养殖云系统在建设过程中产生的风险更低，孵化养殖云系统应优先在国家大型养殖集团、孵化养殖协会等实施，以此确保孵化养殖云系统在开发时能够提前克服所遇到的技术性难题，同时也能克服在试运行时遇到的其他问题，诸如设计结构不完善，需求分析不完整等，为全国性孵化养殖云系统的后续建设积累更多宝贵的经验。

总而言之，云计算技术作为一项新兴的技术，在我国信息化发展中有着其他技术无法比拟的优势，并逐步克服了信息化发展过程中所遇到的各种技术难题。因此，在现代孵化养殖业的发展中，我国也应顺应云计算技术的发展趋势，将其应用到上层云系统当中，以此实现对现有信息化系统运作模式的改变，从而提高我国现代化孵化养殖业的信息化发展水平。

第六章

孵化场生物安全体系建设

第一节　生物安全在现代孵化场中的重要性

一、孵化环节微生物控制的现状

种蛋孵化环节是曾祖代到祖代、祖代到父母代种鸡供应的最重要环节。目前，在世界范围内该环节仍存在病原微生物交叉污染严重、垂直传播疾病净化困难等问题，造成新生雏鸡高发病率与高死淘率。对于某些病原微生物，特别是一些病毒来说，鸡胚本身就是他们的天然培养基，因此，孵化环节也是最容易引起病原交叉污染，造成子代高死淘率的环节。新生雏鸡的健康是鸡群疾病防控的第一道防线。确保鸡群健康，疾病预防须从源头控制，因此必须将疫病防控关口前移至种蛋孵化环节。

目前，孵化环节微生物污染与传播情况复杂，水平传播与垂直传播共存。一方面，在孵化过程中，数千枚受精卵在一个密闭、温热空间内进行20余天孵育，病原或环境微生物在此条件下大量繁殖，并通过蛋托、孵化器、空气气溶胶进行水平传播，造成新生雏鸡出壳即带菌(毒)。另一方面，禽白血病、网状内皮组织增生症等疾病，可以通过母鸡经受精卵进行垂直传播，孵化的后代出生即带菌(毒)。此外，还有一些病原菌，如沙门氏菌、滑液囊支原体等同时具备垂直传播和水平传播的能力，加重了疾病预防与净化的难度。生产实践证实，种鸡鸡雏病原的控制对健康养殖具有决定性影响。若控制不好，疾病会随鸡苗的销售链传入父母代种鸡和商品鸡群，造成严重的扩散性流行。

二、孵化环节着重关注的问题

(1)明确肉种鸡自动孵化环节孵化全过程环境微生物载量与多样性分布　孵化箱内空

气样本温湿度适宜微生物生长，这些环境微生物可附于蛋壳、胚体、绒毛、孵化器内壁、出雏器内壁。孵化不同阶段胚体、蛋壳与环境微生物的多样性组成及其相关性基础数据是目前亟待了解的背景数据。了解不同微生物载量、组成分布与环境来源，可为有针对性地制定微生物控制方案提供参考数据。

(2)阐明肉种鸡孵化环节重要病原微生物载量与雏鸡健康相关性　为明确以上问题，须了解孵化全过程所涉及的种鸡精液、种蛋、不同日龄发育鸡胚、出雏期鸡苗、死淘雏鸡携带了哪些重要病原微生物。目前已经被证实，可以在孵化场检测到的禽病病原微生物包括鸡毒支原体(MG)、滑液囊支原体(MS)、禽流感病毒(AIV)、禽马立克病毒(MDV)、新城疫病毒(NDV)、鸡传染性法氏囊病毒(IBDV)、鸡传染性支气管炎病毒(IBV)、禽白血病病毒A亚群(ALV-A)、禽白血病病毒J亚群(ALV-J)、禽腺病毒(FAdV)、呼肠孤病毒(Reo)、禽传染性贫血病毒(CIAV)、沙门氏菌(Sal)、大肠杆菌(Eco)、鸡副嗜血杆菌(HPG)、禽偏肺病毒(aMPV)等。目前，各种孵化养殖企业需要监测自动化孵化过程中以上病原的分布与载量数据，并将其与雏鸡发病情况、死淘率进行关联分析，阐明孵化环节垂直传播与水平传播主要病原的分布与传播情况。

(3)建立自动化孵化环节综合微生物控制标准并推广应用　根据自动化孵化环节的鸡胚、鸡雏以及环境微生物与病原微生物的载量和分布数据，与孵化场环境控制部门、疫病防控部门、智能孵化装备研发机构进行数据共享，联合攻关，对环境自动化控制参数、蛋内免疫疫苗选择、雏鸡免疫程序等进行合理优化，共同起草、制定符合孵化养殖企业孵化环境的智能控制标准解决方案。这是目前孵化环节自动化、智能化、标准化的必然要求。

三、现代孵化场生物安全的重要性

随着人们对养殖不同环节微生物的组成和丰度与鸡群健康关系的深入了解，建立有效的孵化微生物控制体系，从种源上控制疾病的垂直传播，得到从业者的空前重视。为确保孵化微生物控制体系的良好运行，需要严格的生物安全保障体系的支撑。因此，生物安全理念应该始终贯穿于孵化场所有操作环节。建立等同于或高于GMP级别的生物安全控制体系非常必要，也是大势所趋。这就要求现代孵化场的管理者从以下几个方面熟悉和贯彻生物安全理念。

(一)污染物来源

孵化环节对环境控制的要求与GMP对环境和生产的要求相似，即尽可能避免污染和交叉污染。不同的是，孵化环节的污染和交叉污染，仅涉及微生物，而微生物污染又涉及孵化的每一个环节。因此，我们需要清楚孵化环节微生物污染来源(即污染的病原微生物)是怎样进入孵化环节的。

1. 微生物污染来自种鸡养殖场

种鸡养殖场是种蛋污染的重要来源之一，特别是垂直传播性疾病的病原微生物，绝大多数来自种鸡养殖场。种蛋的污染来源主要有2种：一种是垂直传播途径获得的，主要由感染种鸡通过卵巢、输卵管、精液、泄殖腔等途径污染种蛋，如禽白血病、马立克氏病、禽网状内皮组织增多症、沙门氏菌病、鸡毒支原体、滑液囊支原体等疾病的病原微生物均可通过这一途径污染种蛋，传播给子代；另一种是水平传播途径获得的，该途径较为多样，因为在种蛋进入孵化场前，需要在养殖场进行捡蛋、分级、入盘等工序，在此过程中，污染物很容易经操作人员的手传播到蛋壳上。

2. 微生物污染来自运输环节

研究表明，在孵化生产链中，运输环节，特别是运输人员和运输工具常常是容易忽略的污染来源。在生物安全措施控制不严格的企业或场区，种蛋运输员以及运输工具在不同生物安全级别的养殖场或孵化场间从事生产活动，俨然成了移动的微生物收集箱、培养箱及传播箱。

3. 微生物污染来自孵化场

孵化场是孵化进行的最终场所，所涉及的环节较多，种蛋在此最容易污染微生物。主要污染途径包括空气污染、种蛋消毒不彻底、地面墙壁污染、人员卫生不达标、孵化设备污染等。良好的生物安全管理措施可将来自孵化场的微生物污染控制到可接受水平。但是任何措施都无法保证孵化过程中种蛋没有被微生物污染。在某种程度上，孵化过程中有益微生物的参与对雏鸡建立正常的肠道微生物菌群具有非常重要的生物学意义。

(二)我国肉鸡养殖企业面临的孵化场生物安全问题

我国肉鸡养殖业从起步发展到现在，经过近 30 年的努力，已经成为我国农业产业化发展最迅速的行业。我国已成为世界三大白羽肉鸡生产国之一，鸡肉产品逐渐在国际市场上占有一定地位。进入 21 世纪，我国肉鸡养殖业实现了养殖模式的巨大进步，发展进入一个由量变到质变的关键时期，养殖规模由小到大，养殖方式由原始到专业，养殖环境由简陋到现代化。然而，养殖的各个环节仍存在企业间发展不平衡、自动化与智能化普及率低、管理理念落后等问题。在孵化环节这些问题最为明显，具体表现为孵化场硬件建设与发达国家差距较大，孵化场条件普遍较差，设施简陋、设备简单，达到国际标准要求的孵化场较少。

在孵化环节，不同规模的孵化企业在孵化管理方面良莠不齐。总体来说，大型龙头企业具有资金、规模和管理优势，在种鸡孵化管理方面较为规范。中小企业在生物安全方面管理粗放，几乎没有实行精细化生物安全管理，造成雏鸡总体质量较差。在代次管理方面，曾祖代、祖代种鸡较重视孵化环节的生物安全管理，父母代种鸡安全管理次之，商品雏鸡孵化生物安全管理最弱，出现问题也最多。

目前，绝大多数孵化企业还存在孵化环节生物安全管理粗放问题，具体表现为生物安全意识松懈，生物安全措施落实不力等。多数孵化企业管理者仍受传统管理理念制约，片面强调规模和孵化率；部分企业也制定了孵化环节的生物安全管理规范，然而在实践中没有很好地贯彻落实；部分企业在车辆管理、人员管理、消毒管理、传播媒介控制等方面存在诸多问题。

孵化环节生物安全的自动化与智能化是我国肉鸡养殖面临的另一个问题。目前，世界上一些发达国家已实现孵化环节的自动化、智能化管理，在生物安全方面也积累了丰富的管理经验。而我国仅有少数大型企业具备自动化设备和管理理念，多数中小型企业还不能达到或完全达到自动化、智慧化管理。随着国产化孵化装备的不断涌现和品质的不断提升，以及互联网＋理念及智慧化管理理念的日益深入人心，孵化环节的生物安全控制水平也必将迎来跨越式提升。

(三)良好的孵化场生物安全设计有哪些要求

孵化场在设计之初就应当考虑到生物安全的需求，在选址、设计、布局等方面应最大限度地避免微生物的污染和交叉污染。

1. 选址方面

特别注意孵化场要远离居民区、交通繁忙区域、动物源性饲料厂、食品加工厂、畜牧养殖场。若不能完全远离上述区域，则要考虑到孵化场所在位置的河流流向和常年风向，尽可能避免水流或空气传播污染物带来的生物安全风险问题。

2. 孵化场设计方面

气流的设计和压差的保持是最为关键的参数，因而采暖、通风与空调（heating，ventilation and air conditioning，HVAC）设计需要建立在风险分析基础之上。例如，为避免空气的交叉污染，在设计时就需要考虑到洁净区与污染区的压差问题。根据孵化对 HVAC 系统的实际需要，孵化场需要评估的参数一般包括温度、相对湿度、送风总量、回风或排风量、房间压差、房间换气次数、单向流速度、隔离污染系统的风速、房间自净速率、浮游菌及表面微生物水平等。定期进行设备的运行确认与工艺参数的验证，确保设备在合理的参数范围内运行。

3. 孵化场区布局方面

合理布局是避免交叉污染的有效措施。一般来说，设计合理的孵化场首要考虑的是分区设计、分区管理，根据不同需要设置不同的功能区和与之对应的污染级别。例如，种蛋接收间、消毒和分拣线、种蛋暂存间、孵化箱、出雏间都需要进行分区管理。不同区域按照孵化的要求进行不同的生物安全洁净度管理，不同洁净级别区域的管理方式不同，用不同颜色做好标识区分管理。清洗与消毒区域要紧邻污染区，便于污染物的及时清洗和消毒。洁净区与污染区之间不应有交叉，气流也不要交叉。

4. 人员管理方面

人员的卫生条件是种蛋污染的重要原因之一。应在孵化场设置严格的进出管理规范，最大限度地避免污染和交叉污染。未经授权的人员不得进入场区；进入场区的人员需要按照生物安全要求进行淋浴、更衣、消毒才能进入孵化场核心区；办公区域和孵化场之间须设置沐浴室，确保工作人员经淋浴室淋浴后方可进入孵化场；各孵化功能区入口处都应放置洗手液和足浴池，且足浴池内的消毒液应定期更换；种蛋存储间的工作人员经常经手接触种蛋，应定期洗手、消毒；通往各孵化场功能区的通道需要适当的生物安全标识，表明本区域的洁净级别和人员范围；墙面、地面需标明通道方向；不同洁净度区域的门控装置要设置成单向通过，以免低洁净度区域内人员返回高洁净度区域；可以通过颜色管理的方法加强人员管理的规范程度，不同工作区的工作人员应身穿不同颜色的工作服，相同工作区的人员可进行工作服颜色轮换管理。

5. 清洁消毒方面

孵化场需要制定适合种蛋孵化的详细的清洁和消毒标准操作规程，定期进行消毒状态的验证工作。孵化场环境的清洁和消毒包括室外和室内，室外清洁与消毒一般一次性完成，主要针对运输种蛋、物料和器具的车辆进行清洁和消毒处理。室外一般适合采用高压喷淋或安装车辆消毒通道的方式进行消毒。室内一般先清洁种蛋、器具，随后再进行消毒。消毒剂的合理使用可有效打破微生物污染链和污染循环。种蛋消毒剂应经过评估后，选择孵化场专用的消毒剂。合理使用消毒剂可杀灭靶细菌、靶病毒和靶真菌。选择孵化场消毒剂时应先进行供应商评估、产品质量评估和消杀效果评估。综合评估结果，选择具有广谱杀菌、杀病毒和杀真菌活性的消毒剂。此外,还应选择起效迅速、表面相容性良好、稳定性好、应用范围广、环境友好、可生物降解、对人员和种蛋安全的消毒剂。消毒剂的选择、使用剂量、消毒方式及消毒效果的评估需要一套详细的可操作性强的标准操作规程(standard operating procedure,SOP)。对环境、器具及种蛋的清洁效果验证需要建立书面的清洗方法验证要求,应规定执行验证的负责人、批准验证工作的负责人、验证标准(合格标准)、再验证的时间。验证之前,应制订书面验证计划,规定取样规程、分析方法。按验证计划进行验证工作,记录验证结果。验证报告由有关管理人员批准,说明该清洁方法是否有效。此外,还要做好孵化间隔期的消毒和验证工作。

(四)提高孵化场生物安全管理的可行性措施

1. 做好种源疫病控制

研究表明,目前我国畜禽养殖面临的多数传染性疾病都与引种时疫病控制不严有关。在肉鸡养殖上,最重要的几个难于净化的垂直传播疾病,如沙门氏菌病、白血病、支原体、马立克病等都发生过引种带病问题。而这些疾病的病原均可在种蛋内存活、繁殖,普通的消毒管理也不能切断这些细菌和病毒传播。它们一旦进入养殖生态链,即可经种蛋传播给雏鸡,造成难以控制的传播和蔓延,给日后的净化工作带来极大的挑战。很多企业花费巨大的人力和资金成本也不能达到净化目的。少数病原可在孵化过程中交叉污染其他健康种蛋和鸡胚。因此,做好这些疾病的引种控制是控制重要疾病的重中之重。这就要求引种企业在引种时全面彻底地进行疫病监测,做好清关隔离和复检工作,如发现疾病阳性个体或疑似个体,果断处置,将疾病传播从源头切断。对于已经存在这些疫病的种鸡群,从长远考虑,一定要努力做好净化工作。这就要求种鸡养殖企业建立一整套种鸡重要垂直传播性疾病的诊断平台,将重要疾病都纳入日常监测;建立特异性好、敏感性强的诊断方法和科学的抽样及统计方法,并将疾病的监测日常化,不能有丝毫麻痹大意和松懈。

2. 加强环境控制管理

目前环境控制被认为是最有效的生物安全措施。良好的孵化环节环境控制实践可有效杜绝大多数水平传播性疾病的发生。环境控制技术体系需要建立在环境风险因子分析基础之上。明确了孵化环节的污染来源,即可有的放矢,通过消毒、通风等措施将孵化环节微生物控制在健康水平。

在环境控制方面,高通量微生物检测技术、自动化与数字化设备起到至关重要的作用。高通量基因测序技术结合生物信息分析技术可精准地了解孵化场各个环节微生物的种类、分布和丰度,据此可有针对性地制定环境控制技术手段。目前,基于细菌 16S rDNA 和真菌 ITS 基因的测序技术、生物信息学技术及溯源分析技术等已应用于环境细菌和真菌检测的各个领域,在明确孵化环节微生物的来源等方面具有绝对优势。环境病毒的高通量检测多依赖 DNA 和 RNA 的宏基因组技术,该技术没有统一的靶核酸,对样品起始浓度要求高,建库风险高,不能进行丰度分析和来源追踪,因此在监测方面难度较大。病毒的监测可采用通量稍低的实时荧光定量 PCR 技术。这些技术的应用可全面了解孵化场的病原微生物分布和丰度;同时,也可对环境控制技术效果进行科学评估,确定已有的环境控制技术是否满足要求,达到既定的控制效果。

在掌握了环境微生物的分布规律之后,可有针对性地实施控制措施。这些控制措施是在前期工作基础上进行有针对性的精准调控。比如,某环节、区域微生物载量高,而这个环节恰好是最容易被忽视的,因此在控制措施制定时有针对性地加强这个环节的控制。

3. 提高人员生物安全意识

目前,我国绝大多数肉鸡孵化场从业人员年龄结构不合理,以青年临时用工为主。他们受教育程度较低,孵化环节的生物安全和环境微生物控制意识淡薄,或根本没有相关概念,对某些操作规程和管理规定不理解,甚至有抵触情绪。因此,提高从业人员的生物安全意识尤为重要。

(1)加强人员培训　适当的培训可有效提高孵化场的管理水平和员工的综合能力,使相关从业人员认识到生物安全的重要性,在日常工作中保持警惕性和操作规范性,提高企业的综合竞争力。孵化企业应当指定专人负责培训管理工作,培训方案、培训计划、培训内容都需要经生物安全负责人审阅和批准。培训的对象应当涵盖所有与孵化场业务相关人员,包括运输人员、门卫、各功能区参与人员。

(2)加强人员管理　孵化企业应当建立一整套清晰、明确、可操作性强的生物安全管理制度,并在生产实践中坚定执行。通过制度学习、操作规程培训、卫生管理等各项综合管理措施的实施,使所有孵化场业务相关人员认识到生物安全重要性,落实到实践工作中,以杜绝或减少由人员操作不当或执行不彻底带来的生物安全隐患。

第二节　孵化场各生产环节微生物分布

一、垂直传播类病原微生物的经种蛋水平污染

沙门氏菌、禽白血病病毒以及支原体是肉鸡孵化环节垂直传播来源最为重要的3种病原微生物。其中,沙门氏菌病和禽白血病是我国《国家中长期动物疫病防治规划(2012—2020年)》(以下简称《规划》)规定的16种优先防治的2种二类动物疫病,属于种畜禽净化的重点疫病。《规划》设定的考核标准是到2015年全国祖代以上的种鸡场达到净化标准,到2020年全国所有种鸡场达到净化标准。各级政府及职能部门应引导和支持种畜禽业开展疫病净化。建立无疫企业认证制度,制定健康标准,强化定期监测和评估。建立市场准入和信息发布制度,分区域制定市场准入条件,定期发布无疫企业信息。引导种畜禽企业增加疫病防治经费投入。这两种疾病的最显著特征是垂直传播和孵化环节的交叉污染。

1. 沙门氏菌

目前多数孵化场的管理实践表明,控制好种鸡沙门氏菌即可有效降低出壳雏鸡的死淘率,这说明沙门氏菌是影响孵化环节极为重要的病原菌之一。种鸡沙门氏菌净化不彻底会给后代鸡群带来极高的沙门氏菌带菌率,造成严重的经济损失。一直以来,沙门氏菌在种蛋和孵化环节的控制都是净化本病的重点和难点。这主要是由种蛋沙门氏菌的来源和特殊的繁殖特性决定的。不同血清型沙门氏菌,特别是肠炎血清型沙门氏菌(SE),具有极强的蛋壳入侵及卵黄内复制能力,这极有可能是SE目前在种鸡场难以净化的最主要的原因。在垂直传播途径中,感染种鸡输卵管及精液是种蛋获得沙门氏菌的重要来源。此外,沙门氏菌也可来源于水平传播途径,如粪便污染及环境污染等。研究表明,种蛋沙门氏菌最主要的来源是

种鸡粪便污染。此外，灰尘、空气、饲料、垫料、饮水、器具表面、蛋壳、绒毛等不同环境样本也可分离到大量沙门氏菌。SE在种蛋表面具有极强的环境适应性，可长时间存活。此时，不同来源的种蛋集中孵化，极易造成种蛋沙门氏菌交叉污染。

2. 禽白血病病毒

禽白血病(AL)是由白血病/肉瘤病毒群中不同亚群的禽白血病病毒(ALV)引起的，可引起禽类多种肿瘤性疾病。该病尚无切实可行的治疗方法，也无有效的疫苗，唯一有效的控制方法是净化。禽白血病主要以垂直传播为主，感染本病的阳性种鸡通过种蛋将病原传播给下一代。经卵水平传播主要发生在孵化期间。

研究表明，该病毒主要存在于种鸡中，可随种蛋进入孵化环节。公鸡、母鸡均可携带本病毒，可通过交配或人工授精传染给其他鸡。母鸡感染病毒后，病毒在输卵管的膨大部进行大量复制，并随种蛋排出，感染鸡胚内存在大量病毒，其中以蛋清内含量最高。此时，可以通过检测鸡蛋蛋清p27抗原，淘汰阳性鸡，避免阳性鸡种蛋进入孵化环节导致病毒扩散到下一代。孵化后期，感染胚胎的胰腺积聚大量病毒，并从刚出壳雏鸡的粪便中排出，有很强的感染性和传播性。

3. 支原体

规模化养殖场中，支原体感染仍非常普遍。近年来，我国规模化肉鸡场的支原体病出现新的发病特征，如发病率增高、病情严重、死淘率升高等。特别是2017年山东省部分规模化养殖场鸡滑液囊支原体病较往年具有流行范围广、阳性率高、死淘增多等特点，给肉鸡养殖业造成了严重的经济损失。重要的是，对鸡致病性强的鸡毒支原体(MG)和滑液囊支原体(MS)可经鸡胚垂直传播给后代，雏鸡孵化出壳即带菌，给本病的防控带来极大的挑战。其中MS感染蛋鸡或种鸡感染本病可致母鸡产蛋量下降20%～30%，国外报道该菌可引起蛋壳顶端畸形，我国目前未观察到该类型的病变。对2013—2014年分离到的110株MS进行*vlhA*基因系统发育分析和攻毒研究发现，中国分离株代表了一个新的基因型——K型，但菌株间致病性差异较大，与基因型无关联性。

二、孵化及其上下游各生产环节微生物分布

基于16S基因V4、V5区的细菌多样性分析方法，对养殖不同环节的细菌多样性分布进行分析发现，种鸡场内各位置的粪便、灰尘、垫料的微生物组成较相似，在门水平主要分布的细菌为厚壁菌门、变形菌门、拟杆菌门等。饲料样本优势菌为变形菌门、蓝细菌。此外，料槽中的饲料后壁菌门丰度显著高于地面和料库中的饲料；孵化机和出雏机内表面、蛋壳、绒毛聚类在一起，主要细菌为变形菌门、厚壁菌门等；稻壳粉和鸟粪的优势菌为变形菌门、厚壁菌门等。属水平上，种鸡场内各位置粪便、垫料优势菌为乳酸杆菌、大肠杆菌、肠球菌、不动杆菌、假单胞菌等；灰尘中乳酸杆菌的丰度占绝对优势；各饲料样本优势菌为*Chloroplast*和*Mitochondria*(未鉴别)；孵化机和出雏机内表面、蛋壳、绒毛主要细菌为嗜盐单胞菌、大肠杆菌、鞘脂单胞菌、慢生根瘤菌、中度嗜盐菌、假单胞菌等；稻壳粉的优势菌为甲基杆菌、鞘氨醇单胞菌等；各组样本间多样性分析表明蛋壳的细菌群落多样性显著高于其他各组，这可能是由于雏鸡在孵化时放置于孵化箱中，环境比较适合细菌生长；饲料样本中细菌多样性较低，通过16S rDNA高通量测序，种鸡场各生产环境的样本中共检测到42个门，1 360个属的细菌，微生物群落多样性十分丰富；蛋壳的细菌群落组成和多样性最为丰富；种鸡场各环节中

条件致病菌的含量也较丰富，其中大肠杆菌、假单胞菌、不动杆菌、肠球菌含量最高；除蛋壳样本检测到少量的沙门氏菌外，其他样本基本检测不到沙门氏菌。

三、种蛋消毒对蛋表面微生物载量的影响

在自然条件下，种蛋表面栖息有大量的共生菌群。孵化场种蛋表面的菌群对于确保肉鸡的高质量生产至关重要。大多数蛋壳污染在产卵后立即发生，孵化蛋的主要污染源是壳与脏表面的接触。孵化蛋被其他致病菌种的污染可能导致工业肉鸡生产中的孵化率差和鸡雏性能下降等问题。因此，通常对孵化蛋进行消毒以杀死蛋壳表面的微生物。不同的孵化场有不同的消毒程序和管理规定。研究表明，种蛋表面眼观较脏的种蛋，先进行初始洗涤（氯浸渍洗涤），随后进行 2 次熏蒸，最后进行喷雾消毒，种蛋表面微生物载量从每个样品 10^4～10^5 菌落形成单位（colony-forming units，CFU）降到 10 CFU。消毒前，种蛋表面微生物组具有最高丰度的厚壁菌、变形杆菌和拟杆菌。在细菌门水平，消毒前后比较来看，梭状芽孢杆菌的相对丰度降低，而乳酸杆菌的相对丰度增加。因此，消毒程序减少细菌载量的方案行之有效。并且经过消毒前后对比发现，无论较脏的种蛋还是洁净的种蛋，经消毒后，其表面具有高度相似的微生物群。具体研究方案如下：

1. *种蛋分组和消毒程序*

种鸡场收集的种蛋根据蛋壳表面的明显外观可分成“眼观洁净种蛋”和“眼观较脏种蛋”2 组。随后，使用含有浓度为 0.2 g/L 水的二氯异氰尿酸钠的浓缩物，在 41 ℃下对 2 组种蛋进行氯浸渍洗涤（无机械刷洗）10 min。每天 3 次收集鸡蛋 3 h 后洗涤。每次洗涤最多 180 枚种蛋，然后将种蛋放在干净的塑料桌上干燥。干燥后，所有种蛋经（40 mL 福尔马林（40%）+20 g 高锰酸钾）/m^3 的混合物进行熏蒸。熏蒸室中的温度和相对湿度分别保持在 24～38 ℃和 60%～80%。熏蒸 30 min 后，送孵化场进行与上述相同的条件的二次熏蒸。最后，在将种蛋放入孵化器之前，使用裴塞斯（VIROCID®）以 0.5%的稀释度进行种蛋喷洒。在润湿整个壳表面的同时，尽可能彻底地进行喷雾，并将溶液温度保持在尽可能接近 41 ℃。

2. *蛋壳样品的采集*

随机选择种蛋，取样一次然后丢弃。在产蛋场收集鸡蛋后用无菌木棉签将每个鸡蛋表面用磷酸盐缓冲盐水（PBS）润湿，并置于含有 10 mL PBS 的 15 mL 离心管中。在每个离心管中汇集 5 个拭子。为了研究消毒过程中每个步骤的影响，在孵化场熏蒸后，对每组 25 枚种蛋（清洁/脏）进行取样，剩下的鸡蛋最后进行喷雾消毒。孵化前，用同样方法对 25 枚种蛋进行取样。

3. *16S rDNA 扩增子文库制备方案*

环境样本样品的制备和核酸的提取，没有一个统一的标准，不同的样品采样方法适用不同的核酸提取方法。在进行相关研究时需要比较不同试剂（盒）的 DNA 产量和纯度。通常情况下，使用 Qiagen 公司的 DNeasy 系列试剂盒往往会取得较为理想的 DNA 产量和纯度，可用于下游的扩增分析。基于 16S rRNA 基因的分析有多个建库方案选择，不同可变区的选择可能会对研究结果有一定影响。V1 区可更好地区分金黄色葡萄球菌与其他凝固酶阴性葡萄球菌，V2～V3 区在属水平上可非常好地区分除肠杆菌科外的所有细菌；V6 区可在科水平上区分绝大多数细菌，但该区基因片段在肠杆菌科仍不能进行很好的区分。目前比较成熟的多采取 V3～V4 区，而 16S 全长分析具有更好的分辨率。

4. 生物信息学分析方案

将纯化的测序文库，对样品进行双末端测序。应用 Mothur、QIIME、QIIME2 等生物学分析方案进行系统分析。

5. 种蛋蛋壳微生物消毒前后变化

利用多变量统计主成分分析(PCA)鉴定具有相似微生物群落的样品。组内相对相同的种蛋类型(洁净/脏)，相同的消毒状态具有高度相似性。微生物群落在最初洁净种蛋和最初较脏种蛋的样品之间有显著差异，但在最终消毒后，这两组的微生物群落几近相似。

使用 QIIME 计算每个样品中的物种多样性，结果表明，最初洁净种蛋和较脏种蛋的物种丰富度分别从消毒前的 14.5 和 10 增加到最初消毒后的 35.5 和 60.5。然而我们还发现，在分配给特定蛋组(洁净/脏)的各个样品之间，物种多样性存在相当大的差异。

在自然条件下，禽蛋壳的表面含有细菌和真菌的微生物群，起到保护卵/胚免受更多致病菌感染的作用。父母的生理学也通过泄殖腔微生物群的垂直传播影响蛋壳微生物群。与在孵化器中孵化的种蛋相比，亲本孵化的种蛋具有较少的致病细菌。研究表明，种蛋微生物组厚壁菌门、变形菌门和放线菌门为优势菌群。同时，具有相同消毒状态的同一组样品具有大的变化。

在消毒之前，最初较脏种蛋的细菌多样性低于最初洁净种蛋，应该仔细筛选和分析多样性参数。虽然这两组种蛋的个别样本都含有更多潜在的致病性腐败细菌，包括棒状杆菌和嗜冷杆菌，这些细菌与肉鸡制品的腐败有关，但还没有被描述为属于正常的鸡蛋微生物群，这表明上述细菌可能导致不利的污染。

最初较脏种蛋样品比最初洁净种蛋样品的 CFU 高 20 倍。为降低最初较脏种蛋作为潜在致病菌储库的风险，可将最初较脏种蛋在氯溶液中洗涤。此后，它们与最初洁净种蛋一起熏蒸。结果表明，第一轮熏蒸使最初洁净种蛋的细菌丰度显著降低，而在氯洗涤和熏蒸的综合作用下，最初较脏种蛋的蛋壳平均样品细菌丰度显著降低。在大多数国家，清洗蛋壳都被认为是一种风险，因为洗涤会损害蛋壳的外表皮和角质层，而角质层能提供天然的污染屏障，阻碍微生物进入种蛋内部。有研究发现，如果将鸡蛋浸入氯溶液中超过 5 min，孵化率会降低。另一项研究报告指出，洗涤还可以使随后的跨壳和跨膜微生物渗入蛋中。因此，重要的是防止洗涤后种蛋的重新污染。

第二次熏蒸使最初洁净种蛋样品的平均细菌丰度降低约 2.5 倍，使最初较脏种蛋样品的平均细菌丰度降低约 1 倍。与随后用裴塞斯喷雾消毒后观察到的减少相比，第二次消毒/熏蒸的影响似乎有限。可以推测，是否可以省略第二次熏蒸。虽然更多研究报告指出，福尔马林熏蒸不会降低孵化率，但减少福尔马林熏蒸的程度不仅有利于环境，而且有利于孵化场相关工作人员的健康。

总体而言，在消毒前，较脏种蛋和洁净种蛋中最丰富的门是放线菌和厚壁菌。在厚壁菌门(*Firmicutes*)的范围内，与最终消毒后的样品相比，芽孢杆菌(*Bacilliales*)减少而乳杆菌(*Lactobacilliaes*)增多。对于较脏种蛋来说，与洁净种蛋的微生物相比，蛋壳菌群的潜在致病菌相当少，并且具有多样性。在消毒前对较脏种蛋进行氯溶液初次洗涤后，最初较脏种蛋和最初洁净种蛋的蛋壳的 CFU 均没有显著差异。经过最后的喷雾消毒后，这两组种蛋蛋壳样品的 CFU 含量均低于 10，这在鸡蛋卫生方面被认为是非常令人满意的。未来的研究方向将更多关注消毒程序对跨壳细菌迁移的影响。

第三节　孵化场生物安全管理技术

一、孵化环节对重要病原微生物的控制

孵化场是造成重要传染病经胚胎水平传播的重要场所。对于绝大多数垂直传播性病原微生物，如沙门氏菌、支原体、禽白血病病毒、马立克病毒、禽网状内皮组织增高症病毒等，普通的清洗和消毒环节无法消除其在种蛋内的存活。这些微生物在适宜的环境条件下迅速增殖，容易造成病原经种蛋水平传播。此外，雏鸡出壳后相互接触、相互啄食也是造成此阶段病原传播的主要因素。孵化环节进行病原微生物控制，主要应从以下 3 个方面着手：

(1)加强种蛋重要病原微生物的风险评估　对每一批种蛋应进行抽样检测，进行风险评估。具体采样可选取蛋表面、卵黄(沙门氏菌)、卵清(禽白血病病毒)等样品进行特定的分离培养或定量检测。目前 Real-time PCR 方法在这方面具有敏感、快速、特异等特点，已得到很好的应用。此外，抽样方法和样本数目、富集和培养检测方法等也是需要考虑的重要因素。例如，在进行沙门氏菌的检测时至少需要 16 个取样池，每个取样池至少 10 枚种蛋(ISO 6579：2004、ISO 6579-1:2017)。经分析，高风险的种蛋不得进入孵化环节。

(2)对出雏器等出雏用具或设备进行严格消毒　设计专用出雏纸袋，按照单系单家进行装袋落盘。出雏前，将出雏场地及各种用具进行严格清理和消毒。在出雏过程中，每处理完一个家系洗手消毒一次。从孵化厅出来的雏鸡，采用专用车辆运输，车辆须进行冲洗、熏蒸消毒。

(3)要加强免疫控制　对于种鸡进行重要传染性疾病的净化，采取免疫与淘汰结合模式。若有条件，对可实施胚内接种免疫的疾病进行早期免疫接种预防。

二、孵化场生物安全管理体系

良好的孵化场生物安全管理体系应该涵盖孵化上下游及孵化关键区域等所有环节，做到生物安全无死角。要有完备的生物安全管理规章制度，并严格按照生物安全规范规定内容执行。

种蛋在养殖场到孵化场运输期间，应该注重运输车辆的清洗和消毒。目前，最好的清洗消毒方式为在孵化场出入口设置自动化车辆清洗消毒设备，以保障车辆的清洗效果。在此环节，车辆的每部分，包括车轮、货车厢体等都需要进行最基本的喷洒消毒。这样才能有效地杜绝运输车辆在多家养殖场、孵化场携带的微生物污染。同样也需要对离开本孵化场的车辆进行二次消毒处理，以防止本场的微生物污染车辆和人员。

运输种蛋的司机通常不允许进入孵化场，若确实需要进入孵化场区，则需要更换经消毒处理的塑料靴和新的一次性连体服。在出场前将塑料靴和连体服留在养殖场内，统一处理。需要注意的是，进场人员的个人物品，如手机、钱包等，也需要经熏蒸消毒后方可带入孵化

场。如果不注重运输车辆的卫生，在每次装车和运输后不清洗和消毒，或者进出养殖场车轮未经过消毒池或喷洒消毒剂消毒，污染的可能性将大大提高。

对进入孵化场的空气需要进行加压，空气在孵化场内按照从清洁区到污染区的方向流动。孵化场内各个工作室的门避免朝外打开。控制和清洁进入空气的方式有多种，如过滤和紫外线照射。这些方式都应运行良好，联合使用可以提高生物安全性。必须牢记，进入孵化场的空气都有可能携带污染物。

场内工作人员的清洁同样重要。他们应该进行常规培训，并不断学习最新的操作技能和知识。在养殖场工作期间，工作人员在进入孵化场之前应先淋浴并更换清洁的防护服、头套和脚套。同时，为了不将孵化场内的污染物带出，离开之前也应进行淋浴。每个工作室的入口处都应放置洗手液和足浴池，并且足浴池应定期更换(取决于人和车辆的流动情况)。种蛋存储间的工作人员应定期清洗和消毒双手。具体的管理措施可简单概括为以下几个方面：

1. 出入场区管理

人员进入场区需脚踏消毒垫，经紫外线照射消毒 5 min，登记后按规定路线进入场区。进入场区车辆必须先用高压水枪清洗，然后用 0.05% 的铵福喷雾消毒，再用福尔马林(28 mL/m^3)和高锰酸钾(14 g/m^3)对车厢进行熏蒸消毒 20 min，在门卫处签字确认后，经指定路线进入停车场。

2. 出入孵化厅管理

进入生产区，人员必须淋浴，换上消毒过的工作服，经指定路线行进，要脚踏消毒垫，用消毒液洗手后方可进入孵化厅内。凡进入生产区物品必须经过 0.05% 铵福清洗消毒，不能清洗的必须经过 28 mL/m^3 福尔马林加热熏蒸 0.5 h 后方可进入。

3. 孵化场环境控制

(1)外环境消毒　对孵化厅和生活区外环境每天进行清扫，保证清洁、卫生，并且用消毒液喷洒消毒一次(消毒药推荐：1%次氯酸钠、0.2%全能经碘、2%氢氧化钠、0.02%瑞特杀这几种消毒药，并隔天轮换)。

(2)环境消毒　种蛋库每天用消毒液清洗地面，上午下班前用1%次氯酸钠，下午下班前用 0.05%铵福；每周对蛋库环境消毒 2 次，用福尔马林 28 mL/m^3，电磁炉加热熏蒸，每次 0.5 h。

(3)孵化厅内　在每天固定时间点，用消毒液对地面进行清洗；每周 2 次对孵化厅内进行冲洗、清扫，并喷雾消毒(消毒液为 1%次氯酸钠、0.05%铵福交替使用)。

(4)出雏厅内　每次落盘前使用福尔马林 28 mL/m^3 对出雏厅进行熏蒸消毒 0.5 h。出雏结束后，对孵化用具及出雏厅内、外进行高压冲洗，并用 0.05%铵福喷洒消毒。出雏操作间每批鸡出完后对屋顶、墙壁、地面、下水道等由上到下进行高压冲洗，并用 0.05%铵福喷洒消毒。

4. 用具及设备管理

(1)孵化器管理　专人负责孵化器管理与维护，每周对孵化器内外壁及地面进行擦洗，每次落盘、验蛋、入孵后对孵化器、地面用 0.05%铵福进行擦洗消毒，并签字确认。

(2)常用工具管理　塑料蛋托使用前后要进行高压冲洗，并用 0.05%铵福消毒液浸泡消毒；纸蛋托放入熏蒸间内，用福尔马林 28 mL/m^3，加热 0.5 h 熏蒸消毒。各孵化厅、出雏厅、蛋库等的用具专厅专用，不流动使用，并且每周集中用福尔马林 28 mL/m^3，加热 0.5 h 进行熏蒸消毒一次。

(3)免疫用具管理　对注射器等耐高温用具须在 121 ℃高温灭菌 15 min，塑料器械用 75％酒精浸泡消毒。

5. 废弃物处理

生产中产生的雏鸡绒毛和蛋壳等废弃物也容易传播疾病、污染环境，因此也要加强管理。出雏厅内安装绒毛收集器，将出雏器内的绒毛集中收集、焚烧处理；蛋壳在出雏结束的第一时间，经专车拉到距孵化场 5 km 以外的垃圾场进行集中发酵处理或在场内进行焚烧处理；生产用的废蛋托或工具等，经收集后用福尔马林 28 mL/m^3，电磁炉加热 0.5 h 进行熏蒸消毒后集中处理。孵化厅环境、设备微生物检测标准及频率，以及孵化各个环节的控制标准均有专人进行监督和检查，并纳入员工考核，与工资挂钩。加强环境监控和数据分析，及时检测和反馈，以确保孵化场的生物安全。

参考文献

[1]Fernando Trajano Lima，杭苏琴. 1 日龄雏鸡质量的重要性[J]. 国外畜牧学（猪与禽），2015，35(9)：71-72.

[2]陈合强. 如何提高雏鸡质量和成活率[J]. 科学种养，2012(3)：35.

[3]陈金龙. 影响鹅种蛋孵化率的因素[J]. 上海畜牧兽医通讯，2011(2)：57-59.

[4]陈永亮，王德琴. 提高种鸭蛋孵化率的关键措施[J]. 湖北畜牧兽医，2008(7)：9，17.

[5]崔闯飞. 枯草芽孢杆菌对产蛋后期蛋鸡生产性能及蛋壳品质的影响[D]. 兰州：甘肃农业大学，2018.

[6]窦套存，王克华，曲亮，等. 基于个体动物模型分析蛋鸡蛋壳厚度遗传参数[J]. 扬州大学学报(农业与生命科学版)，2016，37(2)：31-35.

[7]符征辉. 影响雏鸡质量的因素及解决方法[J]. 当代畜禽养殖业，2017(9)：10-11.

[8]龚文雄. 初生雏的选择、运输和分群[J]. 养禽与禽病防治，1999(10)：24.

[9]韩浩月. 雏鸡质量检查及孵化程序调整：脐部检查[J]. 国外畜牧学（猪与禽），2018，38(4)：3-4.

[10]韩占兵，杜改萍，黄炎坤. 饲料中添加辣椒粉对柴鸡蛋黄颜色的影响[J]. 畜牧与兽医，2012，44(1)：45-46.

[11]郝春光. 浅议影响雏鸡质量的因素及解决方法[J]. 养禽与禽病防治，2017(5)：14-15.

[12]黄好强，张立恒，刘健，等. 鸡蛋的外观性状与其质量的关系[J]. 现代牧业，2018，2(2)：46-49.

[13]黄炎坤，杨朋坤，刘健，等. 鸡蛋品质评价指标及影响因素的探讨[J]. 家禽科学，2017(1)：53-57.

[14]黄竹林. 鸡蛋蛋壳质量影响因素与营养技术调控[J]. 养殖与饲料，2019(1)：17-19.

[15]姜涛. 种鸭的饲养管理[J]. 乡村科技，2010(9)：34-34.

[16]康相涛，宋素芳，李明，等. 蛋鸡种蛋蛋重对孵化率和雏鸡生长发育的影响[J]. 中国家禽，2002，24(15)：10-13.

[17]李云龙. 肉鸡的接雏与雏鸡的管理[J]. 养禽与禽病防治，2014(4)：17-19.

[18]廖冰. 蛋壳超微结构影响孵化率及相关候选基因的研究[D]. 北京：中国农业大学，2014.

[19]刘东军. 孵化场的微生物检测[J]. 养禽与禽病防治，2015，34(4)：36-37.

[20]刘谨.提高雏鸡质量十一点[J].家禽科学,2007(4):24-25.

[21]刘素贞,吴钦义,曹晓敏,等.温州地区四个品种鸡蛋品质比较分析[J].黑龙江畜牧兽医,2017(2):73-75.

[22]刘伟红.鸭蛋孵化时注意啥[J].农村养殖技术,2009(4):17.

[23]刘影.种鹅的选择及饲养管理[J].养殖技术顾问,2013(2):196.

[24]吕莉,李源,井美娇,等.普通鸡蛋、土鸡蛋和乌鸡蛋的蛋品质比较研究[J].家畜生态学报,2017,38(11):38-40,91.

[25]马梅琴,孙舜保.禽蛋质量的指标及鉴定方法[J].养殖技术顾问,2012(8):144-145.

[26]慕宗杰.雏鸡的选择、处理和运输技术[J].畜牧与饲料科学,2009,30(Z2):155-156.

[27]宁维颖,盛玉凤.夏天如何改善蛋壳的质量[J].黑龙江畜牧兽医,2004(9):31-32.

[28]潘继兰.强健雏鸭的挑选[J].农家参谋,2012(2):19.

[29]齐树河,李甲印,赵桂峰.影响种蛋质量的原因浅析[J].养禽与禽病防治,2010(4):32-33.

[30]秦丽燕.禽蛋质量及其检测方法[J].中国畜牧兽医文摘,2014,30(12):204.

[31]肉雏鸡的挑选[J].农村科学实验, 2009(5):31.

[32]沈福林.影响蛋鸡产蛋的主要病因及预防措施[J].中国畜禽种业,2011,7(6):126-128.

[33]石碧磊,夏广军.鹅蛋孵化有技巧[J].农村养殖技术,2010(13):15.

[34]孙成浩.孵化场环境控制关键点[J].家禽科学,2009,31(2):18.

[35]孙丰兰,赵黎明.影响蛋壳质量的因素分析及对策[J].畜牧兽医杂志,2019,38(2):69-71.

[36]孙舜保.禽蛋质量及其鉴定方法[J].青海畜牧兽医杂志,2011,41(5):34.

[37]唐彩琰.生物安全在现代孵化场中的重要性[J].国外畜牧学(猪与禽),2017,37(8):61-63.

[38]唐修君,高玉时,葛庆联,等.不同鸡种鸡蛋品质及营养成分比较研究[J].家畜生态学报,2014,35(1):35-38,96.

[39]王庆民,宁中华.家禽孵化与雏禽雌雄鉴别[M].北京:金盾出版社,2008.

[40]王瑞萍,唐景田.如何选择雏鸡[J].养禽与禽病防治,2003(8):40.

[41]魏刚才,郑素玲,姜金庆.劣质初生雏鸡的危害及优质初生雏鸡的选择[J].安徽农业科学,2006(9):1891-1893.

[42]文佑.选择雏鹅有学问[J].农家之友,2011(6):23.

[43]吴学峰.雏鹅选购及运输技术要点[J].畜禽业,2016(8):31.

[44]肖国栋,王珏,李杜,等.不同蛋重种蛋孵化效果分析[J].中国家禽,2015,37(18):56-57.

[45]杨宁.家禽生产学[M].2版.北京:中国农业出版社,2010.

[46]杨秀丽.选择优良雏鸡须“六看、一摸、一听”[J].养殖技术顾问,2004(8):15.

[47]殷若新.影响鸡蛋品质的因素分析[J].家禽科学,2009(9):20-21.

[48]俞路,王雅倩,章世元,等.鸡蛋壳内部组成、构造及其质量的基因调控技术 [J].动物营养学报,2008(3):366-370.

[49]虞凌鸿.正确看待鸡蛋蛋壳的颜色[J].吉林畜牧兽医,2018,39(9):36-37.

[50]岳欣荣,卢国强,汪全生.现代化鸡场微生物控制体系构建[J].中国禽业导刊,2005,22:8.

[51]曾红.孵化场微生物学检测的方法及其标准的探索[J].中国畜牧兽医文摘,2016,32(5):46-47.

[52]张芳毓,金香淑,路国雨,等.不同品种鸡蛋品质的比较分析[J].吉林农业科学,2012,37(5):59-61.

[53]张丽娜,章世元,龚道清,等.蛋重和蛋形指数对溧阳鸡种蛋孵化性能的影响[J].上海畜牧兽医通讯,2010,2:32-33.

[54]张玲勤.蛋重对种蛋孵化效果的影响[J].青海畜牧兽医杂志,1999,29(5):30-31.

[55]张亚男.饲粮锌对产蛋后期蛋鸡蛋壳品质及抗氧化机能的影响[D].北京:中国农业科学院,2013.

[56]赵公舜.雏鸡品质的评定(上)[J].山东家禽,1997(2):23-24.

[57]中国建筑标准设计研究院.洁净厂房建筑构造:08J907[S].北京:中国计划出版社,2009.

[58]中华人民共和国住房和城乡建设部.电气装置安装工程　电缆线路施工及验收标准:GB 50168－2018[S].北京:中国计划出版社,2018.

[59]中华人民共和国住房和城乡建设部.工业金属管道工程施工质量验收规范:GB 50184－2011[S].北京:中国计划出版社,2011.

[60]中华人民共和国住房和城乡建设部.工业设备及管道绝热工程施工质量验收标准:GB/T 50185－2019[S].北京:中国计划出版社,2020.

[61]中华人民共和国住房和城乡建设部.给水排水管道工程施工及验收规范:GB 50268－2008[S].北京:中国建筑工业出版社,2009.

[62]中华人民共和国住房和城乡建设部.建筑给水排水设计标准:GB 50015－2019[S].北京:中国计划出版社,2019.

[63]中华人民共和国住房和城乡建设部.洁净厂房设计规范:GB 50073－2013[S].北京:中国计划出版社,2013.

[64]中华人民共和国住房和城乡建设部.通风与空调工程施工质量验收规范:GB 50243－2016[S].北京:中国计划出版社,2017.

[65]中华人民共和国住房和城乡建设部.压缩空气站设计规范:GB 50029－2014[S].北京:中国计划出版社,2014.

[66]钟乐伦,李宏山.提高蛋壳品质的营养学措施[J].养殖与饲料,2005(9):11-13.

[67]周毛吉.禽蛋质量的指标及鉴别方法[J].养殖技术顾问,2011(8):6-7.

[68]Ahmed A. M. H., Rodriguez-Navarro A. B., Vidal M. L., et al. Changes in eggshell mechanical properties, crystallographic texture and in matrix proteins induced by moult in hens[J]. British Poultry Science, 2005, 46(3):268-279.

[69]Bain M. M.. Eggshell strength: A relationship between the mechanism of failure and the ultrastructural organisation of the mammillary layer[J]. British Poultry Science, 1992,33:303-319.

[70]Baxter-Jones C.. Egg hygiene: Microbial contamination, significance and control. Avian Incubation, Poult[J]. Sci. Symp,1991,22:269-275.

[71]Board R. G.. Course of microbial infection of hens' egg[J]. J. Appl. Bacteriol, 1966,29:319-323.

[72]Board R. G.. The microstructure of the cuticle-less shell of the eggs of the domestic hen[J]. Br. Poult. Sci. ,1975,16:89-91.

[73]Bolger A. M. , Lohse M. , Usadel B.. Trimmomatic: A flexible trimmer for Illumina sequence data[J]. Bioinform,2014,30:2114-2120.

[74]Bourassa D. V. , Buhr, R. J. , Wilson, J. L.. Elevated egg holding-room temperature of 74℉(23 ℃) does not depress hatchability or chick quality[J]. Journal of Applied Poultry Research, 2003, 12(1):1-6.

[75]Buhr R. J. , Mauldin J. S. , Bailey S. , et al. Automated spray sanitizing of broiler hatching egg[J]. J. Appl. Poult. Res. ,2015,3:226-233.

[76]Cadirci S.. Disinfection of hatching eggs by formaldehyde fumigation: A review[J]. Archiv fur Geflug,2009,73:116-123.

[77]Caporaso J. G. , Kuczynski J. , Stombaugh J. , et al. QIIME allows analysis of high-throughput community sequencing data[J]. Nat. Methods,2010,7:335-336.

[78]Charles N. , Williams S. K. , Rodrick G. E.. Effects of packaging systems on the natural microflora and acceptability of chicken breast meat[J]. Poult. Sci. , 2006, 85: 1798-1801.

[79]Cook M. I. , Beissinger S. R. , Toranzos G. A. , et al. Incubation reduces microbial growth on eggshells and the opportunity for trans-shell infection[J]. Ecol. Lett. ,2005, 8:532-537.

[80]Dolman J. , Board R. G.. The influence of temperature on the behavior of mixed bacterial contamination of the shell membrane of the hen's egg[J]. Epidemiol. Infect. , 1992,108:115-121.

[81]Dunn I. C. , Rodríguez Nvarro A. B. , Mcdade K. , et al. Genetic variation in eggshell crystal size and orientation is large and these traits are correlated with shell thickness and are associated with eggshell matrix protein markers[J]. Animal Genetics, 2012, 43 (4): 410-418.

[82]Fasenko G. M. , Christopher E. E. O. , Franco A. U. , et al. Chick quality[C]. Australian Poultry Science Symposium,2009.

[83]Fasenko G. M. , O'Dea Christopher E. E. , McMullen L. M.. Spraying hatching eggs with electrolyzed oxidizing water reduces eggshell microbial load without compromising broiler production parameters[J]. Poult. Sci. ,2009,88:1121-1127.

[84]Fathi M. M. , Eldein A. Z. , Elsafty S. A. , et al. Using scanning electron microscopy to detect the ultrastructural variations in eggshell quality of fayoumi and dandarawi chicken breeds[J]. International Journal of Poultry Science, 2007,6(4):236,241.

[85]Fathi M. M. , El-Dlebshany A. E. , El-Deen M. B. , et al. Effect of long-term se-

lection for egg production on eggshell quality of Japanese quail(Coturnix japonica) [J]. Poultry Science, 2016, 95(11):2570-2575.

[86]Grizard S., Dini-Andreote F., Tieleman B. I., et al. Dynamics of bacterial and fungal communities associated with eggshells during incubation[J]. Ecol. Evol. 2014, 4: 1140-1157.

[87]Harry E. G., Gordon R. F. Egg and hatchery hygiene[J]. Vet., 1966, 4:5-15.

[88]Hutchison M. L., Gittins J., Sparks A. W., et al. An assessment of the microbiological risks involved with egg washing under commercial conditions[J]. J. Food Prot., 2004, 67:4-11.

[89]Magoc T., Salzberg S. L.. FLASH: Fast length adjustment of short reads to improve genome assemblies[J]. Bioinform., 2011, 27:2957- 2963.

[90]McIlroy S. J., Saunders A. M., Albertsen M., et al. MiDAS: The field guide to the microbes of activated sludge[J]. Database. (Oxford), 2015: bav062.

[91]Meyer F., Paarmann D., D'Souza M., et al. The metagenomics RAST server- a public resource for the automatic phylogenetic and functional analysis of metagenomes[J]. BMC Bioinform., 2008, 9:386.

[92]Mine Y., Yang M., Immerseel F. V., et al. Improving the safety and quality of eggs and egg products. Volume 2: Egg safety and nutritional quality[J]. Proceedings of the American Mathematical Society, 2011, 20(2):45-50.

[93]Nys Y., Gautron J., Garcia-Ruiz J. M., et al. Avian eggshell mineralization: Biochemical and functional characterization of matrix proteins [J]. Comptes Rendus Palevol, 2004, 3(6-7): 549-562.

[94]Oguz F. K., Gumus H., Oguz M. N., et al. Effects of different levels of expanded perlite on the performance and egg quality traits of laying hens[J]. Revista Brasileira De Zootecnia, 2017(46):20-24.

[95]Olsen R., Kudirkiene E., Thøfner I., et al. Impact of egg disinfection of hatching eggs on the eggshell microbiome and bacterial load[J]. Poult. Sci., 2017, 96:3901-3911.

[96]Patterson P. H., Ricke S. C., Sunde M. L., et al. Hatching eggs sanitized with chlorine dioxide foam: Egg hatchability and bactericidal properties[J]. Avian Dis., 1990, 34:1-6.

[97]Potter B., Hyde E., Pier H. N., et al. A comparison of the bacterial microflora found on the surface of American kestrel and house wren eggs[J]. The Open Ornith. J., 2014, 7:40- 48.

[98]R Core Team. A language and environment for statistical computing[J]. Vienna, Austria: R Foundation for Statistical Computing, 2015.

[99]Radwan L. M., Fathi M. M., Galal A., et al. Mechanical and ultrastructural properties of eggshell in two Egyptian native breeds of chicken[J]. Animal Production Science, 2016, 56:908-912.

[100]Rodriguez. Navarro A., Kalin O., Nys Y., et al. Influence of the microstruc-

ture on the shell strength of eggs laid by hens of different ages[J]. Br. Poult. Sci. ,2002, 43 (3):395-403.

[101]Ruiz-De-Castaneda R. , Vela A. I. , Gonzalez-Braojos S. , et al. Drying eggs to inhibit bacteria: Incubation during laying in a cavity nesting passerine[J]. Behav. Processes. ,2011,88:142-148.

[102]Sacco R. E. , Renner P. A. , Nestor K. E. , et al. Effect of hatching egg sanitizers on embryonic survival and hatchability of turkey eggs from different lines and on eggshell bacterial populations[J]. Poult. Sci. ,1989,68:1179-1184.

[103]Samiullah K. , Chousalkar K. , Roberts J. R. , et al. Effects of eggshell quality and washing on salmonella infantis penetration[J]. Int. J. Food Microbiol,2013,165:77- 83.

[104]Sander J. E. , Wilson J. L. , Van Wicklen G. L. . Effect of formaldehyde exposure in the hatcher and of ventilation in confinement facilities on broiler performance[J]. Avian Dis. ,1995,39:420-424.

[105]Şekeroglu A. , Altuntas E. . Effects of egg weight on egg quality characteristics[J]. Journal of the Science of Food and Agriculture,2009,89(3):379-383.

[106]Seviour E. M. , Sykes F. R. , Board R. G. . Microbiological survey of incubated eggs of chickens and waterfowl[J]. Br. Poult. Sci. ,1972,13:549-554.

[107]Sheldon B. W. , Brake J. . Hydrogen peroxide as an alternative hatching egg disinfectant[J]. Poult. Sci. ,1991,70:1092-1098.

[108]Sparks N. H. , Board R. G. . Bacterial penetration of the recently oviposited shell of hens' eggs[J]. Aust. Vet. J. ,1985,62:169-170.

[109]Tillman G. E. , Haas G. J. , Wise M. G. , et al. Chicken intestine microbiota following the administration of lupulone, a hop-based antimicrobial[J]. FEMS Microbiol. Ecol. ,2011,77:395-403.

[110]Tona K. , Bamelis F. , Ketelaere B. D. , et al. Effects of egg storage time on spread of hatch, chick quality, and chick juvenile growth[J]. Poultry Science,2003, 82(5):736.

[111]Tsai W. T. , Yang J. M. , Lai C. W. , et al. Characterization and adsorption properties of eggshells and eggshell membrane[J]. Bioresource Technology, 2006, 97(3): 488-493.

[112]Wang J. M. , Firestone M. K. , Beissinger S. R. . Microbial and environmental effects on avian egg viability: Do tropical mechanisms act in a temperate environment? [J]. Ecology. ,2011,92:1137-1145.

[113]Wang Q. , Garrity G. M. , Tiedje J. M. , et al. Naïve Bayesian classifier for rapid assignment of rRNA sequences into the new bacterial taxonomy[J]. Appl. Environ. Microbiol. ,2007,73:5261-5267.

[114]Wei S. , Morrison M. , Yu Z. . Bacterial census of poultry intestinal microbiome[J]. Poult. Sci. ,2013,92:671-683.

[115]Zhang Q. Q. , Han Y. Q. , Cao J. X. , et al. The spoilage of air-packaged broiler meat during storage at normal and fluctuating storage temperatures[J]. Poult. Sci. ,2012, 91:208-214.